国家“十三五”重点图书出版规划项目

常 青 主编 | 城乡建成遗产研究与保护丛书

苗族传统民居特征与文化探源

THE CHARACTERISTICS AND CULTURAL ORIGIN OF MIAO TRADITIONAL DWELLINGS

汤诗旷 著

同济大学出版社
TONGJI UNIVERSITY PRESS
中国·上海

图书在版编目(CIP)数据

苗族传统民居特征与文化探源/汤诗旷著.--上海:同济大学出版社,2020.8

(城乡建成遗产研究与保护丛书 / 常青主编)

ISBN 978-7-5608-9282-5

Ⅰ.①苗… Ⅱ.①汤… Ⅲ.①苗族—民居—研究—中国②苗族—民族文化—研究—中国 Ⅳ.①TU241.5 ②K281.6

中国版本图书馆 CIP 数据核字(2020)第 102034 号

国家自然科学基金(51978297)资助项目

华中科技大学人文社会科学发展专项基金资助项目

城乡建成遗产研究与保护丛书

苗族传统民居特征与文化探源

汤诗旷 著

策划编辑 江 岱　　责任编辑 江 岱　　助理编辑 金 言

责任校对 徐春莲　　封面设计 张 微　　版式设计 朱丹天

出版发行 同济大学出版社　　www.tongjipress.com.cn

(地址:上海市四平路 1239 号　邮编:200092　电话:021-65985622)

经　　销 全国各地新华书店

印　　刷 上海安枫印务有限公司

开　　本 710mm×980mm　1/16

印　　张 17

字　　数 340000

版　　次 2020 年 8 月第 1 版　　2020 年 8 月第 1 次印刷

书　　号 ISBN 978-7-5608-9282-5

定　　价 98.00 元

总　序

国际文化遗产语境中的“建成遗产”(built heritage)一词，泛指历史环境中以建造方式形成的文化遗产，其涵义大于“建筑遗产”(architectural heritage)，可包括历史建筑、历史聚落及其他人为历史景观。

从历史与现实的双重价值来看，建成遗产既是国家和地方昔日身份的历时性见证，也是今天文化记忆和“乡愁”的共时性载体，可作为所在城乡地区经济、社会可持续发展的一种极为重要的文化资源和动力源。因而建成遗产的保护与再生，是一个跨越历史与现实、理论与实践，人文、社会科学与工程技术科学的复杂学科领域，有很强的实际应用性和学科交叉性。

显然，就保护与再生而言，当今的建成遗产研究，与以往的建筑历史研究已形成了不同的专业领域分野。这是因为，建筑历史研究侧重于时间维度，即演变的过程及其史鉴作用；建成遗产研究则更关注空间维度，即本体的价值及其存续方式。二者在基础研究阶段互为依托，相辅相成，但研究的性质和目的已然不同，一个主要隶属于历史理论范畴，一个还需作用于保护工程实践。

追溯起来，我国近代以来在该领域的系统性研究工作，应肇始于1930年由朱启钤先生发起成立的中国营造学社，曾是梁思成、刘敦桢二位学界巨擘开创的中国建筑史研究体系的重要组成部分。斗转星移八十余载，梁思成先生当年所叹“逆潮流”的遗产保护事业，于今已不可同日而语。由高速全球化和城市化所推动的城乡巨变，竟产生了未能预料的反力作用，使遗产保护俨然成了各地趋之若鹜的社会潮流。这恰恰是因为大量的建设性破坏，反使幸存的建成遗产成为了物稀为贵的珍惜对象，不仅在专业研究及应用领域，而且在全社会都形成了保护、利用建成遗产的价值共识和风尚走向。但是这些倚重遗产的行动要真正取得成功，就要首先从遗产所在地的实际出发，在批判地汲取国际前沿领域先进理念和方法的基础上，展开有针对性和前瞻性的专题研究。唯此方有可能在建成遗产的保护与再生方面大有作为。而实际上，迄今这方面提升和推进的空间依然很大。

与此同时，历史环境中各式各样对建成遗产的更新改造，不少都缺乏应有的价值判断和规范管控，以致不少地方为了弥补观光资源的不足，遂竞相做旧造假，以伪劣的赝品和编造的历史来冒充建成遗产，这类现象多年来不断呈现泛滥之势。对此该如何管控和纠正，也已成为城乡建成遗产研究与实践领域所面临的棘手挑战。

总之，建成遗产是不可复制的稀有文化资源，对其进行深度专题研究，实施保护与再生工程，对于各地经济、社会可持续发展具有愈来愈重要的战略意义。这些研究从基本概念的厘清与限定，到理论与方法的梳理与提炼；从遗产分类的深度解析，到保护与再生工程的实践探索，需要建立起一个选题精到、类型多样和跨学科专业的研究体系，并得到出版传媒界的有力助推。

为此，同济大学出版社在数载前陆续出版"建筑遗产研究与保护丛书"的基础上，规划出版这套"城乡建成遗产研究与保护丛书"，被列入国家"十三五"重点图书。该丛书的作者多为博士学位阶段学有专攻，已打下扎实的理论功底，毕业后又大都继续坚持在这一研究与实践领域，并已有所建树的优秀青年学者。我认为，这些著作的出版发行，对于当前和今后城乡建成遗产研究与实践的进步和水平提升，具有重要的参考价值。

是为序。

同济大学教授、城乡历史环境再生研究中心主任
中国科学院院士

丁酉正月初五于上海寓所

目　录

绪　论

为什么研究苗族建筑

苗族源发于我国且历史悠久，史料记载中如早期的“九黎”“三苗”，后期的“武陵蛮”“五溪蛮”等历史语境下的族称，都表明苗人见证和亲历了许多重大历史转折与事件，苗族的发展历程构成了华夏灿烂文明的重要一环，可以说与整个中华民族休戚相关。

苗族聚居区地域广、人口多。据2010年第六次全国人口普查结果统计，我国苗族总人口位居全国各民族总人口第六位。海外的苗族人口数量也相当可观，所以苗族亦属世界性民族。苗族目前主要居住在湘、黔、桂、川、滇、渝、鄂西等广义的西南地区，其居住形式丰富多姿，极具地方特色和民族魅力。

历史原因导致苗族生存脉络多次信息中断和急速转折，特别是在明清两朝“赶苗拓业”“改土归流”等重大历史事件影响下，苗民聚居空间屡次被压缩，苗疆边缘呈现大量“弹性”空间和“孔洞”，民族交际猛然频繁，苗族生活方式和建筑特征产生了剧烈变化。而以今日对苗族地区的田野调查来看，民居更新速度极快，且仅有极少数清代中后期建筑单体作为标本，有关苗族住居信息的历史文献虽然十分丰富，但并未经过建筑学专业的系统整理和研究，与现存状况已有相当差距。由此产生的建筑历史风貌不明和信息链断裂，都给目前有关苗族建筑的历时性和识别性研究带来较大困难，也给苗乡存旧续新的当代实践带来方向选择的困扰，这在整个民族建筑研究领域也同样是一个颇具挑战且涉猎较少的课题。因此本书所具有的三个突出价值和意义如下。

首先，梳理苗族住居的历史脉络与文化线索颇具意义。中华上古文明与东夷文化、楚文化、巫觋文化等今已难在实体显现，却宛如“苞茅缩酒”一样点滴融合在绵长的苗族文化中，多民族之间长期的文化融合与层叠也得以在其中窥见。这些多源流文化均作为某种缓变因素，成为苗族“住居原型”的构成部分，投射在其传统物质空间中，并得以在住居和构筑两种行为系统中展开。因此，以对苗族传统“住居原型”的探索为核心、在时间纵轴上补阙断裂的历史信息链，弥补以往关于历史风貌和文化源流考证的缺失，是一项首要任务。这有助于我们透过研究既能“礼失求诸于野”、寻根中华建筑文化，也能跟踪这些“活”着的风土建成遗产基于民族生活演进的适应途径。

其次，探析苗族传统民居的多样性特征具有重要学科意义。苗族建筑特征具有文化和物质两种属性，前者以社会文化与精神文化为内核，承载着民族生存记忆，在建筑空间上的投射部位具有文化属性的缓变性或不变性，为探寻“苗族住居原型”提供条件。而后者基于支系分布、生活方式演化及多民族融合等因素，应对不同环境气候和文化风习等地域差异产生了多种因应特征，具有物质复杂性和多样性。两个属性的建筑特征演化速度并不一致，也存在相互调校的情况。这种动态过程如实地反映在不同区域的苗族建筑上，主要表现为三个并存问题：

(1) 在分布极为广泛的跨区域苗族住居空间中，仍存在一些具有高度相似性的生活要素和传统民族空间而无从解释，学界对苗族传统生活之于住居空间的塑造方式也缺少关注。

(2) 苗族支系庞杂，建筑特征常因区域划分差异显著，同时长期受到相邻民族(土家族、侗族、汉族等)生活方式和建造技术渗透影响，导致部分混居区域建筑特征的民族混同化程度较高，使我们无法回答“到底什么是苗族建筑”的问题。

(3) 某些建筑特征和匠作技艺类型，在空间分布上存在一定规律性，并与苗民持续演进的生活形态始终具有较强适应性，但目前学界对此尚缺乏系统性研究，仍以建筑样式的采风和实录为主。

本书以苗族典型区域为样本，始终抓住生活转变与住居转型的协调适应关系，梳理具民族识别性的生活和建筑要素，解析住居原型空间回应苗族建筑识别问题；归类研究跨支系和区域的苗族建筑特征衍化规律与机制，探索匠系演进及其在地适应性，以此明确建筑基质传承的内在动因，回应苗族建筑特征区域割裂问题，有望补阙西南区域建筑文化领域并增益民族建筑史研究。

最后，通过跟踪整理苗乡传统匠作技艺，建立以住居原型为核心的苗族建筑谱系，为保护与更新实践提供学理基础。苗族漫长的农耕文明和乡土社会的内卷化(involvement)，使人们通过有序合理地利用地域资源，形成独特的生产与生活方式，并以传统匠作技艺为媒介，塑造相对稳定和谐的理想居住环境，本土历史记忆和民族文化基因得以延续。然而随着乡村建设事业的深入，乡土实践正以前所未有的方式进行，乡村自建正快速决裂于传统，乡村景观也走向既脱离原先生活方式，又无法连接自身文化传统的境地。

存续保护方面，苗乡聚落遗产的民族特征被标签化、精英化，极少量被“精品包装”的旅游村寨中，苗胞与民居沦为世俗化布景，割裂了与传统生活模式的联系。这使绝大多数散播于深山远林、形态更为多样的苗寨，面对传统农村社会结构的裂解，只有走向新陈代谢或自然死亡。

更新与创新实践方面，人与地、建筑空间与新生活需求的有机联系常被忽视，对多样性特征缺少溯本探源。苗族传统匠艺系统也尚未得到有效整理与传承，众多苗民生活拮据，房屋存在安全隐患不能修缮，生活设备无法植入只得另辟新的建筑模式，“高级建筑模板和符号”正大量“侵蚀”周边广大苗族村寨。

本书以国家“十三五”城乡可持续发展目标、“新型城镇化”和“新农村建设”为大背景，在国家自然科学基金项目“基于住居原型及转化的苗族建筑谱系适应性传承研究——以苗语东、中部方言区为例”（批准号：51978297）的支持推动下，试图通过构建一个具完整性和系统性的建筑谱系，回应当下苗乡更新实践两个亟待解决的问题：一是实践中的根本价值取向，即传统乡村的持续发展如何适应人民新的生活需求和建造技术；二是实施途径，即乡土实践存真续新的本源和依据是什么，如何保存民族文化延续性和地域特征。从而为体系化保存和活化地域乡土建成遗产，为其在历史环境中的适应性进化和有机更新提供学理基础，为实现民族文化和“乡愁”依托于地域建筑传统存续作出实质贡献。

有关苗族传统民居与文化的研究概况

对苗族进行现代意义的关注研究始于清代中晚期国内外学者的民族学调查，但专门涉及建筑信息的较少，仅能散见于一些隶属于民族学范畴的记录。如鸟居龙藏《苗族调查报告》①简要介绍了清代安顺花苗的住屋。民国时期凌纯声、芮逸夫的《湘西苗族调查报告》②对湘西苗疆山脉水文、地形气候以及聚落、房屋、巫术仪式与场景关系进行了较为客观的记录。苗族学者石启贵也书写出极具分量的《湘西苗族实地调查报告》③，其中涉及民国时期湘西苗族的生活形态与空间、住居类型与样式等丰富信息。其他如吴泽霖、陈国钧④、潘光旦、费孝通⑤、杨万选、杨汉先⑥、梁聚五⑦等各择不同苗区长期耕耘，为我们提供了大量有关各地苗族生活形态与空间的调查资料。时至今日，我国社会科学有关苗族历史文化研究成果斐然，呈现多个面向，“苗学”渐成显学，但专门针对苗族聚落和建筑的系统性调查仍然十分缺乏。

---

① 鸟居龙藏．苗族调查报告［M］．贵阳：贵州大学出版社，2009.

② 凌纯声，芮逸夫．湘西苗族调查报告［M］．北京：民族出版社，2003.

③ 石启贵．湘西苗族实地调查报告［M］．长沙：湖南人民出版社，2002.

④ 吴泽霖，陈国钧．贵州苗夷社会研究［M］．北京：民族出版社，2004.

⑤ 费孝通，等．贵州苗族调查资料［M］．贵阳：贵州大学出版社，2009.

⑥ 杨汉先．黔西苗族调查报告［C］//杨万选，杨汉先，凌纯声，等．贵州苗族考．贵阳：贵州大学出版社，2009.

⑦ 梁聚五．苗族发展史［M］．贵阳：贵州大学出版社，2009.

而在建筑学领域，20 世纪 80 年代之后始有专注苗族建筑并颇具价值的成果涌现。如李先逵在贵州雷公山地区苗族山地村寨实地调查的基础上，以建筑学视角对"干栏式苗居"这一特定的构架类型及其艺术特色展开评述，应该说《干栏式苗居建筑》[①]是建筑学领域较早关注苗居建筑的经典著作之一。苗族学者石如金的《苗族房屋住宅的习俗简述》[②]是有关湘西苗族住宅特征与居俗的一大力作，其中用东部方言区苗语对房屋类型、建筑构件、室内空间名称进行一般性描述与习俗介绍是解读传统苗居文化的价值所在，对湘西苗居基本平面类型研究具有重要的参考作用。

对苗族建筑与文化的研究探索并不限于以上专门论著，在以行政区或文化圈为依据的乡土建筑论著中也有所涉及，并成为较普遍的研究体例。比如杨慎初的《湖南传统建筑》[③]将苗族与土家族、侗族并列，主要列举汉化程度较高的茶峒、凤凰、吉首地区苗居。罗德启、李玉祥的《老房子：贵州民居》[④]介绍了部分黔东南干栏式苗居，涉及与侗族的区别，并附有照片实录。《广西民族传统建筑实录》[⑤]在"民居实例"部分与壮、瑶、侗族等并列，主要以实例图像列举融水地区苗居。另有"千年家园"丛书中罗德启等人的《贵州民居》[⑥]、柳肃的《湘西民居》[⑦]、牛建农的《广西民居》[⑧]，以及"中国民居建筑丛书"中的《两湖民居》[⑨]、《贵州民居》[⑩]、《广西民居》[⑪]等。还有如魏挹澧[⑫]、戴志坚、杨宇振[⑬]等将苗族民居作为其大区域论述中的一部分，阐释也各有侧重，或以图集为主，或涉及形制功能划分及建造过程，或补足西南地域建筑文化圈，不一而足。

而对于苗族建筑特征习俗的文化关联研究，学界也开始有所关注。如苗族学者麻勇斌[⑭]引入"文化活体"概念，对贵州苗族建筑中的某些文化现象进行了梳理，在研究方法与视角上具有重要参考价值。李哲、柳肃、何韶瑶的《湘西苗族民居平面形式

---

① 李先逵. 干栏式苗居建筑[M]. 北京：中国建筑工业出版社，2005.

② 石如金. 苗族房屋住宅的习俗简述[M]//吉首市人民政府民族事务委员会，湖南省社会科学院历史研究所. 苗族文化论丛. 长沙：湖南大学出版社，1989.

③ 杨慎初. 湖南传统建筑[M]. 长沙：湖南教育出版社，1993.

④ 罗德启，李玉祥. 老房子：贵州民居[M]. 南京：江苏美术出版社，2000.

⑤ 广西民族传统建筑实录编委会. 广西民族传统建筑实录[M]. 南宁：广西科学技术出版社，1991.

⑥ 罗德启，谭晓东，董明，等. 千年家园：贵州民居[M]. 北京：中国建筑工业出版社，2009.

⑦ 柳肃. 千年家园：湘西民居[M]. 北京：中国建筑工业出版社，2008.

⑧ 牛建农. 千年家园：广西民居[M]. 北京：中国建筑工业出版社，2008.

⑨ 李晓峰，谭刚毅. 中国民居建筑丛书：两湖民居[M]. 北京：中国建筑工业出版社，2009.

⑩ 罗德启. 中国民居建筑丛书：贵州民居[M]. 北京：中国建筑工业出版社，2008.

⑪ 雷翔. 中国民居建筑丛书：广西民居[M]. 北京：中国建筑工业出版社，2009.

⑫ 魏挹澧. 湘西风土民居[M]. 武汉：华中科技大学出版社，2010.

⑬ 戴志坚，杨宇振. 中国西南地域建筑文化[M]. 武汉：湖北教育出版社，2003.

⑭ 麻勇斌. 贵州苗族建筑文化活体解析[M]. 贵阳：贵州人民出版社，2005.

的演变及原因研究》[①]通过对湘西部分村寨(凤凰、古丈地区为主)的近200年历史苗居平面进行考察,发现苗礼变迁与平面形制有一定关系。此外,一些中日学者借助住居要素与空间形制的关系针对湘西凤凰县苗族的祭祀空间等特征空间进行了深入探讨(唐坚、土田充义、晴永知之、扬村固等)[②③④]。王晖[⑤]将包括苗族在内的湖南多民族住居中的堂室格局进行比较,说明民族交际与民居形制的关系,并对早期居室格局进行了合理溯源,颇具价值。

近几年也有少数学者对苗居营造和技艺流程有所关注,如张欣[⑥]主要针对贵州黔东南雷山西江苗寨的营造技法流程与仪式进行记录。乔迅翔[⑦]致力于穿斗营造技术的研究,在苗族、侗族的营造技艺方面多立足实地调查,对苗族构架如何"生成"进行了地区性解读。

另一个重要的类别则是以民族居住习俗为导向的建筑文化研究,具代表性的有罗汉田的《庇荫:中国少数民族住居文化》[⑧]就各少数民族住居类型、营造礼仪、构件装饰等方面进行文化关联和解读;而《中柱:彼岸世界的通道》[⑨]则对多民族普遍潜在的"中柱"神性观念进行横向比较研究,为文化人类学、民俗学的切入研究作了良好示范。吴正光《贵州民族文化遗产研究:沃野耕耘》[⑩]从遗产保护的角度展开论述。李哲的博士论文《湘西少数民族传统木构民居现代适应性研究》[⑪]则从民居现代适用的角度进行研究。日本学者浅川滋男的《住居的民族建筑学:江南汉族与华南少数民族住居论 》[⑫]是在众多日本学者研究华南、西南的著作中直接与民居相关的论著之一(以上著作内容均

---

① 李哲,柳肃,何韶瑶.湘西苗族民居平面形式的演变及原因研究[J].建筑学报,2010(1):76-79.

② 唐堅,土田充義,晴永知之.中国鳳凰県苗族民家の祭る場の変遷過程について:中国湖南省少数民族民家の空間構成に関する研究その1[J].日本建築学会計画系論文集,2001:281-286.

③ 唐堅,土田充義.中国鳳凰県苗族民家における二階の成立過程について:中国湖南省少数民族の民家における空間構成に関する研究その2[J].日本建築学会計画系論文集,2007,67(554):317-322.

④ 唐堅,揚村固,土田充義.中国鳳凰県苗族民家における主屋前方柱間と軒出の変化について:中国湖南省少数民族の民家における空間構成に関する研究その3[J].日本建築学会計画系論文集,2003:161-165.

⑤ 王晖.民居在野:西南少数民族民居堂室格局研究[M].上海:同济大学出版社,2002.

⑥ 张欣.苗族吊脚楼传统营造技艺[M].合肥:安徽科学技术出版社,2013.

⑦ 乔迅翔.黔东南苗居穿斗架技艺[J].建筑史,2014(2):35-48. 乔迅翔.侗居穿斗架关键技艺原理[J].古建园林技术,2014(4):19-24.

⑧ 罗汉田.庇荫:中国少数民族住居文化[M].北京:北京出版社,2000.

⑨ 罗汉田.中柱:彼岸世界的通道[J].民族艺术研究,2000(1):115-125.

⑩ 吴正光.贵州民族文化遗产研究:沃野耕耘[M].北京:学苑出版社,2009.

⑪ 李哲.湘西少数民族传统木构民居现代适应性研究[D].长沙:湖南大学,2011.

⑫ 浅川滋男.住まいの民族建築学:江南漢族と華南少数民族の住居論[M].日本:建築資料研究社,1994.

包括苗族)。[①]

总体来说,现有针对苗族传统民居的专门研究呈现“研究范围逐渐扩大、实例逐渐变多、文化解读逐渐介入”的趋势,但仍存在部分学术缺憾。

一是现有成果仍主要聚焦建筑本体的空间功能与形式特征,缺少对苗族住居历史图景的想象与再现研究,尤其是苗族生活方式因若干次中央王朝政策调整产生改变,而学界对其居住形式的变迁过程缺乏必要关注。另外,历代政权基于涉苗政策的实施需要,以及汉人对苗疆一贯秉持着的好奇感,都极大地丰富了关于苗人苗疆历史文献的类别和数量,其中不乏众多描绘生活场景和空间信息的史料片段。再加上苗人传唱千年的民间文学浩如烟海,其以“自叙”方式呈现跨地域、跨支系的民俗生活场景,极具生动性,可谓意义非凡。但学界却对这些历史材料缺乏足够重视,更无系统性梳理。从民族建筑研究的更高层次来看,借助文献系统的建立与解读,通过跨学科方法补充历史信息链,结合田野调查对民族住居历史图景进行适度复原,未尝不是一种具有突破性的尝试。

二是现有研究仍主要以苗族建筑样式实录与特征介绍为主,对住居特征类型分布规律及其背后成因少有关注,更遑论在丰富多姿的形态中探求住居原型,探讨衍化类型的形成机制。而这些问题恰恰有助于我们了解该地区穿斗屋身与干栏基座相融合的典型屋架,是如何在横亘千里的苗疆峻岭中取得稳定适应、并产生多种调适方式的。另外,现有研究主要关注建筑本体的功能与形式特征,结合跨学科领域的研究仍然偏少,如较少以人类学和民俗学的视角去理解某些空间要素对“民族身份认同”的重要性,也较少阐释现象与本质的文化联系。这都使得苗族建筑特征在仍不甚明晰的现况下,那些在史地变迁中保持相对稳定的空间要素仍未被充分解读,具有民族文化义涵的核心空间难以被识别,更谈不上对其溯源重构。

三是现有研究多以行政区划为依据,对需以方言和支系划分的建筑特征及营造体系不能精确涵盖,缺乏跨地域的整合研究。另外,目前有关苗族传统匠作的研究多以采

① “文革”后的十年间,日本学者对中国西南地区少数民族的研究热度又一次迎来高峰,部分成果对理解该区域尤其是苗族文化提供了新的素材和视角,意义重大。比如松村一弥《中国少数民族历史、文化及现状》和周达生《中国民族志:从云南到戈壁》被日本民族学界称为“活的民族志”,无愧于少数民族研究之先行者。佐佐木高明《照叶树林文化之路》贯穿照叶林而展开的比较民族学研究。其中涉及“糯稻作物的偏爱”“薏米种子淀粉粘性的嗜好”可以对照叶林带民族(包括部分苗族)的生存模式展开新的理解。伊藤清司《中国民话之旅:云贵高原的稻作传承》也是以农耕文明为线索,记录收集了各民族有关农耕文化的民间传说。白鸟芳郎则坚持对华南、西南、东南亚少数民族(包括苗、瑶)实地调查,其早期著作《东南亚山地民族志》《父子连名制与爨氏的系谱》《中国西南》《关于中国西南少数民族的历史研究》《中国西南诸土司的民族系谱》《华南土著民的种族:民族分类及其历史背景》均为学人早已熟知,给中国学界带来不小的震动与启发。其中包括有大量涉及苗瑶语族的生活图景。

访实录为主、仅对部分匠作发达地区的关键技术进行整理，缺少与相邻民族如土家族、侗族匠作的比较研究。此外，少数民族的营造技艺常包含另一个维度，即附着在技术背后的筑屋仪式与文化。对于苗族而言，这些已成体系的仪式活动和几近“巫”的精神抉择在地域上既存在着类型差异，又存在着各民族文化相互层叠的状况。而如何结合民族性和地区性的双重视角，区分苗族建造文化类别、厘清作为技术的“术”与作为民俗文化的“巫”之间的相互遮蔽关系，可谓意义重大，但以往研究对此基本无涉猎。

本书三大核心设问与内容框架

笔者最早介入苗族民居研究是在2012年，在恩师常青院士指导下，随后五年陆续前往湘、黔、鄂、桂四省二十六县(市)的多个苗族聚居区，实地考察了一百三十六个以苗族为主的多民族村寨，采访工匠和巫师十几位。除了建筑特征和营造技艺，笔者还以方言区划为抓手，重点记录了不同区域苗族的生活形态，如室内饮食、睡卧、祭祀、储藏等相关器具的类型与位置关系，整理了大量的历史文献，试图找寻具原型意义的生活空间并以此建构苗族建筑谱系，完成了博士论文《苗族传统民居特征研究与文化探源》，得到许多宝贵意见。

近年来，在笔者主持的国家自然科学基金、华中科技大学一流文科建设项目，及作为核心成员参加的住建部“传统建筑建造技术调查研究”课题支持下，在研究广度与深度上有所突破。如在住居原型构成及其衍化机制探索、住居特征衍化与匠艺传播关系研究等方面有所聚焦，带队或参与带队前往鄂、湘、渝、黔、桂五省市的数十个县(市)，在原有基础上又扩充调研了近二百个村寨，采访近百位工匠。本书既是立足过去工作的阶段性总结，又表明了今后继续以“问题为牵引”的探索路径。

基于前述背景与研究现状，本书总结出有关苗族传统住居与文化的三大核心问题，并将正文部分分作对应的上、中、下三篇以专题方式展开论述：

一、通过文献系统的建立，可以从中梳理出苗族怎样的传统生活脉络？苗族住居和苗民生活场景的历史形象是怎样的？

全书上篇为“文献研究篇”，解读的历史文献包括以汉人作为“他者”(outsider)视角的图文记录，如汉文人笔记及官方文献、《百苗图》图谱等，以及以苗人“自叙”方式累代层积的苗族民间文学系列。该部分将以文献学、图像学、民族志学、民俗学等多学科视角，从古今对比、地理分布、族际关系等多维度剖析文献系统中苗族建筑文化的多样性，厘清苗民生活源流文化脉络、重构众生图景，为后续共时态田野观察提供研究基础。包括：

(1) 汉人职官著述、文人笔记。以宋代与清代“改土归流”为时间节点。

（2）《百苗图》抄本系列。历史民族志图谱之于苗居文化研究的价值，藏本概览与选择、写实与想象，以及清代苗民生活场景与建筑概览。

（3）苗族民间文学。苗族"自叙"口头文学的史料价值、古歌研究分类及历史分期、有关生活场景与建筑信息的概述。

二、苗族支系分化导致建筑类型差异显著，特征分布是否存在一定的规律性？苗族文化长期处于弱势地位，在自身特色逐渐丧失的今天，是否存在具有民族识别性的"恒常特征"？

中篇"形制研究篇"为全书核心部分。立足充分的田野调查实录，面向"聚落—建筑—习俗要素节点"三个尺度，分别就苗族传统聚落类型分布、传统建筑谱系类型与基质构成、传统民居中空间习俗要素三个方面展开论述。通过分类、对比等手段在源流梳理中探索时空演变规律，试图突破以往研究局限，在各区域苗居之间建立整体联系。另外，尝试构拟苗民"生活原型"并识别多样性中的民族特征在建筑实体上的体现，进而整理出物质形态的特征谱系。包括：

（1）苗族传统聚落类型分布。考察基于生存要素的苗寨类型及其空间分布。以此探知苗民经济类型与生活模式变迁、区域地理条件异同等对苗寨形态的不同影响机制。

（2）传统建筑谱系类型与基质构成。在对苗族穿斗构架中的匠作术语进行梳理讨论之后，解析东、中部方言苗区的平面原型、建筑形式与尺度的分布规律、构架类型及其演化规律。

（3）传统民居中空间习俗要素。通过本书的研究，发掘出潜在的却被遮蔽的、有助获取苗族民居识别性的"恒常特征"。同时解析苗居建筑中的空间习俗要素，如火塘、中柱、室内外巫术节点等典型部位，进一步探讨这些特征附着之部位对于苗民生活模式的意义及消退速度。以苗族为例观察少数民族住屋空间中的历史演进轨迹。以此构建具民族识别性的"生活原型空间"。通过其在东、中部两个方言苗区的不同表达和文化转移，探讨不同支系苗民"住居原型"经过地理阻隔、支系分化、历史变迁等"中介"而产生的某种"延异"。

三、在苗族传统住屋的建造活动中是否可以探知其民族原生信仰？复杂的文化层叠是否可以被厘清溯源？苗族建造技艺中的技术关键有哪些？是否可以形成独立的苗族匠作谱系？

传统建造技艺所具有的文化维度，包括所蕴含的民族原生信仰和文化层叠现象，往往激发人的丰富联想与溯源想象；而建造技艺的技术维度则常常引发对其是否具备"特殊性"的追问考量。因此全书下篇"技艺研究篇"以苗族建造活动中的两条线索展开：一是梳理营造仪式中的多源流文化及相互"遮蔽"的苗巫汉法；二是整理田野调查所得工匠实录中立屋设计时的关键技艺，以工匠智慧解析苗族住居的物理空间。此篇旨在记录苗族建筑文化的另一维度，包括：

(1) 苗族木作建筑营造风习的文化解析。“巫”与“术”的相互遮蔽与协调，建造活动中的苗族原生信仰。

(2) 匠作关键技艺实录。对田野调查中工匠建造关键技艺进行总结，解读各地匠作差异性与地域适配性。

本书的研究思路与方法

苗族住居在“时空二维”上的形态及其分布具有必然性和偶然性两种演化途径。原始需求决定的物质空间在气候地理的调适和两种演化作用下取得了外在表象的多样性表达。因此本书的一个要旨就是透过这种多样性，窥探其产生发展的文化主干及藏匿“生活原型”之后的“文化深层结构”——融合群体心理、宗教巫术、聚合习惯等社群共同价值，使之获取民族身份标识、构建特征谱系的“空间习俗要素”。

本书的研究目标决定了其方法的综合性要求，将多种学科基本方法融合，才能兼顾苗族民居生活面和文化面。而在具体操作时，面对如此繁复、难以尽数的考察对象，需要做到“手脑并用”，即既要有实际操作的能力，还需要针对不同对象而选择恰当的方法论。“史无定法”，需要强调历史研究在方法论上的包容性和创新性。

因此，本书首先以苗族生活要素和建筑要素的提取作为切入点，尝试将古代文献、民族调查报告、苗学各分支研究等组成多学科交叉、古今对话、“他者-自叙”相结合的文献系统，先以历史人类学的视角厘清苗居发展脉络，建构一个相对完整的文化整体，用共时态资料作为连续性“参照”去修复残缺的历史信息。再以方言划分为依据、以苗人“居住行为和构筑行为”为核心线索，立足于建筑学并运用文化人类学、民族学、民俗学、文献学的原理与学科交叉视野，根植民族志、民俗志田野调查，对东部、中部方言区为主的苗居多样性(形态与居俗)进行采样与分类，找寻其“中心”并推导发展脉络及其地域特征，在比较中揭示其历时性演变机制，并探知其中的“深层结构”，再用类型学与归纳法提炼其相对稳定的“生活原型空间”和“空间习俗要素”，从而构建“苗族身份标识”的风土谱系。

本书研究难点有三。其一，应避免仅限于苗居物质形态的价值判断；其二，汉化或涵化的影响不能作为预先结论，即苗族建筑上那些仅仅属于文化符号的孤立要素并非本书研究的主要对象，应该结合史料和民族志文本进行深层分析并作出判断；其三，苗族支系繁多，直接资料缺少，现象混杂而不易辨别其文化内核，需要我们借助其他学科知识对苗族支系及其建筑进行科学的区域划分、类型划分，再利用多学科知识透过现象去分析本质问题。

本书研究关键点有二。其一，需要在多个文化现象之间，或者社会要素与空间要素之间建立联系或者判断是否存在联系。比如稻作类型、林业商贸等经济类型如何影响聚落组织方式及其场地适应特征；如何影响核心生活空间的功能布局、建筑接地方式、交通组织方式、营造尺度设计等；又如何作为民族生存背景，使苗人信仰在家宅空间中得以投射、苗居建造仪式得以传承。其二，需要以严谨的文献阅读与田野调查为基础，从客观现象的整理分析出发，梳理苗族住居文化的历史脉络，厘清文化源与流的关系，这是一项极为困难的任务。

由于史料和民族文字的缺失、田野调查的信息局限，都可能导致本书中的一些观点或推论存在将来被证实或证伪的可能性。但本书旨在提出一些对民族建筑与文化研究或许有些借鉴意义的思路和方法，并始终坚持从客观现象入手，力求通过科学逻辑思维，以多种途径和方法展开论证或推论。本书虽然尽可能坚持“论从史出”的史学研究态度，但难免会有许多主观成分，甚至可能会存在一些讹误，加之成书仓促，不当之处只有恳请方家多提宝贵意见，以利于今后的学术精进。

另外需要说明的是，因时代局限，历史文献中对诸如苗族、瑶族、侗族、壮族、仡佬、木佬等兄弟民族或支系常记录为“猫”“猺”“狪”“獞”“犵狫”“狇狫”等，是历代中央王朝对少数民族的称谓，在本书中特地更正为今日正式族称。但在某些章节中，为体现原貌和力求学术严谨，也避免读者未能了解其原本信息，本书在极少数地方不得不引用原有写法，且历史绘本中的族称也无法作改动，特此说明。此外，因苗语方言种类繁多，本书在描述某些建筑现象时通常会交待其所属地理区域，因此对苗语称谓所在方言区，不再另行注明。

第1章　苗族的生存环境与建筑文化概览

1.1　苗族方言区划与建筑文化圈

对于分布特别广泛、特征十分多样的苗族传统建筑，其所在地理条件迥异，背后的民族民系构成复杂。如何有针对性地作出建筑文化意义上的区划就显得尤为重要，这也是本书需要解决的首要问题。如绪论所述，若仍以行政区划为纲，存在着一定程度的分类局限性，可能会造成涵盖不甚全面、指向不够精确的问题，也容易使我们忽视形成建筑特征源流关系的本质动因。笔者认为，以苗族语言为参照，方言—次方言—土语等层级概念作为重要的文化纽带，既可清晰地对应着族群或支系的地理分布情况，也可作为对建筑文化进行共时态研究的区划依据。同时根据苗族方言分布规律及其源流关系，还可为苗族传统建筑的历时性分析提供有力抓手。

对于方言与历史地理相结合的方言地理学，著名学者陈桥驿曾以《水经注》为代表做过非常深入的研究。他认为，方言地理学是人文地理学的分支，主要任务是研究方言的地理分布和移动，方言区域的扩展和缩小等现象及原因。不同地区在方言上的差异，常与不同地区在历史、民族、文化、宗教等方面的差异交织在一起。[①] 雷虹霁则认为，无论是语言学或是地理学范畴，方言地理学的主要任务之一是寻找语言边界，划分方言区。[②] 本书旨在对苗族传统风土建筑与居住文化进行分类与解读，并试图在史地二维探讨背后的源流变迁关系，必然需要借助历史地理和方言地理等学科

---

① 陈桥驿.中国古代的方言地理学——《方言》与《水经注》在方言地理学上的成就[J].中国历史地理论丛，1988(1):45.

② 对于划分方言区域，方言学者间一直存在争论。法国语文学家加斯通·帕里斯(Gaston Paris)、瑞士方言学家高查特(Gauchat)和法国方言家高查特·图伊隆(Gauchat Tuaillon)等认为，方言在地理上是渐变的连续体，在这个连续体的中间并没有一处是截然断裂的。方言渐变的结果使处于渐变链条两端的方言差别十分明显，而两端的中间只是过渡地带，没有任何边界。另一种观点则相反，不同方言之间存在截然的界限，去发现这些客观存在的界限正是方言地理学的任务。雷虹霁.秦汉历史地理与文化分区研究——以《史记》《汉书》《方言》为中心[M].北京：中央民族大学，2007:141-142.

知识，对广大苗族区域依据语言分区划分出若干地理单元，即构成苗族的建筑方言地理区，从而作为全书探讨苗族传统建筑区划的分类依据和论述界定范围的指称。

回顾一下我国始于1955年的民族识别及语言分区工作，其中有关苗语方言的划界及分区其实是相当复杂的，以至于学术界到目前为止尚未取得完全一致的划分方法。但最具代表性的划分方法有两种：一是1956年中国科学院少数民族语言调查第二工作队的划分法；二是20世纪80年代王辅世的划分法（具体语言区域划分见表1-1）。[①] 目前学界较公认的是第二种划分方法，有三个主要分支。[②] 本书对苗区的地理划定，也以此为基础，即将苗族聚居区划分成东、中、西部三大方言区，再细分成若干次方言区或土语区。苗语东部方言区主要涵盖区域为湖南湘西州和贵州松桃自治区；中部方言区主要区域为贵州黔东南州和广西的融安、融水两县；西部方言区主要涵盖更为散乱的川、黔、滇地区，因此在某些情况下，可能会出现不同指代方式但实则范围重叠的情况。为避免产生指代不当和造成误解，在涉及建筑特征的区域分布时，本书主要以方言区划进行指称，在需要强调其特定文化背景或地理信息时直接采用更具文化意义的区域地名，特此说明。

表1-1　苗语方言土语划分（王辅世划分法）

方言	标准音代表地	次方言	土语	主要通行区域	使用人数
湘西方言（dut xongb），又名“东部方言”	湘西州花垣县吉卫乡腊乙坪村		西部土语	湖南省花垣、凤凰、保靖、吉首、古丈、龙山、新晃侗族自治县，贵州省松桃苗族自治县、铜仁，四川省秀山，湖北省宣恩、来凤、咸丰，广西壮族自治区河池、南丹等县	约70万人
			东部土语	湖南省泸溪县和古丈、吉首、龙山等县的部分地区	约7万人

① 李锦平，李天翼．苗语方言比较研究[M]．成都：西南交通大学出版社，2012：23．

② 苗语方言区划分及相关方言学问题，参见：王辅世．苗语简志[M]．北京：民族出版社，1985：103-106．王辅世，毛宗武．苗瑶语古音构拟[M]．北京：中国社会科学出版社，1995．李云兵．苗语方言划分遗留问题研究[M]．北京：中央民族大学出版社，2000．王辅世．苗语方言划分问题[J]．民族语文，1983(5)：1-22．

续表

方言	标准音代表地	次方言	土语	主要通行区域	使用人数
黔东方言(hveb hmub),又名“中部方言”	黔东南州凯里市三棵树镇养蒿村		北部土语	贵州省凯里、麻江、丹寨、雷山、台江、黄平、剑河、镇远、三穗、施秉、三都水族自治县、福泉、平坝、镇宁布依族苗族自治县、兴仁、贞丰、安龙、望谟等县	约90万人
			东部土语	贵州省锦屏、黎平、剑河、湖南省靖县、通道侗族自治县、会同等县	约20万人
			南部土语	贵州省榕江、从江、丹寨、三都水族自治县,广西壮族自治区融水苗族自治县、三江侗族自治县等县	约30万人
川黔滇方言(lol hmongb),又名“西部方言”	川黔滇方言标准语基于贵州省毕节县(笔者注:今毕节市)大南山	川黔滇次方言	第一土语	四川省古蔺、叙永、兴文、珙县、筠连、高县、长宁、木里、盐边,贵州省金沙、赤水、仁怀、遵义、息烽、毕节、纳雍、黔西、大方、织金、普定、普安、兴义、镇宁布依族苗族自治县、安顺、六盘水,云南省镇雄、威信、彝良、师宗、文山、砚山、丘北、马关、广南、西畴、麻栗坡、富宁、蒙自、屏边、开远、金平瑶族自治县、个旧、弥勒、元阳、保山、昌宁、丽江、华坪、凤庆,广西壮族自治区隆林各族自治县、西林、那坡等县市	约100万人
			第二土语	贵州省纳雍、赫章两县和六盘水市的水城特区	约6万人
		滇东北次方言		云南省彝良、大关、昭通、永善、巧家、武定、禄丰、禄劝、楚雄、昆明、安宁、曲靖、寻甸、宣威、沾益,贵州省威宁彝族回族苗族自治县、赫章、织金、普定、望谟等县和六盘水市的水城特区	约20万人
		贵阳次方言	北部土语	贵州省贵阳市郊区、平坝县(笔者注:今平坝区)林卡,黔西县重新、石平,金沙县木沙、笔架、宗平、大员、新西、安民、桃园,镇宁布依族苗族自治县新场和开阳、息烽、修文、贵定等县的部分地区	约6万人
			西南土语	贵州省平坝县马场、马路、戛云、白云、话龙、昌河,清镇县(笔者注:今清镇市)后六、芦笙,安顺县(笔者注:今安顺市)张家屯、平寨、旧州、鲍隆、刘官,长顺县广顺,贵阳市郊区等地	约5万人
			南部土语	贵州省安顺市和镇宁布依族苗族自治县的部分地区	约2万人

续表

方言	标准音代表地	次方言	土语	主要通行区域	使用人数
川黔滇方言（lol hmongb），又名“西部方言”	川黔滇方言标准语基于贵州省毕节县（笔者注：今毕节市）大南山	惠水次方言	北部土语	贵州省贵阳市高坡，惠水县羊场，贵定县塘堡、平伐等地	约5万人
			西南土语	贵州惠水县雅水、三都、斗底、断杉，长顺县摆塘、中果等地	约4万人
			中部土语	贵州省惠水县城关、摆金和长顺、紫云等县的部分地区	约3万人
			东部土语	贵州平坝县西关、惠水县高摆榜等地	约1万人
		麻山次方言	中部土语	贵州省紫云县宗地、打易、格井、克混、妹场、百花，罗甸县逢亭、边阳等地	约5万人
			北部土语	贵州长顺县代化，罗甸县边阳，惠水县董上等地	约2.5万人
			西部土语	贵州省紫云县猴场、四大寨等地	约1万人
			南部土语	贵州望谟县麻山、乐宽等地	约0.7万人
		罗泊河次方言		贵州省福泉、贵定、龙里、开阳等县毗连地带和凯里县（笔者注：今凯里市）老君寨、大小泡木等地	约4万人
		重安江次方言		贵州省黄平县枫塘、重新、崇人，凯里县龙场、狗场、甘坝、龙山、隆昌、碧波等地（笔者注：有学者认为又称革家语）	约4万人

1.2 自然环境因素对苗族住居的影响

苗族传统聚落与建筑的生成及发展根植于具有地域特征的实存环境，其分布、空间形态、结构功能等会受到诸如气候、水文、地形、营造材料等自然因素的影响。本节将对苗人所处的自然环境予以介绍，试图初步揭示其对苗族住居的影响塑造能力，并作为本书后续主体论述的前提与背景。

1.2.1 气候水文

早期苗人一路迁徙，分散于广袤的苗岭、武陵、乌蒙大娄山、大南山及云岭东南山区等山区丘陵地带，其杂居之处更是零星杂散、无法尽数。国内苗族大致分布在北纬18°

到 32°，东经 102°到 112°的广大区域内。[①] 气候水文条件自然各不相同，以湘西及贵州松桃所在的武陵山区和黔东南苗岭山区这两个典型苗族聚居区为例。

1. 湘西及松桃（武陵山区）气候水文特征

关于湘西苗区气候较为详细的较早记录，见于清代的职官文献，如严如熤所著《苗防备览》[②]，通过描述浓雾之时人畜对面不可相见、山洞岩浆性极寒冽、屋檐冰凌需要用木撞开才能进屋、禽鸟因寒冷而不至等例子，体现了“苗中四时气候与内地迥异”，明清廷用兵之艰难。有关这一点，《楚南苗志》也曾有类似描述[③]，可见严氏的描述尚有几分写实成分。今日实测的结果表明，湘西苗疆很多地方海拔都超过千米，比周边地区要高得多，而“生苗界”聚居地则更高。当地苗民会仿效鸟儿在冬天来临以前就将食物存在山洞，并在洞内御寒，这得益于当地为喀斯特山区，洞内常能保持温暖。但也正因如此，地质情况决定土层极薄，保水能力极弱，因此花垣、凤凰县山区常浓雾弥漫，即文中提到的“春夏淫雨连绵”是当地维持稳定灌溉和生活用水的重要途径。

湘西苗区的气候多样，属中亚热带季风湿润气候。气温随海拔高度变化而不同，总体上从统计结果来看，1961—1990 年海拔 500 米以下农耕区气温 15.8～16.9℃；其他区域东高西低，南高北低。垂直方向上，随海拔上升而气温递减，雨量递增，每上升 100 米年平均气温递减 0.55～0.6℃，雨量递增 30～50 毫米，日照减少，无霜期缩短 5 天；水平方向上，南向坡或开阔地形光照强，气温高，空气干燥，而北向坡或峡谷山涧则反之。[④] 基于实地调研发现，东部方言区苗民在居住上既需考虑通风除湿，又要考虑取暖避寒，所使用的建筑围护材料种类和方式在水平空间分布和垂直海拔高度上均呈现一种较为规律的状态，此部分将在后文详述。

至于湘西境内水系，现存大小溪流 1000 余条。干流长度大于 5 公里、流域面积在 10 平方公里以上的溪河 444 条。[⑤] 如此丰富的水网主要为沅水水系，主要河流均为其

---

① 吴荣臻，吴曙光. 苗族通史[M]. 北京：民族出版社，2007：40.

② 原文云：“苗中四时气候与内地迥异。尝有黑雾弥漫，卓午始稍开朗。当濛翳之时，人畜对面不相见，寸趾难移。春夏淫雨连绵，兼旬累月，常泥滓难行。雨势甫霁，蒸湿之气，侵入肌骨。其泉为山洞岩浆，性极寒冽，饮之败胃。水土恶劣，外人居其间，常生疠疫。马伏波所云：‘嗟哉武溪兮多毒淫’是也。秋冬霜雪早降，穷谷幽岩，积至数月不化，时下冰凌，屋溜冻结，自茅檐至地，其大如椽。苗人用木撞开，方可出入。上六里尤甚。禽鸟辟寒从不一至。自开辟日久，苗人蒸蒸向化，阴雨渐开，冰冻渐少，鸟鹊亦间栖林谷中矣。”严如熤，苗防备览[M]. 王有立，主编. 台北：华文书局股份有限公司，1968—1969：383.

③ 原文云：“暑月有雨则凉，冬间冷冻尤甚。”“当其衅濛之际，寻丈之间，亦莫能辨。虽盛夏，风雨偶至，必着棉衣。季秋，即可服裘。冬月，雪霜、冰凌凛冽，几如北地。”段汝霖，谢华. 楚南苗志・湘西土司辑略[M]. 伍新福，点校. 长沙：岳麓书社，2008：46.

④ 湘西土家族苗族自治州概况编写组. 湘西土家族苗族自治州概况[M]. 北京：民族出版社，2007：6-7.

⑤ 同上：4.

支流，史称“五溪”。“至西汉之初，今日川黔湘鄂一带的山溪江谷间，已经布满了南蛮之族。”[①] 故而秦汉时苗人土著也被称为“武陵五溪蛮”，足可见五溪水系网络与之长期生存休戚相关，对湘西苗族的生存模式与文化发展起到关键作用(图 1-1)。

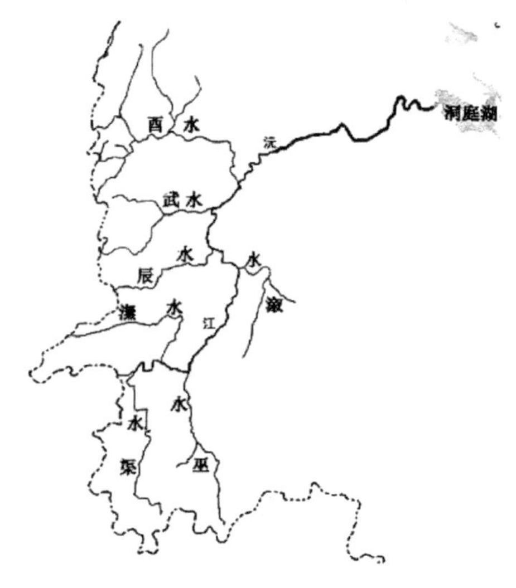

图 1-1　湘西沅水流域水系分布

2. 黔东南(苗岭山区)气候水文特征

黔东南属中亚热带季风湿润气候区，由于受自然地带性、东亚季风环流和地貌条件的综合影响，既有高原山区的特点，又具有季风气候特点，冬无严寒，夏无酷暑，干湿明显，雨热同季。年平均气温 14～18℃，最冷月(一月)平均气温 5～8℃，最热月(七月)平均气温 24～28℃。因地理位置及地势不同，总体上南部气温高于北部、东部高于西部。境内年平均日照时数为 1068～1296 小时，无霜期 270～330 天。年均降雨量 1000～1600 毫米，地区分布上为西部多于东部，南部大于北部，多雨期常出现于四月至十月，少雨期多出现于十一月至次年三月，雨季多集中于春夏两季。全年平均相对湿度 78%～84%[②]，可谓“天无三日晴”。比如作为苗族主要聚居地之一的雷公山区，位于苗岭腹地，往往云雾缭绕，烟雨朦胧，素来与黎平、榕江附近侗族聚居地的气候大不相同。此地北风为主导风向，夏季有东或东南季风，其余为北风或东北风。另外局部有不少小气候区，例如清水江与都柳江流域因处苗岭山地两侧，故而气候迥然。同时的两地或同地的两时温差均较大，真可谓“一日之中，乍寒乍暖，百里之内，此燠彼凉”[③]。因此，聚落紧凑，避开北坡建寨，强调建筑材料围合，室内空间低矮，设置火塘驱寒湿等，正是应对之策。

黔东南的山形走势显著影响水文情况。作为苗岭主要山脉，雷公山是清水江、都柳江这两条黔东南境内主干河流的分水岭，而它横亘于北部的其昌米坡、黄飘大坡、黄土坡、鼓楼坡、霸王坡又为清水江、潕阳河之分水岭。黔东南境内山高谷深，河床陡降，水流湍急，一遇暴雨即山洪暴发，洪枯流量瞬时变化，易涨易退，形成雨源性河流的水文特征。[④] 以苗区内主要河流清水江流域为例，汛期每年从四月至五月间开始，九月底结

---

① 翦伯赞. 中国史纲[M]. 北京：商务印书馆，2010.

② 黔东南苗族侗族自治州概况编写组. 黔东南苗族侗族自治州概况[M]. 北京：民族出版社，2008:2.

③ 田雯. 黔书[M]. 北京：中华书局，1985.

④ 黔东南苗族侗族自治州概况编写组. 黔东南苗族侗族自治州概况[M]. 北京：民族出版社，2008:2.

图 1-2　巴拉河及两旁苗寨

图 1-3　水土流失严重的乔洛河

图 1-4　时常洪涝的清水江

图 1-5　苗族迁徙之源太拥河

束。年最大洪水大多数发生在五月至七月，约占全年的 91%。因暴雨高值区多集中在清水江干流上游的马尾河，特别是雷公山附近巴拉河及南哨河一带，暴雨轴向及走向多呈由西南向东北，与河流走向一致。① 因此清水江、巴拉河、南哨河一线苗寨历史上常多洪水肆虐(图 1-2—图 1-5)。

山洪暴发摧毁村寨的惨痛教训，尚在苗民记忆之中(如笔者走访过的清水江畔施秉县马号乡沙洼村)，故而丘陵山坡型苗寨选址也绝不在山坳山沟之处，山谷型和滨水型村寨也尽量多选择在河湾水流速减缓之处，既有风水的心理考虑，更满足确保村寨安全固立的需求。

但正因清水江沿线水网发达，河网稠密，给明清著名的清水江林业的蓬勃发展、苗民物资输送提供了条件，渔猎也成为苗民向来以刀耕火种、狩猎采集为传统营生的有力补充，如在《百苗图》各抄本中，有关若干苗族(包括瑶族)支系的描绘主题即为渔猎场景。而在苗族祭祀、丧葬、请神送鬼等仪式中，用鱼作祭品更是常见，比如鼓社祭仪式中

① 石浩，张京恩. 清水江流域贵州省境内暴雨洪水特性浅析[J]. 河南水利与南水北调，2012(11)：28.

戊日进行的“背水喂鱼”仪式就需五个“鼓社头”及“尕勇”①各持两条鲜鲤鱼放入盆中稻草边(盆在中柱前)。

1.2.2 地形地貌

地形地貌是聚落及民居建筑得以存在的物质背景和条件依托,先民对其改造的手段与策略,与他们对生活舒适性的需求有关,更与族群的生存密切关联。早期苗民对环境的改造缺乏先进的工具与技术,因此住居的营造以顺应地形地势为主。为了适应长期的农业生计模式,苗人在争取更多建设空间的同时,还要兼顾预留尽可能多的耕地。因此聚落与地形的关系不仅体现了苗人适应自然条件的智慧,还间接成为住居地域特征异化与演变的重要因素,比如湘西与黔东南苗区聚落布局以及建筑与场地的关系就因地形地质情况不同而产生较大差异。

1. 湘西及松桃(武陵山区)地形地貌特征与苗民活动空间

全湘西连同贵州松桃地处云贵高原北、东侧与鄂西山地南、西端之结合部,属中国由西向东逐渐降低的第二阶梯之东缘。武陵山脉由西南向东北斜贯全境,地势西北高、东南低,可分为西北中山山原地貌区、中部低山山原地貌区、中部及东南部低山丘岗平原地貌区。从地貌形态上可分为山地(中山、中低山、低山)、山原、丘陵、岗地和平原。其中中山主要分布在湘西西北和东部;中低山及低山在中部和南部;山原主要分布在凤凰县腊尔山之落潮井、花垣县吉卫、龙山县八面山等地;丘陵主要分布在泸溪县浦市合水一带;岗地,分布于溪谷平原和不同台面的溶蚀平原附近;平原,分为溪谷平原和溶蚀平原,面积较大的有泸溪县浦市平原,龙山县城郊平原,花垣县团结至三角岩、龙潭至排吾,凤凰县黄合至阿拉一带的平原。因此综上而言,该地区整体形态是一个以山原山地为主,兼有丘陵和小平原,并向西北突出的弧形山区地貌。②

该地区苗人主要居住的武陵山脉、腊尔山台地与沅麻盆地(沅水、辰水流域)等自然环境构成多层次复合型封闭性特征。在凌纯声、芮逸夫两位先生所著《湘西苗族调查报告》中就对苗族聚居地有这样的划分:西北部可称为腊尔(lat renx,意为“山上”)台地区;东南部为溪河下游区。从地理学角度而言,腊尔山虽名为山,事实上顶部确有平旷之地,正如《湘西苗族调查报告》所言的“台地海拔虽有七百公尺之高,然其上小盆地甚多,且多泉塘可以灌溉”③。也正因如此,“村寨星罗棋布,苗人生息其间”。而《苗防备览·险要考》则将屡次“苗乱”凭以为固的缘由归结于此,“……山势险峻,形似马鞍,山

① 鼓社头,以“鼓社”为单位的村寨通过选举而产生的首领,一般有五人、七人、九人不等,可以连选连任,也可以改组重选。尕勇,鼓社头(一般指第一鼓社头)的女婿。

② 湘西土家族苗族自治州概况编写组.湘西土家族苗族自治州概况[M].北京:民族出版社,2007:2.

③ 凌纯声,芮逸夫.湘西苗族调查报告[M].北京:商务印书馆,2003:31.

顶有井，取汲不竭，山冲颇有水田，为生苗历凭之险”。以明代辰沅兵备参政蔡复一于万历四十三年(1615)始建明代南方边墙①为界(图 1-6)，另一边则为溪河下游区，虽原为苗人生息之地，后来汉人移殖苗疆，占有溪河下游平坦之地，苗人只有凭险占据腊尔山台地近三百年。明代边墙可以说既是苗汉大致的分界线，也是天然地形的分野。笔者主要考察的所谓“纯苗”村寨，即主要以腊尔山台地为分布。

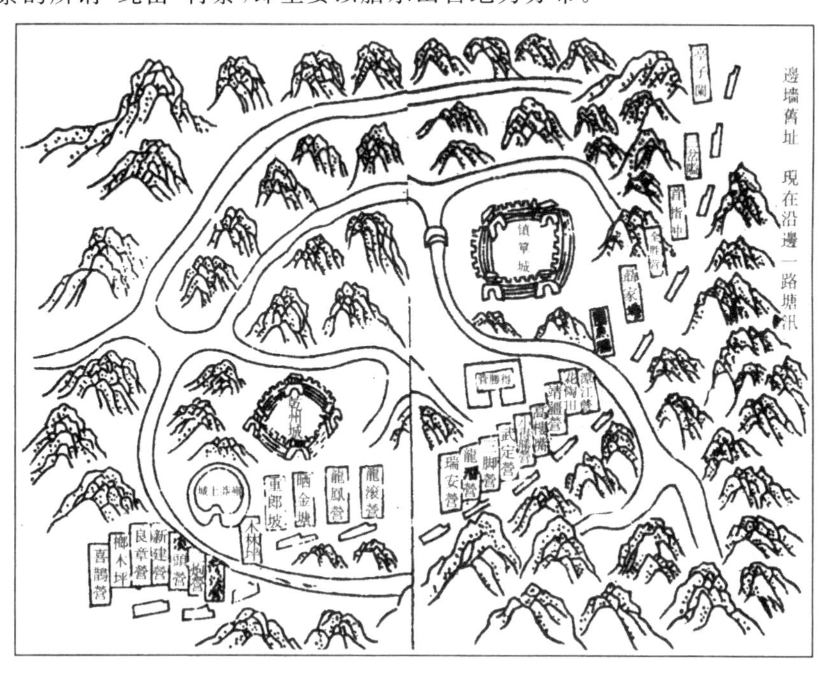

图 1-6　明清边墙遗址示意

2. 黔东南(苗岭山区)地形地貌特征与苗居形式

黔东南为多山地区，全境总体地势是北、西、南三面高而东部低，山地占全境总面积的 87.7%，丘陵地占 10.8%，盆地占 1.5%。中部雷公山和南部月亮山为中心地带，西部和西北部为丘陵状中低山区，东部和东南部为中低山和丘陵、盆地，大部分地区海拔 500～1000 米，最高点为雷公山主峰黄羊山，海拔 2178.8 米。②

---

① 《苗防备览・述往录》云：“万历四十三年乙卯(1615)辰沅兵备参政蔡复一，以营哨罗布，苗路崎岖，难以阻遏窥觎，请发帑金四万有奇，筑沿边土墙。上自铜仁，下至保靖汛地，迤山亘水，凡三百余里，边防籍以稍固。天启二年壬戌(1622)复设偏沅巡抚以后或置或罢，时辰沅兵备道副使胡一鸿委游击邓祖禹，自镇溪所起，至喜鹊营止，复添设边墙六十余里。”严如熤，苗防备览[M]. 王有立，主编. 台北：华文书局股份有限公司，1968—1969：671.

② 黔东南苗族侗族自治州概况编写组. 黔东南苗族侗族自治州概况[M]. 北京：民族出版社，2008：2.

此处苗区有较多土山与风化层堆积区，比较适宜农林业的发展，一方面可提供大量建筑材料，另一方面蓬勃发展的清水江林业，推动了苗民与外界的文化交流。但该区也同样具有复杂多样的地形要素：高原、山地、丘陵、坝子及河谷阶地等，甚至还有大量的岩溶暗河，与其他水系相互交错作用，造就了可塑性侵蚀地貌与各种喀斯特地形。苗岭纵深河谷到分水岭表现出不同高度的多层剥蚀面和阶台地。总体地貌呈现从西到东呈阶梯状降低。① 山体切割性强，起伏度大，导致山面正反地貌截然不同，因此聚居于此的各支系苗民，建筑风貌也不尽相同。山体坡度较陡，且大部分地区土少石多，水土流失严重，地层保水性弱，仅有少量适合种植水稻的土质。因此，苗民在考虑建筑与山体的关系时，往往更偏重于浅种薄收的稻田，而住宅常以吊脚楼（半边楼）的方式顺应山势走向布置，以此来节约土地。可以说雷公山脉的起伏度、坡度以及地质情况，是吊脚楼得以留存的决定性因素。至于今天在黔东南一些地势较为平缓地区所见的新建"全平式吊脚楼"大量流行的情况，应属于苗民现代生活需求的另一面。

1.2.3 盛产材料

对力求因地制宜、应对气候挑战的苗族民居来说，选择合适的建筑材料并就地取材，无疑是十分重要的。各地苗区盛产的材料皆不相同，除就地取材使建筑风貌多样，在营造聚落为合乎特定目的时，也各有不同。比如在湘西苗区紧邻腊尔山的"生界"附近，曾为明清中央政权屡次征伐之地，部分强调防卫功能的村寨利用当地盛产的石块、石板作为建筑围护材料砌筑板石路或者堡墙，如花垣县扪岱村、凤凰县拉毫营盘寨等；附近石块难取但取土方便的村寨则从耕田里挖土，经过成形、晒制成为土坯砖，比如凤凰县广大区域内海拔较高的苗寨（花垣、吉首、保靖等亦有所见，但数量有限）；花垣县及周边苗寨目前仍常见颇具古风的"竹编涂泥"（或以牛粪代之，则更显原始）；再往北去，海拔较低的酉水溪谷一带，保靖、古丈等地的苗寨因盛产树木，用木材拼板作围护材料的情况十分普遍，以至于从主屋外观来看，与永顺土家族民居较为类似。因此可以说，湘西苗寨建筑材料的使用在地理分布上是具有一定规律性的。

黔东南地区的产材特点和种类较之湘西差别较大，因其林区盛产木材，故而调研所见苗居，基本均为木构房屋。因为杉木建筑性能较佳、产量又大，因此房屋建筑所选木料主要以杉木为主，早期苗居屋顶、墙壁也会用到杉木皮。除此以外，在盛产松木、茜茅草的地方也常用松木为屋、铺草为盖。在盛产竹子的地区，常用一种径围较小的细长竹编织成竹编墙，再用膏泥内外抹面。

---

① 李先逵.干栏式苗居建筑[M].北京：中国建筑工业出版社，2005：1.

总体来说，湘西地区苗族建筑材料的多样性强于黔东南地区。两个区域的苗族聚居区因所产材料以及建材选择的不同，首先在建筑风貌上就产生了显著差别，而在聚落层面则主要体现在现场空间质感、立寨主要目的的视觉强化上，以及因材料防火性能各异使房屋间距具有的微小差别上。

1.3　人文历史因素与苗族住居空间

1.3.1　族源几说

苗族是组成中华民族的古老民族之一，因为长期的战乱与迁徙，至今缺少本民族通行文字①，虽有苗族古歌在各方言区传唱千年，共同的历史记忆大体上都能指向共同的祖地与故乡，但其历史活动事迹主要还是以汉字文献记载为主。但各时期文献常以“苗”“三苗”“有苗”“苗民”等多种字样出现，具体所指也不尽统一（表 1-2）。故而直至今日，苗学虽已渐成显学，其族源仍无绝对定论。

表 1-2　有关“苗”“三苗”“有苗”“苗民”字样古代文献统计

名称	内容	出处
苗	苗顽弗即工	《书・益稷》
	鳏寡有辞于苗，……降咎于苗	《书・吕刑》
三苗	窜三苗于三危，……分北三苗	《书・舜典》
	三危既宅，三苗丕叙	《禹贡》
	虞有三苗	《左传》
	其后三苗复九黎之德	《国语・楚语》
	三苗之不服者	《韩非子》
	舜伐三苗	《战国策・秦策》
	昔者，三苗之居，左彭蠡 之波，右有洞庭之水	《战国策・魏策一》
	三苗国在赤水东	《山海经・海外南经》

① 清至民国，几大苗区分别设计了苗文，其中最知名的是英国传教士柏格理（Samuel Pollard，1864—1915）与精通英文的教徒汉族李・斯蒂文和苗族杨雅各、张武一道以拉丁字母为基础，以石门坎花苗苗语为基本音，结合苗族衣服上的符号花纹，于 1905 年为苗族创立了一套简明易学的拼音文字。史称“老苗文”，也称柏格理文（the Pollard Script），影响巨大，直至 1949 年后仍有不少苗民使用。而今天黔东南郎德上寨尚存疑似苗文残碑，无人能识，有学者认为这是苗文之一种，毁于 1872 年（杨大六起义失败）。

续表

名称	内容	出处
有苗	何迁乎有苗	《书·皋陶谟》
	逮至有苗之制五刑,以乱天下	《墨子·尚同中》
	舜伐有苗	《荀子·议兵篇》
	舜却有苗以更其俗	《吕氏春秋·召数篇》
	昔舜舞有苗	《战国策·赵策》
苗民	苗民弗用灵,……遏绝苗民,……惟时苗民匪察于狱之丽,……苗民无辞于罚	《书·吕刑》

对于苗族族源,古今史家多就"九黎三苗说"展开考辨研究,包括唐代杜佑、宋代朱熹(重新以"苗"作为族名见于朱熹《记三苗》)、清代王鸣盛及后世章太炎①、朱希祖②、吕思勉③等知名学者,但其观点各异。

今天的国内外学界多采用"九黎—三苗—荆蛮—苗族"这样渐进式的族源观点,以此为基础展开不同领域的多项研究,取得了丰硕成果。因此本书也秉持此学术观点,结合史料、各地苗民的早期共同信仰、生活方式、服饰、苗族古歌记载的各迁徙地等学术共识,使之作为有关苗族传统民居与文化研究的民族学基础。

1.3.2 迁徙路径

与族源研究一样,各家对苗族迁徙路径的研究也一直是众说纷纭。归纳起来大致有五种,即江淮土著说、蒙古利亚说(北来说)、帕米尔高原说(西来说)、环太湖文化说(东来说)和马来西亚说(南来说)。④《苗族通史》则持"苗族多元一体论"观点。⑤ 篇幅所限,本书不能一一尽述。

目前学界主要根据前文所述有关族源的观点,整理出苗族历史上的五次大迁徙。⑥即九黎的溃败:东部黄河、长江流域向长江中游迁徙;三苗瓦解:"左洞庭、右彭蠡"而化

① 上海人民出版社. 章太炎全集·太炎文录初编[M]. 上海:上海人民出版社,2014:269.

② 朱希祖. 驳中国先有苗种后有汉种说[M]//朱希祖,周文玖. 朱希祖文存. 上海:上海古籍出版社,2006:197-198.

③ 吕思勉. 中国民族史[M]. 北京:东方出版社,1996:214.

④ 此五种迁徙观点见:吴荣臻,吴曙光. 苗族通史[M]. 北京:民族出版社,2007:16-17.

⑤ 所持观点是:苗族是中国土著民族,早期以聚落的状态出现,因稻作逐渐交往,融为一体。因此,苗族族源不是一元,而是多元,是因共同的禾苗生产而融为一体的。今两湖、两江、黔、川、渝等地,都是发祥地。参见:吴荣臻,吴曙光. 苗族通史[M]. 北京:民族出版社,2007:25.

⑥ 五次迁徙参见:石朝江. 中国苗学[M]. 贵阳:贵州大学出版社,2009:27-38.

身荆楚[①]；渐入五溪："五溪蛮"的聚集；挺进黔东南：中部方言区苗族的形成；分散到散乱：共同地域和方言区的瓦解。

苗民的迁徙路径，使得各方言区聚落与建筑样式的分布规律性较为明显。苗族东部方言区作为重要的迁徙起点和人口输出地，次方言与土语分化程度较低，聚居地较为紧密，建筑特征因环境自然因素和应对军事战略不同产生差异，特征分布规律性强。中部方言区，次方言和土语种类开始增多，聚居地除因地形、水系等环境因素导致差异明显外，支系文化显著分离，受其他民族的影响较多，导致各区域建筑类型和空间布局有较大不同。西部方言区的构成十分复杂，既有早期"窜三危"而南迁的苗族先民，也有历次过境迁来的不同批次、不同方向的苗民，因此就聚居地分布和次方言区、土语区的构成而言，散乱程度远超中部和东部方言区。又因长期处于彝族土司、汉族职官的管制之下，生活习惯与经济营生受到明显影响与制约，生活困苦之时对住居的营造并没有过多体现自身文化特征，因此建筑体现出的主要是其生活最基本需求的一面，为了能及时逃逸作准备，因此粗陋简单，不能显示家庭财力。

1.4　苗疆开发与族群结构重建对生活空间的深刻影响

探讨苗疆形成与开发的问题，事实上是在探讨各中央政权与苗族区域的关系问题。而这一关系的历史变化对苗族的生存发展、开辟新域，保持民族本色与吸收外来文化等都至关重要。苗族区域的形成与分化、社群关系的变化、族群结构的重建都直接或间接导致苗族传统聚落结构的变化、功能的增减以及建筑样式的更替。因此，解读这一历史背景对进一步研究苗族居住文化"从何而来，又去往何处"十分有意义。

1.4.1　各时期苗疆开发模式

对于各历史时期的云贵高原开发模式，马国君分作四个阶段：过境开发、羁縻开发、间接开发和直接开发。[②] 本书也同样认为以开发模式与力度对苗疆的发展历程进行划分较为妥帖，即秦汉至唐宋：征服武陵到羁縻开发；元代至明代："土流"并治到初步"改土归流"的间接开发；清代至民国：深入"改土归流"的直接开发。现分述之。

---

① 如范文澜在《中国通史》中就说：楚国是"苗族的楚国"，甚至认为"三苗后裔"或"髦人酋长"俱为苗人，是楚国先民。李建国、蒋南华则认为，芈姓楚族与苗族有亲缘关系并产生了文化融合。而石宗仁更是将"支那"与湘西苗语"吉那"、楚国故都城"纪南"取得文化上的关联，说明苗楚文化渊源。虽有学者对此未必赞同，但足可说明苗楚关系之密切，至少苗族是楚国的主体居民，是比较肯定的。见：范文澜．中国通史简编[M]．北京：商务印书馆，2010．李建国，蒋南华．苗楚文化研究[M]．贵阳：贵州人民出版社，1996．石宗仁．荆楚与支那[M]．北京：民族出版社，2008．

② 马国君．清代至民国云贵高原的人类活动与生态环境变迁[M]．贵阳：贵州大学出版社，2012：29．

1. 秦汉至唐宋:征服武陵到羁縻开发[①]

战国时期,苗地属楚国黔中郡,而后成为秦楚交兵争夺之地,白起拔取黔中郡,至西汉初年黔中地又置武陵郡,故而此处苗族有“武陵蛮”之称,又因沅水流域五溪散布,苗瑶先民活跃其间,因此又被称作“五溪蛮”。其中信奉盘瓠之苗与隋唐分化出的瑶族一道又称“盘瓠苗”;而魏晋南北朝时期住在荆州、雍州等地的苗民被称作“荆州蛮”“雍州蛮”。

自西汉始征“南蛮赋”[②],其后中央王朝对苗地屡次征伐:东汉建武二十三年(47)至中平三年(186),对“武陵蛮”用兵达十二次。[③] 其中,以大将军刘尚、马援的失败为代表。其后至唐宋,中央王朝对苗地采用征剿为主,安抚为辅的策略。随着了解加深,羁縻之策的历史条件也逐渐具备。中央王朝逐渐开始采用“来则纳之,去则不追”的原则,对苗区不加直接控制。即使设置行政建制,管理上也较为松散。贡赋通常较为宽松,如有土酋来贡,则封为王侯,按当地习俗替朝廷代管。《三国志》《新唐书》《宋史》都有记载羁縻思想的内容,而范成大《桂海虞衡志》“羁縻州峒”则十分具体地显示出羁縻制所取得的较大进步,“自唐以来内附,分析其种落,大者为州,小者为县,又小者为洞(笔者注:其他文献多作“峒”字)。国朝开拓寖广,州、县、洞五十余所,推其雄长者为首领,籍其民为壮丁。其人物犷悍,风俗荒怪,不可尽以中国教法绳治,姑羁縻之而已”。[④] 这表明到宋代,中央王朝已经与云贵高原少数民族达成某种象征性的统属但又互惠的关系,尽量不诉诸武力,也不干涉苗族的传统营生模式。

2. 元代至明代:“土流并治”到初步“改土归流”的间接开发

元代对西南部边远民族地区一改前朝的羁縻之制,创建了土司制。苗族地区纳入湖广、四川、云南三行省管辖。行省之下为路,在少数民族地区专设宣慰使司作为布达行省政令的流官行政机构,其下设有招讨使司、安抚使司、宣抚使司、蕃民总管府、军民土府及蛮夷长官司等土司。[⑤]

至明朝,行省改为布政使司,其下设府、州、县各级地方建置。苗族主要分布在十三个布政使司中的湖广、贵州、四川、云南、广西、广东六个行政区划内。元代原属流官体

---

① 李廷贵,张山,周光大.苗族历史与文化[M].北京:中央民族大学出版社,1996:39-43.

② 西汉王朝规定武陵蛮须要按人头向官府缴纳“宾布”。大人岁输布1匹(4丈,约13.33米),小儿输布2丈(约6.67米)。参见:李廷贵,张山,周光大.苗族历史与文化[M].北京:中央民族大学出版社,1996:40.

③ 苗族简史编写组.苗族简史[M].贵阳:贵州民族出版社,1985:8.

④ 范成大.桂海虞衡志·志蛮[M]//范成大笔记六种.北京:中华书局,2002:134.

⑤ 苗族地区宣慰使司主要有施南、永顺、桑植、酉阳、乌撒乌蒙、广南、播州等。土司则有散毛、容美、保靖、茅岗、柿溪、石柱、顺元、思州、新添、葛蛮、程番武胜军、卢蕃静海军、方番河中府、麻哈、平乐、金筑、闷畔、马湖、马龙、维摩、庆远、南丹、竿子坪、都云、康佐、古州、王弄山、安隆等大小数百个。有关元代土司及宣慰使司具体设置,参见:李廷贵,张山,周光大.苗族历史与文化[M].北京:中央民族大学出版社,1996:44.

制的宣慰使司一律改为土司，而原有土司部分改设府、州、县之外，大多数都在原有基础上保留了下来，只是部分土司名作了更改。同时还设置屯田、增加驻军以保障对各族势力形成弹压之势。

在雍正四年(1726)正式推动全面“改土归流”之前，总体趋势是土司数量日益减少，布政使司改为省之后，苗区所辖府、厅、州、县数量也在减少。元、明至清代前期这种“土司制”“流官制”并存的现象即为“土流”并治。在此期间，中央政权也逐渐将其管辖势力深入到苗族边界，但离“生界”尚有距离，同时这种“土流”并治的间接开发模式，主要是在民族边界完成经济联系，虽然职官能深入辖区，但主要仍以当地民族习惯法与传统文化实施开发。而且整个过程都是在双方冲突中进行的，因此元、明之际是苗族大量迁徙、聚居地分布越加散乱的关键时期。

3. 清代至民国：深入“改土归流”的直接开发

清廷正式接管云贵高原之后，才有条件进行正式的直接开发，即突破土司制或地方势力的阻碍，直接用中原模式对苗区资源进行利用。有两个标志性阶段[①]：一是康熙二十六年(1687)在云贵高原地区实施的“撤卫并县”，并将明代军屯转为民户就地安置，鼓励其就地按中原模式生产生活；二是雍正年间实施的大规模“改土归流”，不仅罢废了土司，还没收其领地，并接管“生界”，鼓励移民进入苗区落籍定居，对“熟苗”进行“编户齐民”。

推行“王化”、开辟苗疆，“生苗”界内苗民付出了巨大代价，整个直接开发的过程都伴随着苗族人民“三十年一小反、六十年一大反”的起义，包括雍正年间包利红银起义、乾嘉石柳邓吴八月起义、咸同张秀眉起义等著名事件。

明清之际，中央政权将湘西、黔东北腊尔山脉一带和黔东南的清水江、都柳江流域称为“苗疆”，也正是所谓区别于“熟苗”之“生苗”界。这一地带，至今还保留着一些苗族原生的民族文化特征，也正是本书主要聚焦的研究区域(图 1-7)。

1.4.2　苗族族群结构重建

1. 征战与羁縻：族群结构的延续

在较长一段时间内，早期的各中央政权一直都对苗族保持着弹压之势，导致即便到实行羁縻之制时，对苗族的了解也十分有限，仅在边界或部分管辖地才发生有限联系。解决当地事务，往往适用当地民族习惯法或文化传统，因此这个阶段即使产生了苗瑶民族的分离、苗族各支系的持续分化和迁徙，但苗族早期的部落制、鼓社制都得以维系，族

① 此两例参见：马国君.清代至民国云贵高原的人类活动与生态环境变迁[M].贵阳：贵州大学出版社，2012：58-62.

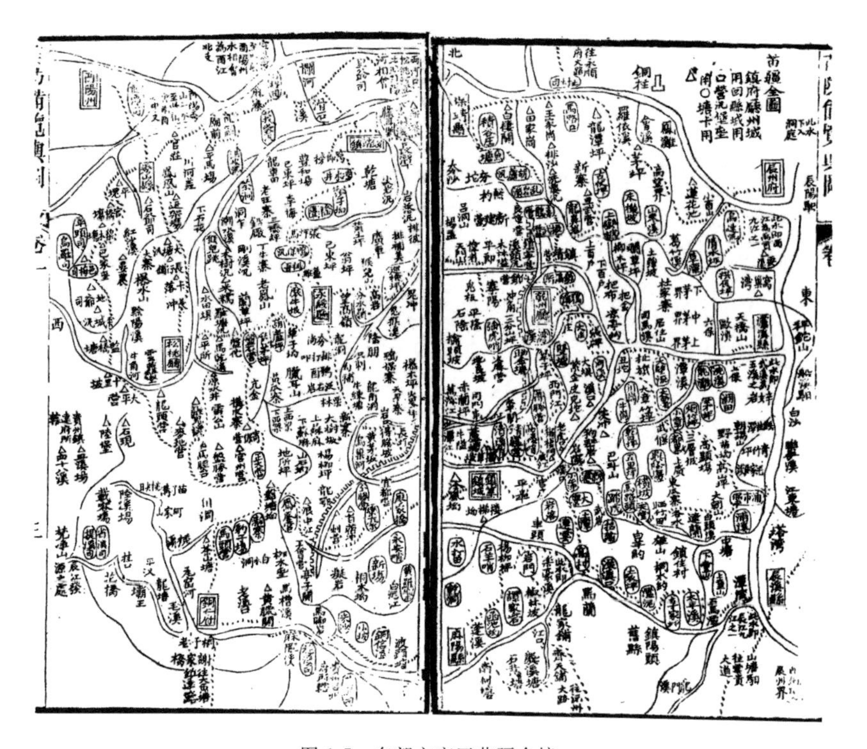

图 1-7　东部方言区苗疆全境

群结构仍以原始的血缘联盟为主。狩猎、采集、游耕、水田耕作等多种经济营生一直延续。

2. “土流”并治：族群关系与聚居结构的分化

“土司制”的建立，对苗族人民来说，无非是“以夷制夷”的传统政策。然而土司势力坐大，尤其是湘西土家族保靖、永顺、容美土司，贵州彝族水西安氏土司、水东宋氏土司，布依族八番各长官司等掌握着苗民的财产资源分配权，甚至是生死大权。因此，此时的苗族社会一方面加强了迁徙的速度、自我防守及对抗能力的建设，一方面也产生了族群结构的分裂，或者是支系的人为分化。如操西部方言惠水次方言的黔中南支系惠水亚支系，自元朝初年至明朝天顺年间，变成由相邻各族土司管辖之后，就分化成了“白苗”“平伐苗”“谷蔺苗”“东苗”四种支系：其中“白苗”因为依附彝族改穿白衣才得其名（彝族有“贵黑贱白”的习俗）；“平伐苗”由水东宋氏代管；“谷蔺苗”归属布依族八番各长官司代管；“东苗”为未受彝族土司胁迫的部分。这种民族间或土司与苗民间的不同关系，都被明清文献如实记录下来，常以此定义不同支系。

与此同时，“流民”与“土民”待遇相当不同，“土民之苦视流民百倍，多有逃出流官州县为兵者”。[①] 导致了“土民”加速转变身份的情形，湘西上六里[②]苗民“赴镇溪所投见，愿归版籍”“自愿改土归流”。[③]

3.“改土归流”与深度开发：苗族族群结构的重建与“国家化”

从“苗人”向“国人”身份转换的趋势，直接导致了苗族传统族群关系的瓦解，部分苗民加速被“编户齐民”成为“熟苗”，甚至“与汉人同”。土地作为主要生产资料可以自由买卖，生产经济类型逐渐多样化，在苗族中间，甚至逐渐出现了地主阶层。另一方面，苗族人民从被土司压迫改为被地主官府压迫。“生苗界”内的苗民生活依然困苦：“依山而居，斩木治茅以蔽风雨。其室卑隘，檐户低小，出入俯首。”[④]“夜无卧具，佐食恒以蕨灰水为盐。”[⑤]“四季夜眠无被，寒则烧柴于炉而反侧以炙。”[⑥]今日笔者对腊尔山区、雷公山腹地内历史悠久的苗居进行实地调查，发现情形确为如此。另外苗人所居土地往往贫瘠，三四年之后即需要游耕的方式“丢荒另垦”，广种薄收，稻谷、大麦、高粱等农作物不足以果腹，常以渔猎所获作补充。[⑦] 诞生于这个关键时期的《百苗图》抄本系列对这个题材则描绘得十分充分。

在此种情形下，“苗疆”之内常出现贫富差别，却无阶级分化。父系氏族公社在迁徙、防卫方面起到关键作用并再次被强化，从而早就替代苗族早期的部落及部落联盟方式。而其族群结构以鼓社(janyd niol)为表征，是以血缘关系为基础的氏族组织。在组织形态上表现为“鼓社祭”，村寨中的“鼓场”正是这种聚居结构的空间表达。遇重大事件需要各鼓社共同商讨，则举行议榔(gheud hangb，湘西大部分地区叫“合款”)。议榔制的出现超越了血缘关系，只与苗民聚居地的远近关系有关，解决的问题也已超越了氏族关系，聚焦在固定地域上。所以议榔制度的出现应该较晚，至少是在苗民生活相对稳定、居所较为固定的情况下。因此，从单纯血缘父系氏族关联转向地域性的议榔组织，应该是苗族族群聚居结构的重建结果。

---

① 王士性.广志绎：卷五[M].北京：中华书局，1997.

② 严如熤《苗防备览》之“苗疆生界内的行政区域”所言：“镇筸、五寨而外，苗寨统分十里，上六里即今之永绥厅，下四里即今之乾州厅。外更有竿子坪长官司所辖之苗寨数十处，镇溪所千户东南附近之苗寨数十处。苗寨在上六里下四里先为所官管辖，后隶保靖宣慰司。其性犷狎，土官亦羁縻之而已。千户、长官司所辖边墙内者居多，所官土官尚能弹压之，颇知畏法敬官。边徼有事，挞伐甫及，辄争先投诚，其风较十里为驯也。”严如熤.苗防备览[M].王有立，主编.台北：华文书局股份有限公司，1968-1969：352-353.

③ 董鸿勋.宣统永绥厅志[M]//中国地方志集成·湖南府县志辑：第73册.南京：江苏古籍出版社，2002.

④ 潘曙，杨盛芳.凤凰厅志[M]//故宫博物院.故宫珍本丛刊：第146册.海口：海南出版社，2001.

⑤ 陈瑜，周恭寿，熊维飞，等.民国麻江县志[M].拓泽忠，修//黄加服，段志洪.中国地方志集成·贵州府县志辑：第17-18册.成都：巴蜀书社，2006.

⑥ 周范，刘再向，等.乾隆平远州志[M].李云龙，修//黄加服，段志洪.中国地方志集成·贵州府县志辑：第48-49册.成都：巴蜀书社，2006.

⑦ 李廷贵，张山，周光大.苗族历史与文化[M].北京：中央民族大学出版社，1996：52.

苗族族群结构重建的另一个方面还体现在经济类型细分化上。如清水江林业、桐油、茶油、采矿等贸易类型发展，形成了更多经济专属类型的聚居地或村寨。比如清代咸同时期，湘西永绥厅（今花垣县）下寨河苗族已使用简单的机械开采铁矿并改进了炼铁技术；贵州松桃厅的团寨和铜仁县（今铜仁市）的牛郎寨，有许多苗族专事桐油生产和贩卖。[①] 最为典型的例子是清水江文斗寨，因其所藏的"清水江契约文书"在学术界享有盛名。据其寨《姜氏家谱·记》所描绘，"在元时，丛林密茂，古木荫稠，虎豹踞为巢，日月穿不透，诚为深山箐野之地乎"。[②] 明朝典籍也并无此寨，可见"文斗寨"的建立正是得益于清中叶朝廷"改土归流"深入开发和经济类型专门化，并成为新型聚居结构的苗寨代表。

---

① 李廷贵，张山，周光大. 苗族历史与文化[M]. 北京：中央民族大学出版社，1996：79.

② 国家民委《民族问题五种丛书》编委会. 中国民族问题资料·档案集成：第5辑[M]. 北京：中央民族大学出版社，2005：263.

上篇

文献研究篇

第2章　汉族文献体系中的苗民生活与住居

研究苗族及其历史文化的学问在社科领域被称作“苗学”。18世纪下半叶以来，有关苗族等少数民族的专门记录显著增多，至20世纪80年代，学界对苗族的各项研究更是蓬勃发展，可谓硕果累累。与“藏学”一样，苗学已从“潜流”渐成“显学”。可见对于苗族的关注自古有之，且广度与深度均有渐进性发展。

事实上，直接或间接记叙苗族相关信息的文献远早于18世纪下半叶的“改土归流”，且不乏颇有价值者。这有助于我们拨开历史迷雾，一窥苗族生活场景和住居空间的神秘身影。以此为基础，对借助历史人类学补缺苗族住居文化信息链、复原历史图景，继而构建住居原型更是大有裨益。本章基于文献脉络的整体解读，划分出几个重要历史时段，接着对有关“苗族”住居信息的古代文献进行专题性梳理与研读。

2.1　宋代作为分界点的文献系统

宋代之前有关苗族先民史实轶事的记录，多见于先秦、汉初的古代经典文献，如《尚书》《周书》《山海经》《楚辞》《吕氏春秋》《史记》等。其中记载的“苗”“三苗”“有苗”“苗民”等字样涉及今日苗族族源问题，并给苗族族支考辨、迁徙路径溯源等当代民族问题的研究提供宝贵线索。但秦汉以后、宋代之前的文献却无“苗”字重现，引发国内外众多学者，尤其是清代至民国时期的大家们，就“苗族是否为九黎、三苗之裔”的论题展开了激烈讨论，如章太炎的《排满平议》。

宋代至清雍正改土归流前的历史文献，除《宋史》《宋书》《太平御览》等官方志书、类书中对苗族有少许记载之外，较具代表性的还是文人职官的私家著述。比如朱熹《记三苗》就再次用到“苗”字，使后世学者多以之为今日“苗族”正名之肇始。另与前代不同的是，著者除了作一般性记录外，还展开了初步的民族对比研究，如朱辅《溪蛮丛笑》[①]记载了宋代湖南五溪地区的土家、苗、瑶、仡佬等民族的风物民俗，包括矿产冶金、纺织衣

① 朱辅.溪蛮丛笑[M]//徐丽华.中国少数民族古籍集成:第83册.成都:四川民族出版社,2002:26-32.

饰、饮食习尚、婚丧节庆等,史料价值巨大。[①] 例如"辰砂"一条记录了仡佬族(包括今仡佬、苗族、土家族和侗族等)对"朱砂"的开采方法,体现其与宋代汉人之关系;"三脊茅"一条则记述楚"苞茅缩酒"之茅与麻阳少数民族之渊源,对今天依然具有较重要的历史意义。对于宋代五溪地区少数民族的居住形态,"羊栖""打寮""平坦""隘口""茅花被"五条则颇具价值,分别记载了百越系、苗瑶民族不同的居住习俗。

"羊栖"[②]条描述了百越系民族"干栏式"住房习俗,不同于《魏书》所记僚人(百越系)"干栏"为"依树积木以居其上"的"巢居意象",或晋代张华《博物志》所认为的"南越巢居,北朔穴居,避寒暑也"之营造动机,朱辅将建筑架空的成因归于"鬼禁"这样的"惧鬼禁忌"。比照当代考古发现,足可想见文字中的干栏式房屋可能包含外廊、阳台等要素,从而使平面轮廓丰富起来,好似"屋宇之多";而"巨木排比,如省民羊栅"的描述表明埋地式巨柱形成"接柱建竖"的干栏结构,"下层架空、上层住人"以及简陋的壁板相似于当地汉人羊圈;加之"叶覆屋者",即杉叶盖顶,都与今日湘黔桂交界处壮侗语族的干栏住屋十分相符。

"打寮"[③]条强调了宋代苗瑶语族穴居野处的情形。"寮"指临时性野外住房,"剪茅叉木"表明茅草盖顶、屋架绑扎,形容住屋极之简陋,用大斜梁不用穿斗体系的屋架形式直至今日在部分苗瑶村寨内仍有所见。长期刀耕火种的"轮休耕作"及"周期性迁徙"决定了苗民穴居与树栖并存,及"只求暂居、不求常住"的生活经历。文献的记载间接说明此种状态的普遍性和长期性。

"平坦"[④]条记载了宋代苗瑶与壮侗两个语族群体不同的居所环境,以及族群对生存资源的竞夺与更替。宋代中央政权借"壮侗"以控"苗瑶"的"溪峒制度",是以组织"峒丁"(壮侗青年男子)垦边为手段之一。壮侗居民安居稻耕、占据山间盆地或具肥力的冲积土壤,是为"平坦",其范围之大,以至"鸟飞不能尽也"。而苗瑶民族只有困守山地丛林,长期"刀耕火种",村寨规模较小且仍需轮替迁徙。但随民族实力此消彼长,族际边界并非一成不变:或壮侗借助官府之力对苗瑶生息地予以掠夺,或苗瑶起义成功将"平坦"之地夺回,开辟新的"刀耕火种"范围。这一始终变化的民族关系及边界动态一直持续到清代"改土归流"之后。

---

① 有关《溪蛮丛笑》研究,可参见:符太浩. 溪蛮丛笑研究[M]. 贵阳:贵州民族出版社,2003.

② "羊栖"条原文:"仡佬以鬼禁,所居不着地。虽酋长之富,屋宇之多,亦皆去地数尺。以巨木排比,如省民羊栅。杉叶覆屋,名羊栖。"

③ "打寮"条原文:"山瑶穴居野处。虽有屋以庇风雨,不过剪茅叉木而已。名打寮。"此处"瑶"字在四库全书版《溪蛮丛笑》中原作"猺",本书改为"瑶"。

④ "平坦"条原文:"巢穴外虽峙险,中极宽广。且以一处言之,仡佬有鸟落平,言鸟飞不能尽也。周数十里,皆腴田。凡平地曰平坦。"

“隘口”[①]条旨在用“寨”“嶂”形成军事防御工事来说明宋代“溪峒制度”下的侗族(宋称峒丁、峒民)已为定居农业民族,与生界内的苗瑶、仡佬有明显差异,反映了各民族之于中央政权亲疏关系。与“平坦”条所表达的要旨一致。

“茅花被”[②]条是对生活中睡卧细节的一种补充:侗族因掌握平坦旷野和固定的水域较多,故而改变原先的“禽鸟羽绒”作盖被[③],转而“揉茅花絮布被”,但比苗瑶“山徭皆卧板,夜然(燃)以火”确是舒适许多。苗族“冬无被盖”的情形则一直延续,在清代文献中多见,如段汝霖《楚南苗志·房舍》:“……及冬月男女环坐,烘火御寒。夜即举家卧其上。虽翁婿亦无间。惟令夫妇共被,以示区别耳”,直到清晚期贝青乔才言:“近岁间以芦絮为被,若木棉则仅有矣。”[④]足可见苗人睡卧无被的常态及火塘之于居家的重要性。也可解释湘西苗居为求取暖范围最大化而使火坑居火塘间正中的必然性和长期性。

宋代周去非《岭外代答》在范成大《桂海虞衡志》基础上,结合实地调查,更为细致地以答疑的方式记载了岭南两广地区少数民族的生活风俗、社会经济、物资特产等情况。从清代四库馆臣将其从《永乐大典》辑出原貌之后即为近现代学者所推崇,视为唐宋时期有关广西史志的必读文献。因此,对于了解宋代桂北苗瑶语族生存境况,具有特殊史料价值。

明代郭子章《黔记》[⑤]中“诸夷”[⑥]与“古今西南夷总论”两部分则可视作反映明代中央政权少数民族政策[⑦]的民族志资料汇总。该书对民族族名尤其是苗族支系名依据当时当地惯称进行了划分,初步解决了苗族支系繁乱而不可尽数的问题。因此后世非常重要的清代《贵州省志》《百苗图》系列等史志文献,甚至鸟居龙藏《苗族调查报告》中的支系划分均对郭版《黔记》有所沿用。其中不乏大量有关明代贵州苗瑶民族的生活习

---

① “隘口”条原文:“凡众山环锁,盘纡茀郁,绝顶贯大木数十百,穴一门来去。此古人因谷为寨,因山为嶂之意,名曰隘口。”

② “茅花被”条原文:“仡佬无棉。揉茅花絮布被,一被数幅,联贯以成。山徭皆卧板,夜然(燃)以火。仡佬视徭,则为富矣。”

③ 侗族水稻模式的长期固定化使得禽鸟难捕,而禾本科植物纤维易得,又据研究,南宋时气候极具转冷,野生木棉难以在“五溪”越冬,故而转用茅花(即芦花)作絮被填充料。参见:符太浩.溪蛮丛笑研究[M].贵阳:贵州民族出版社,2003:87.

④ 贝青乔.苗妓诗[M]//张廷华.中国香艳全书:第二卷.董乃斌,等,点校.北京:团结出版社,2005:670.

⑤ 郭子章.黔记[M]//北京图书馆古籍出版编辑组.北京图书馆古籍珍本丛刊:第43册.北京:书目文献出版社,2000.

⑥ “诸夷”部分考释,参见:郭子章.《黔记·诸夷》考释[M].杨曾辉,麻春霞,编.贵阳:贵州人民出版社,2013.

⑦ 明万历末年辰沅兵备道蔡复一因监控铜仁府和湘西镇溪所的腹心地带“生苗界”的目的,始建“明边墙”。郭子章任贵州巡抚时与李化龙合力剿平播州杨应龙叛乱,彻底消灭盘踞播州800年的杨氏土司,还多次平定贵州苗、瑶起义。因此可以说郭子章《黔记》的确能较全面地反映明朝中央政权对少数民族的态度与政策。

俗、居住习惯的记载，如“克孟牯羊苗”之穴居、“夭苗”之“竹楼”等，后世也多有援引[①]。

其余如田汝成《炎徼纪闻》、李化龙《平播全书》等诸多文献不一一赘述。

2.2 雍正“改土归流”为节点的文献系统

自洪武十八年(1385)“军民两治，土流并存”的“赶苗拓业”始，历经平播之乱，明万历末年蔡复一始修“明边墙”，至康熙四十三年(1704)“苗人向化，裁去土司，置凤凰营于厅地”[②]，明清两朝的“初步改土归流”对苗疆仅止于“土地开发”，并未开始深刻的“国家化”“社区化”“国民化”。直到雍正四年(1726)云贵总督鄂尔泰屡次上书后，“改土归流”才进入实质推进阶段，这一阶段较为深彻地改变了苗人的生存模式和居所环境，社群结构也产生了历史性转折。对今天田野调查所能观察到的苗居形态、生活空间都有着不可磨灭的影响，而且今日尚存的最早苗居基本上也只能追溯到这一时期。加之“改土归流”前后的文献在数量上也突然猛增，因此对苗居研究具有重大意义，本书亦以此时段为重要节点进行文献梳理。

一是《贵州通志》系列，认知渐进的后续文献之基础。

了解明清时期苗族为代表的少数民族生活状况，当从《通志》出发，而尤具代表性和传承价值的，常以《贵州通志》为纲。明初建省以来，明、清两代数次撰修《贵州通志》，现今流传的明代通志是弘治初年《贵州图经新志》、嘉靖纂修《贵州通志》，另有万历年间《贵州通志》是贵州明、清两代存世志书中的孤本，原刊本为丁酉年(万历二十五年，1597)所刻，现仅藏于日本尊经阁文库，为宇内唯一。其志有二十四卷，但并未有专篇记录贵州各少数民族，说明中央政权及汉人职官尚缺少对黔地少数民族的足够了解。

自康熙三十一年(1692)及三十六年(1697)《贵州通志》的两次修编，才体现出中央政府对少数民族地区逐渐浓厚的兴趣，当然也不能排除郭子章《黔记》产生的启发效应，贵阳诸生方策始增“土司附蛮獠”一卷并绘图，其中记有贵州少数民族31条，共38个族称(有的条目是几个族称合并记述)。至乾隆六年(1741)，鄂尔泰、张广泗等修编乾隆版《贵州通志》，其中卷七《苗蛮》中亦以族称为纲，共分46条，61个族称，说明中央政权随着“改土归流”的日趋深入，也开始更多地希望了解到贵州腹地各少数民族的具体情况。

---

① 比如《黔记·卷五十九·苗人》有对“克孟”“牯羊”苗之描述：“择悬崖凿窍而居，不设茵第，构竹梯上下，高者百仞。”郭子章．黔记[M]//北京图书馆古籍出版编辑组．北京图书馆古籍珍本丛刊：第43册．北京：书目文献出版社，2000：990．后世《百苗图》、乾隆版《贵州通志》就与之较为一致，都在描述西部方言麻山次方言苗人穴居的情形。如乾隆版《贵州通志·卷七苗蛮》“克孟牯羊”条之记载：“克孟牯羊苗在广顺州之金筑司。择悬崖凿窍而居，不设床第，构竹梯上下，高者或至百仞。”可见其与《黔记》的紧密关系。参见：鄂尔泰，等．贵州通志·卷七苗蛮[M]．国家图书馆特色资源(方志丛书)，1868．

② 黄应培，等．凤凰厅志[M]//中国地方志集成·湖南府县志辑：第72册．南京：江苏古籍出版社，2002：37-38．

除《贵州通志》本身记载苗瑶民族的生存境况之外，更重要的是，根据杨庭硕教授的研究，乾隆版《贵州通志》或为《百苗图》这一民族志图谱的重要参考，以及李宗昉所著《黔记》的基础。因此可以认为，乾隆版《贵州通志》可谓研究"改土归流"背景下苗族建筑文化的必读文献。

二是苗疆屯防专题，苗人生活方式深彻改变及汉人了解"生界"的加速期。

如胡宗绪《苗疆纪事》、田英彦《平苗议》、张广泗《苗疆告竣撤兵疏》、爱必达《黔南识略》、罗绕典《黔南职方纪略》等著述基本为清代文人、职官围绕苗疆题材展开的对少数民族风土民情的记录，数量众多，不可尽数①。

较具代表性、记录苗族居住信息较为详实的有段汝霖(其时任湖南永绥同知)的《楚南苗志》②，主要记载苗族历史文化及习俗，兼及土家族与瑶族。该书除概述历代"苗蛮"称谓沿革、苗疆地理、古迹、气候、物产等，还记述了苗人"叛服"及"抚剿"史事。其中对苗族传统住居研究最有价值的当属两个部分，一为书首四个序言及卷一，结合舆图的方式总述楚、黔、蜀三省接壤苗人之立寨分布特点；苗族聚居地与府厅建置、苗疆范围、边墙位置之关系，以及生存气候与当时苗疆内的"古迹地名"分布③。二为卷四《房舍》中用 200 余字描述了清乾隆年间苗人住居的草顶、空间格局与睡卧方式、室内畜牧、炊事农具等情形，并记载了富足的苗人偶有用瓦顶、砖墙之做法，这与笔者调查情况基本一致，为复原乾隆年间苗居格局提供了宝贵证据。

严如熤所著《苗防备览》，其中"风俗考"④上下两卷对湘西苗疆边墙分"生""熟"苗及其族群结构作了论述，除了苗民的饮食、衣着、巫术、习俗等，还记录了苗地生态环境与气候以及"生苗"的居住方式。与《楚南苗志》对比研究，可看到苗居情形发生细微的变化⑤。最具特点的是该书体现了清廷"防苗御苗"的治苗理念，高度关注了民族文化的整体性。

---

① 其余相关著述名录可参见：石朝江. 中国苗学[M]. 贵阳：贵州大学出版社，2009：11.

② 段汝霖，谢华. 楚南苗志・湘西土司辑略[M]. 伍新福，点校. 长沙：岳麓书社，2008.

③ 如卷一《楚、黔、蜀三省接壤苗人巢穴总图说》中清晰记录楚省红苗疆域："东自湖南永顺府保靖县地、名古铜溪起，西至贵州铜仁府地……东西广二百余里，南北袤百五十余里……红苗最属强悍，户口极繁。"又记"蜡尔深山"为"生苗巢穴"，"东西可二百里，南北百二十里，横亘苗中，历为苗人蟠结之薮。"段汝霖，谢华. 楚南苗志・湘西土司辑略[M]. 伍新福，点校. 长沙：岳麓书社，2008：32.

④ 严如熤. 苗防备览[M]. 王有立，主编. 台北：华文书局股份有限公司，1968—1969：351-420.

⑤ 《苗防备览・风俗考上》中写到："苗民依山结茅，屋室苦湫隘间，亦有瓦屋者。每屋三五间，每间五六柱。"与《楚南苗志・卷四・房舍》描述基本相符："苗人房舍，不同民居。多草盖，概系六柱，敞前半，安置器皿，后半织壁以栖。"但对"火床"尺寸有了交待，牛马等牲畜则变成了在"皆居其下"(火床下)。就与民国元年(1912)《湖南民情风俗报告书》的记载相一致了，在其《苗族之风俗》一节里记录苗人的住宅"内设榻一，高四五尺，……人处其上，牛马鸡犬处其下，盖防盗也"。参见：湖湘文库编辑出版委员会. 湖南民情风俗报告书・湖南商事习惯报告书[M]. 长沙：湖南教育出版社，2010.

佚名氏所著《苗疆屯防实录》三十六卷①,对清代湘黔边境乾嘉苗民起义之后建立的“苗防”“屯政”体制进行了客观记录。尤其是通过辑录“苗疆”实施“建碉修边”“均田屯丁”过程中大量的禀陈、奏折、咨议、上谕、章程等原始档案,可谓“证据十足”,对本书了解清代苗疆设立的政策与推进过程大有帮助。特别是卷二《屯防纪略》对了解苗防建置、苗地苗寨分布、汉化后的书院和苗义学馆具有极高价值。

三是文人职官的私家著述,承接不断的苗民生活记录。

李宗昉《黔记》、田雯《黔书》、徐家干《苗疆闻见录》、贝青乔《苗俗记》、方亨咸《苗俗纪闻》等职官著作,多为立足于探访苗疆之后的见闻记录,对后世“苗学”专题研究颇具影响。如由明代沈瓒始作、清代李涌编修、民国陈心传补编的《五溪蛮图志》②,时间跨度长,又结合陈氏逾七年的苗疆传教考察经历,补充了大量田野资料。书中关于苗居布置、室内生活方式的记录详实,为本课题的研究提供了极具价值的史料。

2.3 古代文献中苗民的居住类型

结合田野调查与古代文献记载来看,苗族建筑主要分为穴居、一楼一底(即平座屋)、楼居(即干栏式)三种类型。田野调查的结果显示穴居模式主要仍可见于苗语西部方言区麻山紫云一带;东部方言区以平座屋为主;中部方言区则平座屋、干栏式两种皆有,并呈现与山体、水系及支系分布密切相关的情况。古代文献往往记载笼统,传承的支系名与现代苗族族属多不相符,使得多有错用、漏用情况发生,本书略勘正之。

2.3.1 穴居

从现有各种资料和实地调查来看,苗族住居少有穴居形式,这一点在古代文献中也有所体现,目前为止各类描述为穴居的仅限于瑶族或与之混居的苗族支系,或是因居住地质局限的贵州紫云地区。如:宋代朱辅《溪蛮丛笑》“打寮”条中“山瑶穴居野处”(瑶族、苗族东部或中部方言区)。明代郭子章《黔记·卷五十九·苗人》一节对“克孟”“牯羊”苗的描述“择悬崖凿窍而居,不设茵第,构竹梯上下,高者百仞”(苗语西部方言麻山次方言区,这一记录为后世《贵州通志》所传承)。

2.3.2 平座屋

文献往往通过火床、火坑的地面使用,间接说明苗民居室空间为一楼一底的地面式

---

① 佚名.苗疆屯防实录[M].伍新福,校点.长沙:岳麓书社,2012.

② 沈瓒.五溪蛮图志[M].李涌,重编.陈心传,补编.伍新福,校点.长沙:岳麓书社,2012.

住宅。清代田雯《苗俗记》记"花苗、东苗、西苗"为"诛茅构宇,不加斧凿,架木如鸟巢,寝处炊爨,与牲畜俱,夜无卧具,掘地为炉,爇柴而反侧以炙,虽隆冬,稚子率裸而近火"[①](西部方言区)。清代严如熤《苗防备览》:"无层次定向,亦无窗牖,墙垣缭以茅茨。檐户低小,出入俯首。右设一榻,高四五尺,中设火炉,炊爨坐卧其上,曰'火床'。"清代段汝霖《楚南苗志》:"右设火床,床中安一火炉,炊爨饮食,及冬月男女环坐,烘火御寒。夜即举家卧其上。"民国陈心传《五溪蛮图志》:"周围装壁,而不铺地板。其左或右,为火床……(火塘)中置撑架为炉,早晚饮爨于兹,冬腊围炉烤火亦于兹……"(东部方言区)

2.3.3　干栏式楼居

古代文献中常记录某些"苗族支系"住屋为干栏式楼居,然而多数支系在今日看来往往是其他族属。如"仡佬"(壮侗语系)之"羊栖","楼居黑苗"(南侗)之"楼居","仲家"(一般为布依族)之"楼"[②]。对"苗人"之"干栏",亦曾有记录,如清代方亨咸《苗俗纪闻》:"然皆有楼,上居人,下则畜鸡豚牛马。杂秽不治。"清代舒位《黔苗竹枝词》记"花仡佬"(西部方言枫香次方言):"羊楼高接半天霞,杉叶阴阴仡佬家。"然此两者所言是否确为今日苗族支系,又或受他族影响之苗,仍无明确证据。

对于后世文献常常提及的"夭苗"之"竹楼","八寨黑苗"(均为黔东南支系北部亚支系)之"马郎房",较为肯定的是确为干栏式楼居,但均为婚恋相关的公共建筑。如清代贝青乔《苗妓诗》云:"夭苗一名夭家,云出自周后,故多姬姓。女子十三四,构竹楼野外处之,苗童聚歌其上,情稔则合。黑苗谓之'马郎房',獠人谓之'麻栏',獞人谓之'干栏'。"从该叙述来看,至少说明清代的黔东南北部支系苗民就已掌握营造干栏式楼居的技术,并在现实生活中多有使用。

2.3.4　鼓楼公共建筑

文献中所涉及使用鼓楼的民族支系多为"黑楼苗""车寨苗",实际均为侗族南部支系。侗族鼓楼多为中心柱式的多层建筑,为村寨内议事、裁判的公共空间(明代邝露《赤雅》中有描述[③])。也有文献记载,苗人本有鼓楼之制,后因张秀眉起义失败、官军毁寨后,基本荡然无存。仅在黔东南台江县九摆村里尚有始建于明末清初、光绪重建的重檐

---

① 又有相近描述:"苗俗无卧具,恒掘地为炉,爇柴而拥以炙,虽隆冬亦裸体相枕也。近岁间以芦絮为被,若木棉则仅有矣。"参见:贝青乔.苗妓诗[M]//张廷华.中国香艳全书:第二卷.董乃斌,等.北京:团结出版社,2005:670.

② 《兴仁县志》记仲家:"好楼栖,楼下畜牛马,掘圊圂,最碍卫生。"参见:冉晸.民国兴仁县志[M]//黄加服,段志洪.中国地方志集成・贵州府县志辑:第 31 册.成都:巴蜀书社,2006.

③ 原文为:"以大木一株埋地,作独脚楼,高百尺,烧五色瓦覆之,望之若锦鳞矣。"可见与今日黔东南侗族鼓楼普遍情况相符。

歇山独柱式鼓楼留存至今(图 2-1)。有学者认为,苗族鼓楼的存在方式与苗人用鼓的三个阶段有关①:分别为土鼓、木鼓、铜鼓。土鼓最为原始,吃鼓藏②要在地上挖圆坑,上覆杉木皮(或牛皮),举行仪式由鼓藏头敲击几下之后才能去鼓场踩鼓。九摆鼓楼是放置土鼓所用。后期木鼓放置鼓山之中,铜鼓用来鼓场踩鼓,均是鼓作为祭祖化身不断演进导致的仪式场所转换,也是苗族曾经居住经验的一种隐喻(图2-2)。靠近侗族聚居地的从江县谷坪乡山岗村领寨和高吊村表里寨也有百年苗族鼓楼,但其存鼓方式已和侗族一致,应当是受其影响的结果。这也许是《百苗图》多个版本黑楼苗(侗族)鼓楼与从江苗族鼓楼相似之故,也可能是苗侗文化交际的历史片段,但已无法考证。

图 2-1　苗族鼓楼(九摆村土鼓)

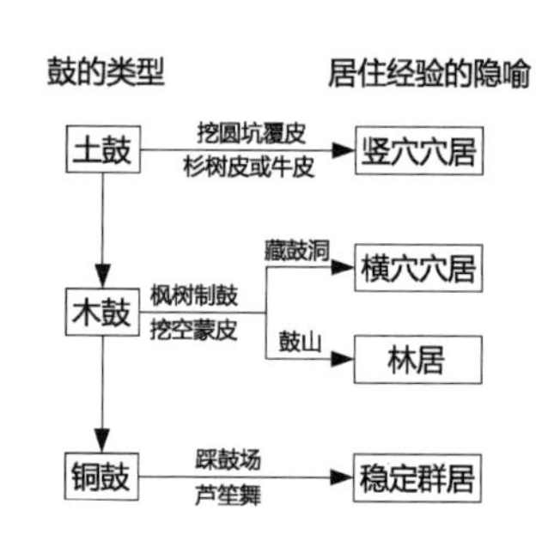

图 2-2　苗族鼓的类型与居住经验隐喻

通过文献的梳理来看,明、清文献的记载与今日调查实情比较吻合,东部、西部方言苗区多以平座屋为主,中部方言区靠近清水江及东部苗区、北侗地区多为平座屋,雷公山腹地至南侗区域多为干栏式楼居(或半干栏),说明苗人居住形态在空间地理上早已存在若干类型的分化。另外,东、西方言区曾有的穴居历史较为明确,中部方言区选择放置木鼓于鼓山洞穴中,也许意味着曾有穴居、林居的记忆。

① 参见:吴一文,覃东平.苗族古歌与苗族历史文化研究[M].贵阳:贵州民族出版社,2000:148.

② 黔东南很多苗族地区都有一种定期杀水牯牛祭祖的习俗,苗语称为“能纽”或“能扶类”,前者意为“吃鼓”,因杀牛祭祖时必须敲鼓之故;后者意为“吃公水牛”,但“扶类”二字的原意不明,可能是在忌讳用“杀牛”二字的情况下借用的词。汉族通称为“吃鼓藏”。这是苗族社会中花费最大、需时最长和最热闹的祭祖活动。参见:《民族问题五种丛书》贵州省编辑组,《中国少数民族社会历史调查资料丛刊》修订编辑委员会.苗族社会历史调查(一)[M].北京:民族出版社,2009:228.

第3章 《百苗图》图谱中的清代苗民生活与建筑场景

3.1 作为历史民族志图谱的《百苗图》系列抄本

葛兆光认为“左图右史”(图档与文字相互参照)是中国长期以来的研究传统[①]。目前学界对苗族民居的历时性研究往往因资料较少,又囿于“言为心声”的局限,只能利用自宋代以来的汉族文人职官书信、散文、民族志书等文字档案,有关历史图档的系统研究仍近空白。苗族为外界充分熟知是一个极为缓慢的渐进过程,但其固有生活形态与民族文化受到剧烈影响却是一个十分集中的历史时段(“改土归流”[②]前后),这样的巨大反差使风土建筑学范畴的一切信息从神秘变得朦胧,复杂含混。在缺少实物遗存的情况下,抛开“艺术史”和“图说历史”的考辨桎梏,很大程度上需要依赖图像学方法直接或间接地挖掘图像对实体的最大化表现,不仅是图像所可能提供的所谓“形象证据”,更多地融合了当时作为“他者”(outsider)有意识的“选择、想象与设计”,这对于苗族民居研究,窥其历史早期状况与流变进程甚至仅作为透析“历史建构”出来的那一部分“观念层叠”,都具有重要意义。

汉族文人、职官第一次有可能直接、全面且逐渐深入了解黔地各世居少数民族,应正式始于雍正四年(1726)“改土归流”逐步深化、民族问题更加凸显的复杂时期。身处这个大变革时代,清代乾嘉之际的陈浩对前代文献的谬误之处进行了匡正,还增补了十数条新支系,并结合自己实地调查所见著成《八十二种苗图并说》(以下简称“陈浩原本”[③])。该民族志图本继承了乾隆六年(1741)修编的《贵州通志·卷七·苗蛮》、乾隆

---

① 葛兆光.从图像看传统中国之“外”与“内”[N].文汇报,2015-11-13(23-25).

② 雍正四年(1726),云贵总督鄂尔泰屡次上书清世宗,全面阐述改土归流的必要,并奏请立即推行。其在《改土归流疏》中说:“改土归流,将富强横暴者(指土司)渐次擒拿,懦弱昏者(亦指土司)渐次改置,纵使田赋兵刑,尽心料理,大端就绪。”雍正对此大为赞赏,并迅速全部照准,由此对湘西、黔地苗族影响十分深远的“改土归流”进入到实质推进阶段。

③ 目前学界共识以陈浩所著《八十二种苗图并说》作为众多“百苗图”系列抄本的母本,主要依据是基本同时代的清人李宗昉所著《黔记》对陈本之记载,其云:“八十二种苗图并说,原任八寨理苗同知陈浩所作,闻有板刻,存藩署,今无存矣。”

十六年(1751)钦命编纂的《皇清职贡图·卷八》(专述贵州少数民族)等新补充的民族资料,同时融合了陈浩实地调研结果①,以左图右文的方式生动介绍了贵州地区各民族支系的生活面貌及生存模式(图 3-1)。涉及地理分布、服饰、装扮特征、祭祀、丧葬、婚俗、占卜、经济营生等各方面,信息量十分巨大,类别也非常丰富,其中也不乏大量关于生活场景和民居建筑的描写。

作为民族志图谱,《百苗图》系列除了在有关贵州民族文献体系中起到了承上启下的作用,还为后世学者提供了有关民族支系分布与特征流变的民族学研究新证据、新视野。虽谓"百苗",实为贵州八十二种各民族支系的泛指,其中现代意义的苗瑶语族支系仅占其中的三十八个(但仍属最多)。在史志编排顺序上,既有对前代成果的继承,也有条目设置上的创新,主要以生活习俗、民族语言、亲缘关系、民族支系文化为线索依据,深思熟虑、精心安排,在重新编撰中贯穿了陈浩对黔地各民族群体族属识别以及与汉人的亲疏关系(表 3-1)。从侧面反映了中央政权与汉族职官随着"改土归流"逐渐深化产生的不断认识。

3.2 本书所涉及的《百苗图》藏本概览与选择

陈浩原本与其版刻在成书不久后就失火佚失,这使得现存于世并散藏国内外的百余种传抄本在版式、文字、图版、条目上存在程度不一的差异,讹误众多。本书的工作底图大致建立在以杨庭硕、杜薇、李汉林、李宗放等学者的抄本研究基础上,以《百苗图抄本汇编》中收录的十一个抄本以及笔者收集到的早稻田大学、美国国会图书馆、哈佛燕京图书馆、哈佛大学汉和图书馆等收藏的另八个抄本,共计十九个抄本为研究对象(图 3-2、图 3-3、表 3-2),除去内容全部为肖像的博乙本、省图本、师大本、刘丙本、燕京甲本与葛思德本外,涉及苗族建成环境信息的抄本共计十三个。虽然总数可能只有存世抄本的十分之一,但版本类型丰富、时间跨度均匀,且深具代表性,应可满足研究要求②。

---

① 目前学界对原本成书时间有不同观点:大致分为雍正说、乾隆说、嘉庆说、层叠累积说四种。笔者对此进行了比较研究,判断《八十二种苗图并说》原本应作于乾隆四十一年至四十四年(1776—1779)前后时段,上承"乾志"(乾隆版《贵州通志》)、《皇清职贡图》,下启《黔记》。参见:李宗放.《黔苗图说》及异本的初步研究[J]. 西南民族学院学报(哲学社会科学版),1995(4):31-36. 杜薇. 百苗图汇考[M]. 贵阳:贵州民族出版社,2002. 李汉林. 百苗图校译[M]. 贵阳:贵州民族出版社,2001. 刘锋. 百苗图疏证[M]. 北京:民族出版社,2004.

② 笔者对此十三个抄本进行了初步的价值评价和使用效力排序的研究工作,对部分版本抄绘年代也进行了大致考据,因篇幅有限,本书并不展开。另外笔者曾于 2019 年 11 月在大英图书馆东方部原主任吴芳思(Frances Wood)帮助下,搜录到编号为 OR. 2232《黔省各种苗图》两册、OR. 5005*Eighteen Coloured Drawings of the Meaon-Tsze, Etc with Desicriptions in Chinese* 一册、OR. 9623《苗图七十二幅》四册、OR. 4153*Miao Tu, Drawings of the Miao tribes 1810* 一册、OR. 11513《苗人图说》一册、OR. 13504《贵州全黔苗图》一卷、OR. 11619《黔省诸苗说八十二种》一册、OR. 7366《苗蛮合志》四卷,共计八个英藏抄本,较之目前所见抄本,近半为特殊未见类型,另半与本书研究版本具有明显同源关系。但因馆藏资料无法影印,故以待后续深入研究。

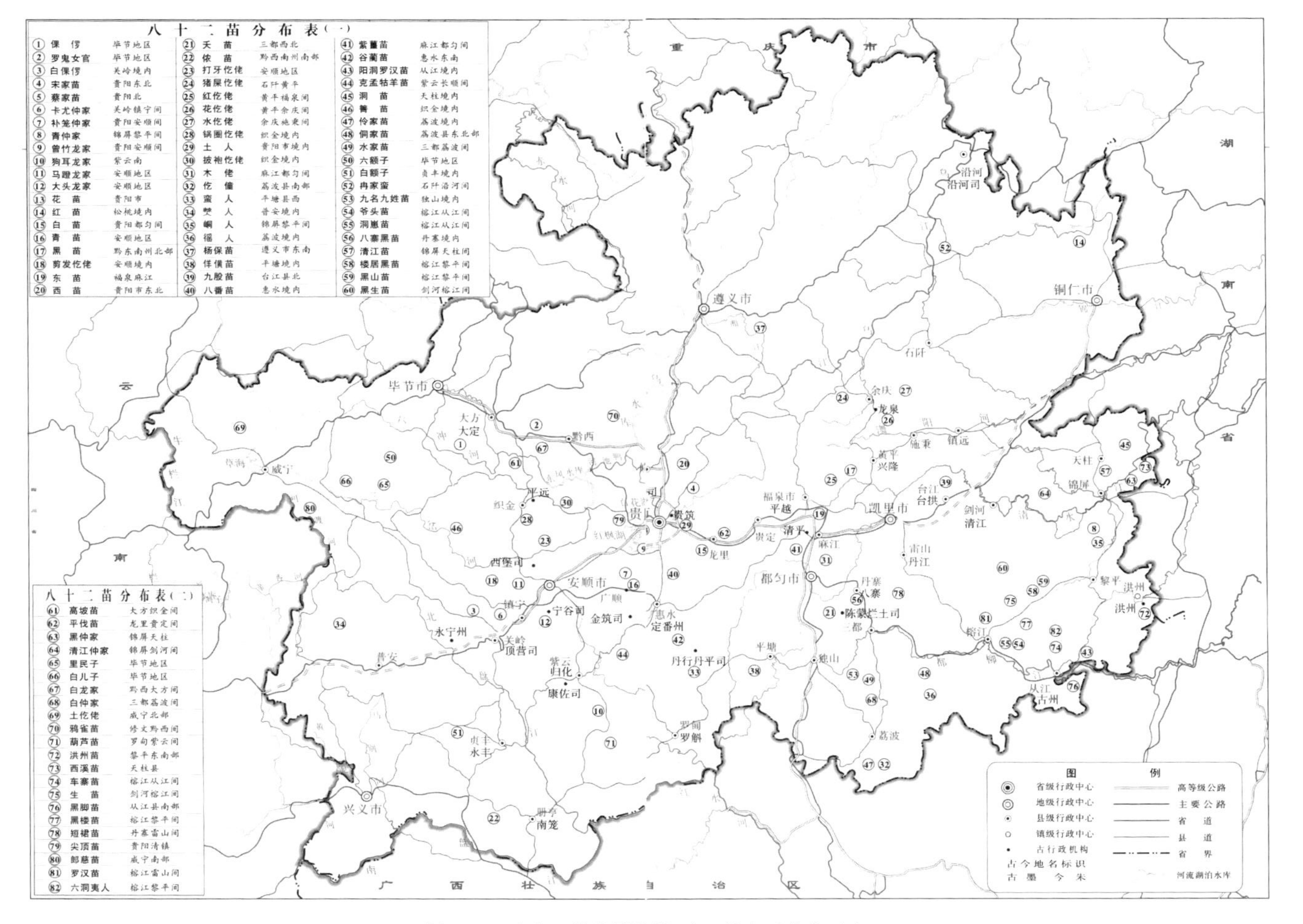

图 3-1 《八十二种苗图并说》中民族支系分布示意

表 3-1 《百苗图》陈浩原本编排条目逻辑顺序

陈浩的编排分类依据	《八十二种苗图并说》各支系条目(括号内标注今日识别民族)
彝族	1. 倮㑩;2. 罗鬼女官;3. 白倮㑩
汉移民	4. 宋家苗;5. 蔡家苗
布依族	6. 卡尤仲家;7. 补笼仲家;8. 青仲家(侗族)
龙家	9. 曾竹龙家(汉族);**10. 狗耳龙家(苗族)**;11. 马蹬龙家(汉族);**12. 大头龙家(苗族)**
苗族支系	**13. 花苗;14. 红苗;15. 白苗;16. 青苗;17. 黑苗**
苗族小群体	18. 剪发仡佬(仡佬族);**19. 东苗;20. 西苗;21. 夭苗**;22. 侬苗(布依族)
仡佬族	23. 打牙仡佬;24. 猪屎仡佬;25. 红仡佬;**26. 花仡佬(苗族);27. 水仡佬(苗族)**;28. 锅圈仡佬;29. 土人(土家族);30. 披袍仡佬
其他群体	**31. 木佬(苗族)**;32. 仡僮(壮族);33. 蛮人(土家族);34. 僰人(白族);35. 峒人(侗族);**36. 猺人(瑶族)**;37. 杨保苗(汉族);38. 佯僙苗(毛南族);**39. 九股苗(苗族)**
对"乾志"有批判的条目	40. 八番苗(布依族);**41. 紫薑苗(苗族);42. 谷蔺苗(苗族)**;43. 阳洞罗汉苗(侗族)
为分解前人及"乾志"所形成的新条目	**44. 克孟牯羊苗(苗族)**;45. 洞苗(侗族);**46. 箐苗(苗族);47. 伶家苗(瑶族)**
对"乾志"增补的新条目	**48. 侗家苗(瑶族)**;49. 水家苗(水族);**50. 六额子(苗族);51. 白额子(苗族)**;52. 冉家蛮(土家族);**53. 九名九姓苗(苗族);54. 爷头苗(苗族)**
对"乾志"订正的新条目	**55. 洞崽苗(苗族);56. 八寨黑苗(苗族)**;57. 清江苗(侗族);58. 楼居黑苗(侗族);**59. 黑山苗(苗族)**
为修改"乾志"用例的新条目	**60. 黑生苗(苗族);61. 高坡苗(苗族);62. 平伐苗(苗族)**;63. 黑仲家(侗族);64. 清江仲家(侗族);65. 里民子(汉族)
为《百苗图》原本增补新内容的条目	66. 白儿子(汉族);67. 白龙家(彝族);68. 白仲家(布依族);**69. 土仡佬(苗族);70. 雅雀苗(苗族);71. 葫芦苗(苗族)**;72. 洪州苗(侗族);**73. 西溪苗(苗族)**;74. 车寨苗(侗族);**75. 生苗(苗族);76. 黑脚苗(苗族)**;77. 黑楼苗(侗族);**78. 短裙苗(苗族);79. 尖顶苗(苗族)**;80. 郎慈苗(布依族);81. 罗汉苗(侗族);82. 六洞夷人(侗族)

注:表中加粗下划线者为现代意义之苗瑶族支系。

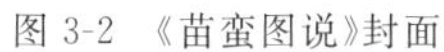
图 3-2 《苗蛮图说》封面

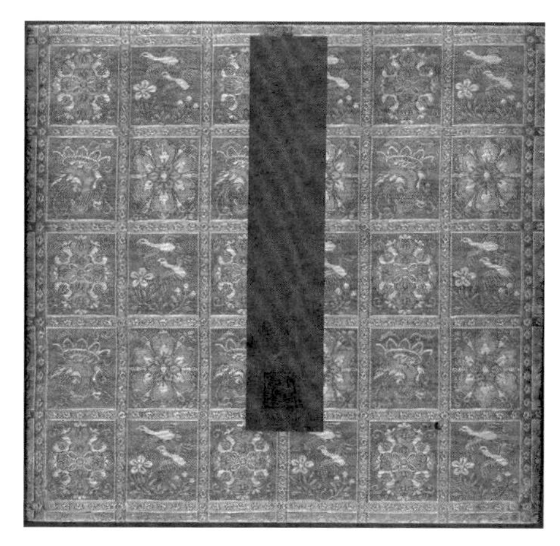
图 3-3 《黔苗图说》封面

表 3-2 《百苗图》抄本系列本书所用抄本收藏情况汇总①

序号	抄本原名	收藏地(收藏者)	简称	内容、图数	抄本年代
1	七十二苗全图	刘雍	刘甲本	应当有 72 幅，现存 69 幅	道光(1821—1850)中期
2	黔苗图说	贵州省博物馆	博甲本	上、下两册，各 40 幅，仅缺“蔡家苗”和“清江苗”	道光年间开始组织分头抄绘，咸丰年间被迫中断
3	I. H. E. C. ,Paris	法兰西博物馆(清代收藏)	法藏本	32 幅	李端棻及其门人所抄(同治至光绪年间)，为法传教士在贵州传教时由当地官吏所赠
4	百苗图(残本)	贵州都匀市黄氏家族，现藏于贵州民族学院	民院本	分家时仅有下册 41 幅保存	不明确，但是照原本临摹
5	黔苗图说四十幅	刘雍	刘乙本	40 幅	由李端棻组织抄绘(同治至光绪年间)

① 1—11 号抄本简称为学界共识，12—19 号为笔者所收集，其简称学界或有共识，但目前尚不全知，故暂以笔者注为准。篇幅所限，12—19 号抄本年代考据以及各抄本使用效力分析略。

续表

序号	抄本原名	收藏地(收藏者)	简称	内容、图数	抄本年代
6	苗蛮图册	傅斯年在北京购得,现存台湾历史语言研究所。芮逸夫主持影印出版	台甲本	82 足本	推断为清末民初抄本
7	番苗图说	傅斯年在北京购得,现存台湾历史语言研究所。芮逸夫主持影印出版	台乙本	全书 16 幅,无一残损	假托郎世宁之名、热河行宫收藏编目,但全为伪造,应为清代之后赝品。不早于 1920 年
8	百苗图 1	贵州省博物馆	博乙本	均是残本,为 9～76 幅之间,此四个抄本附图均是单人肖像画,仅个别图绘有两个人	估计在清末民初
9	百苗图 2	贵州省图书馆	省图本		抗战时期改绘本。应是吴泽霖先生任教大夏大学期间(1938—1942)抄录
10	百苗图 3	贵州师范大学	师大本		抗战时期改绘本
11	百苗图 4	刘雍	刘丙本		20 世纪前 20 年
12	黔省诸苗全图	日本早稻田文库,册页扉页有"齐无棣吴保锴拙庵珍藏金石书画之印"章	早稻田甲本	上下两册,共 68 幅	不确定,但应为较晚抄本
13	苗蛮图说	日本帝国图书馆藏	帝国本	共 5 卷、82 条目全本	卷一扉页:大正二年(1913)一月二十一日求购
14	苗蛮图册页	美国国会图书馆	国会本	41 幅	序末有:"乾隆岁次丙午秋九月中浣舫亭识"字样,应为 1786 年作
15	黔苗图说	哈佛燕京图书馆藏。文本中有"木孔恭①志"及"孔恭""孔恭写"字样,因此判断此抄本为其所绘	燕京甲本(笔者注)	39 幅(全为肖像)	抄本时间段应为乾隆中晚期至嘉庆七年(1802)之间。
16	苗蛮图说	哈佛燕京图书馆藏	燕京乙本	41 幅	抄绘时间应为晚清
17	蛮苗图说	早稻田大学文学部 昭和二十年(1945)七月九日印	早稻田乙本	80 幅	抄绘时间应为晚清
18	苗蛮图说	哈佛大学汉和图书馆藏	汉和本	42 幅	至少在嘉庆二年(1797)之后,应属清末民初
19	苗族生活图	美国普林斯顿大学葛思德华文藏书库藏	葛思德本	40 幅(全为肖像)	无法确定

① 木孔恭,一名木世肃。18 世纪大阪著名儒商。家居郎华江上,以酿酒致富。在住处建有宏大的藏书处,名蒹葭堂,木孔恭也以蒹葭堂主人自称。清代越溪(今浙江宁海)叶隽(字永之)撰《煎茶诀》"宝历甲申"刻本就藏于蒹葭堂。参见:刘馨秋,冯卫英,顾雯,等.茶书《煎茶诀》的考订[J].茶叶科学,2008,28(1):73.

3.3 《百苗图》系列所绘住居环境的写实程度

3.3.1 写实基础

虽然从文献类别上看,陈浩原本属于私人志书汇集,但经今人研究,陈浩原本对相对写实的乾隆版《贵州通志》形成了“批判式”承继关系①,又以《皇清职贡图》为重要资料来源。后者承载了乾隆帝“宣化天下,表圣万邦”的期许并通过大学士傅恒传谕,命各地督抚绘图送军机处②,其后又有通令全国的“实施细则”③,充分说明了其作为写实版本深具民族志意味,因此可以合理推测陈浩原本自然也应有相同特点。陈浩本人久居苗乡,粗通黔东南苗语,交流时往往以苗语作为中介。他长期进行实地考察,对“新疆六厅”的侗区、苗区做了大量资料收集,加之早期抄本的初衷是尽可能实际描述各族群特征,以利职官系统治理地方所用。故而不能不说《百苗图》系列抄本中对建筑场景信息(包括生活场景、建筑布局、房屋特征等)的描绘既具有一定的写实材料来源,又有田野调查补充,更有写实的基本诉求。

3.3.2 陈规再造与特征编码

正如其他艺术作品一样,《百苗图》系列也存在题材、风格与图像学上的普遍概括化与类型化,即通常被称为的“陈规”(stereotype),主要体现在构建民族特征编码系统和相对稳定的场景模件作为“异文化”标志上,从而蕴含着某种流行化的想象形态和表现模式,控制着作者、读者和观众的自我想象与自我表现④。抄本大量出现以民族特征的保守化表达(即便是写实的)为叙事手段的情形,却仅关注形式相似忽视了不同语境的对话,可以说是一种介于写实与“建构的写实”之间十分含混的状态。

---

① 除对前代文献谬误之处进行匡正,陈浩还增补了十数条新支系,在史志编排顺序上,既有对前代成果的继承,也有条目设置上的创新,主要以生活习俗、民族语言、亲缘关系、民族支系文化为线索依据,深思熟虑、精心安排,在重新编撰中贯穿了他对黔地各民族群体族属识别以及与汉人的亲疏关系。参见:杨庭硕.《百苗图》对(乾隆)《贵州通志·苗蛮志》的批判与匡正(上)[J].吉首大学学报(社会科学版),2006(7):84.

② 如四川都督于1750年接到上谕:“将所知之西番倮㑩男妇形状并衣饰服习分别绘图注释,不知者不必差查。”参见:台北故宫博物院.《宫中档乾隆朝奏折》[M].台北:国立故宫博物院,1982.其中一直追溯到乾隆十六年(1751)十一月十七日的奏摺。

③ 原文为:“上谕:我朝统一区宇。内外苗夷,输诚向化,其衣冠状貌,各有不同。著沿边各督抚于所属苗、猺、黎、獞,以及外夷番众,仿其服饰,绘图送军机处,汇齐呈览,以昭王会之盛。各该督、抚于接壤处俟公务往来,乘便图写,不必特派专员。可于奏事之便,传谕知之。钦此。”参见:傅恒,等.皇清职贡图[M].沈阳:辽沈书社,1991:1.

④ 巫鸿.陈规再造:清宫十二钗与《红楼梦》[M]//巫鸿.时空中的美术.北京:生活·读书·新知三联书店,2009.

因其史料价值与审美趣味，《百苗图》为当时贵州提刑按察司收藏，或成为地方官赠与上级官员的礼物①，但其最大贡献是试图构建一种地图地理系统，将各支系人群以一定逻辑顺序（与汉族亲疏关系）安放在特定空间和场景内，将其习俗特征和行为模式进行编码。正如雷德侯（Lothar Ledderose）认为中国文化中的艺术，从语言到建筑，到造型与视觉艺术，甚至到食物的准备上，都是对他所称的"模件"（module）的组合②，《百苗图》各抄本也有许多条目要素内容接近甚至一致，仅仅是那些为了突出支系特征的部分得以强化，比如各支系图档里经常出现的桥梁（如台甲本青仲家、台乙本夭苗等，图 3-4、图3-5）、院门（如台甲本蔡家苗和红苗）、圆形粮仓（如台甲本仡僮和八番苗）等基本接近，人物造型与画面构图，更是趋于一致。

图 3-4　青仲家-台甲本-消闲弈棋图

这种建筑场景要素的"稳定性"事实上暗示了画师早期初衷只是为了满足人们对于"异文化"的猎奇心态。这些"稳定要素"往往来源于早期画师的绘制经验，而传抄过程中改变的那些非稳定因素，恰恰正有可能是加入了客观的观察结果或是勘正谬误。比如非常典型的例子是各抄本中的"黑楼苗"支系（原本第 77 条），从刘甲本③（图 3-6）、博甲本、民院本、台甲本、法藏本、刘乙本（图 3-7）、燕京乙本（图 3-8）各抄本来看，除刘乙本构图、生存环境、人物关系、配饰穿戴等改变较大外，其余各抄本除山形画法不一，

图 3-5　夭苗-台乙本-竹楼游方图

① 作为礼物的《百苗图》抄本具有两层含义，既彰显了送礼者对艺术与书法的品味，同时也表明了送礼者在边疆就任时是相当尽职尽责的。参见：何罗娜.《百苗图》：近代中国早期民族志[J]. 汤芸，译，彭文斌，校. 民族学刊，2010(1)：110.

② 雷德侯. 万物：中国艺术中的模件化和规模化生产[M]. 张总，等，译. 党晟，校. 北京：生活 · 读书 · 新知三联书店，2005：220-247.

③ 对于各抄本断代，主要参考杨庭硕教授团队的研究成果。详见：杨庭硕.《百苗图》贵州现存抄本述评[J]. 贵州民族研究，2001(12)：79-85. 杨庭硕，潘盛之.《百苗图》抄本汇编[M]. 贵阳：贵州人民出版社，2004.

图 3-6 黑楼苗-刘甲本

人物装饰、姿态(法藏本略有不同)、人数及手执长矛、耕牛等均为"稳定要素",即便是远山深处的"鼓楼",除刘乙本、台甲本外也趋于一致:两层铺瓦阁楼,上层歇山形制,放置木鼓(刘甲本、民院本因角度问题而不见),也应同属抄本的"稳定因素",带有画师对于汉地建筑明显的主观经验,仅仅突出了其"存放木鼓"的功能特征。至于台甲本据考证是因牟利以博甲本为母本的再抄本,不符实情之处甚多,其上鼓楼明显是穿凿附会臆断出的。相比之下,刘乙本这一晚期抄本虽风格迥别,但对于鼓楼的刻画更为生动、写实,除了屋顶形制改为草顶攒尖,室内木鼓也格外细致,画者还特地在鼓楼内增添一名击鼓之人,强调鼓楼作为"村寨裁判所"的功能属性,正符合今日黔东南侗族实情①。

图 3-7 黑楼苗-刘乙本

图 3-8 黑楼苗-燕京乙本

3.3.3 想象与臆断

一百五十余年间,传抄者们甚至陈浩本人充斥着对边疆苗民风习的臆断,附会杂糅

① 这一实例也正契合李汉林的研究结论,即"刘乙本为补足刘甲本而作,早年前人抄绘刘甲本所用底本已经不存在,只好通过博甲本摘抄说文,再根据当时所见情况另绘新图。因而这一抄本的重大价值在于它的附图代表清代晚期的各民族状况。若与刘甲本、博甲本相比较,该本提供的附图正好是研究各民族社会文化变迁的有力物证"。参见:李汉林.九种《百苗图》版本概说[J].吉首大学学报(社会科学版),2001(2):13.

产生的讹误也大量并存。比如各抄本的“楼居黑苗”(南部方言侗族)都是以“干栏居家图”为题,因是新录入条目,并不局限于服饰描述,而是以“人上畜下”的居住习俗表达该支系的特征。与实际情况非常相符的是,各抄本在刻画干栏建筑所用材料、粮仓形制、院墙细节等产生了较大差异,且能清晰地看到历次改绘的过程与动机(图 3-9、图 3-10)。由此可见,作为支系特征的主题性表达往往是稳定的,而各抄本对具体对象的艺术性刻画则是相对不稳定的。所以建筑场景作为相对“稳定因素”在图档研究上需要格外慎重,但抄本间的差异却被赋予了极大价值。

图 3-9 楼居黑苗-刘甲本-干栏居家图

图 3-10 楼居黑苗-台甲本-干栏居家图

3.4 《百苗图》系列所绘住居环境要素分类探讨

《百苗图》这一深具时代意义的系列民族志图谱事实上用潜在的“华夷亲疏观念”联接着“异者”和“与汉人同”两头,每个支系占据着这一线性关系的某一个位置点,从而决定与“中心文化”的关系,构建了边缘族群文化与文化中心的民族关系分布图。

正是在这个图谱形成的族际网络下,本书重点聚焦于图像中清代苗族各支系的住居环境信息研究。在抄本源流梳理工作之后,既明确了图像表达中存在写实基础和民族特征编码系统及场景模件作为主要手段的“陈规再造”,又指出各抄本对各支系生活形态的刻画存在着“写实与臆断”相交织的矛盾。但在苗疆由“生界”逐渐走向开放的转折时期,给所在支系的特征叙事提供了“他者”视角下的空间与场所,也成为相对稳定性因素,从而可借此在“释同”和“辨异”的过程中探知苗族建筑文化本源和历史多样性。

基于上述抄本特征,分类研究将从院落空间、房屋形制、建筑结构与围护材料三方面展开。各抄本对院落场景、建筑信息和营造材料的描绘充斥着的不少民族歧见事实上是一种客观存在,但也能十分明确地发现各抄本对民族特征客观性表达的努力。这主要体现在两个倾向:一是建成环境的塑造符合“绘画陈规”给民族特征的聚焦表达提供艺术构图和叙事场景,确实是符合实情的;二是建成环境要素与所表达的民俗活动及生存状况紧密适应,本身就成为了民族特征表达的一部分或重要对象。因此对这些“住居环境要素”进行古今印证与文献解读,同时结合田野调查和民俗演变并进行分类梳理,可以切片观察清代苗族的居住文化特征,从而获取其流变与发展脉络的部分历史信息。

从前文而论,各抄本所反映苗瑶支系的建筑形象及生活空间信息作为“相对稳定要素”,基于构图需要或直接作为表达对象的主体,成为反映民族支系特征的叙事背景,进而给苗民民俗行为或日常生活的展开提供了相应场景和空间。《百苗图》系列抄本涵盖瑶支系较为充分,对其生活形态与仪式类型的题材也十典型,而有关建筑形象与生活场景的信息表达则对某此特定支系有所聚集,如“克孟牯羊苗”和“八寨黑苗”(表 3-3)。

表 3-3 《百苗图》系列中苗瑶语族支系民俗简况及建筑场景信息统计①

苗瑶语支	支系/方言区	亚支系/次方言划分	所操土语(大体划分)	支系名	原书幅次(82 幅全本)	主要民俗与特征	涉及建筑场景信息的抄本数(共 19 抄本)
苗语支	黔中南支系(西部方言区)	东南亚支系(惠水亚支系)/惠水次方言	北、中西部土语	白苗	15	购牛祭祖	1
			北部土语	平伐苗	62	猎物分享	3
			北部土语	东苗	19	迎归祭牛、戏牛	0
			南部土语	谷蔺苗	42	上门贩布、抢购布匹	6
		西北亚支系(贵阳亚支系)/贵阳次方言	东北土语	花苗	13	芦笙舞求偶婚俗	1(仅绘蚕房)
			西南、东南	青苗	16	背子完婚、相亲、农耕	0
			西北土语	高坡苗	61	背布售卖	5
			北部土语	尖顶苗	79	集体结伴合伙耕种	2
			西北土语	箐苗	46	垦种荒山、结伴劳作	0
		东部亚支系(重安江亚支系)/重安江次方言	无土语划分	花仡佬	26	狩猎采集的经济生活方式	1
				水仡佬	27	善于捕鱼	0
				木佬	31	“扫火星”仪式	3

① 有关八十二种民族支系在方言和地理上的对应关系,参见刘峰《百苗图疏证》、杜薇《百苗图汇考》、李汉林《百苗图校译》、杨庭硕与潘盛之《百苗图抄本汇编》等研究著作。

续表

苗瑶语支	支系/方言区	亚支系/次方言划分	所操土语（大体划分）	支系名	原书幅次（82幅全本）	主要民俗与特征	涉及建筑场景信息的抄本数（共19抄本）
苗语支	黔中南支系（西部方言区）	北部亚支系（罗泊河亚支系）/罗泊河次方言	无土语划分	西苗	20	歌舞祭祖仪式	2
				紫薑苗	41	劝阻私斗、入伍从军	2
				九名九姓苗	53	酒醉之后彪悍私斗	0
		西南亚支系（麻山亚支系）/麻山次方言	东部土语	克孟牯羊苗	44	穴居习俗	11
			西南土语	狗耳龙家	10	“鬼竿换带”择偶仪式	0
苗语支	黔东南支系（中部方言区）	北部亚支系/无次方言	北部土语	黑苗	17	芦笙舞蹈、农闲消遣	3
				九股苗	39	“偏架”射虎、整装武士	0
				短裙苗	78	紫草的采集、“入市”	0
				八寨黑苗	56	“马郎房”游方	10
				黑生苗	60	明火执仗行劫谋财	1
				黑山苗	59	“卜草”决定武装行动	0
				夭苗	21	构楼嫁女、竹楼游方	7
				生苗	75	喜食生食而善渔猎	2
		东部亚支系/无次方言	东部土语	西溪苗	73	游方择偶、吃姊妹饭	1
		南部亚支系/无次方言	南部土语	爷头苗	54	人力拉犁耕地	0
				洞崽苗	55	义务摆渡	0
				黑脚苗	76	螺蛳占卜决定是否劫掠	2
	湘西支系（东部方言区）	西部亚支系/无次方言	西部土语	红苗	14	妇女阻斗、劝架	2
	川黔滇支系（西部方言区）	川黔滇次方言	深受彝族影响	六额子	50	洗骨葬习、二次葬俗	0
				白额子	51	祝鬼而不洗骨	1
			深受彝族影响/第一土语	鸦雀苗	70	收割农作物归家情景	0
			第一土语	葫芦苗	71	偷盗庄稼	0
	滇东北支系（西部方言区）	滇东北次方言	无土语划分	土仡佬	69	劳作前脚底搽油	1

续表

苗瑶语支	支系/方言区	亚支系/次方言划分	所操土语（大体划分）	支系名	原书幅次（82 幅全本）	主要民俗与特征	涉及建筑场景信息的抄本数(共19 抄本)
瑶语支	瑶族勉语支系，推测此条包括说勉语的“过山瑶”			瑶人	36	职业性行医群体	2
属苗语支	瑶族布努支系(布努语属苗语支)			伶家苗	47	歌舞择偶婚俗	0
				侗家苗	48	结伴种棉、祭祀盘瓠	3

注：填充部分表示涉及建筑场景信息的条目，其中深色为瑶族。

3.4.1 院落空间

各抄本对部分支系的院落空间在刻画上往往表达出对该支系生存境况的区别反映[①]，不排除部分抄本过度臆断而产生讹误，但足以体现彼时汉文人对各支系的不同“喜好”，有一种先入为主的“歧见”意味。比如黑苗(图 3-11)的刻画为两、三人在屋旁院落里(或建筑披檐下，图 3-12)饮酒消遣，庭院也有较为考究的景观、铺地，所刻画建筑也是做工良好、规模较大，院落为砖砌涂白铺瓦院墙。这其实是为了体现黑苗深度参与朝廷的清水江林业经济使生活富足，可以在农闲悠然消遣。又如西苗在汉人眼中“性情质朴、畏法不讼”，一向和睦，故而刻画其院落布局与砖墙做法已与汉人同。而谷蔺、高坡苗素以纺织精湛、贩布售卖闻名，故而用良好的居住环境、汉化的院落空间与材质进行表达。相反，汉人印象中“彪悍、具野蛮反抗精神”的“红苗”(图 3-13)、“邋遢”的“猪屎仡佬”及“贫穷”的铁匠职业群体“披袍仡佬”(仡佬族)，其院落空间多以柴木、竹条绑扎成篱笆封闭围合，仅仅为了营造场域感和活动空间，虽较为符合今日田野实际情况，但仍能窥见“他者”的区别视角。

图 3-11 黑苗-台乙本-耕余消遣图

① 画面内容包含院落信息的主要支系有：红苗、黑苗、西苗、花仡佬(仅帝国本)、木佬(仅台乙本)、紫薑苗(仅早稻田甲本)、谷蔺苗、侗家苗、高坡苗、平伐苗、生苗(燕京乙本)、尖顶苗(早稻田乙本)。

图 3-12　黑苗-早稻田甲本

图 3-13　红苗-博甲本-妇女阻斗图

3.4.2　房屋形制

总体来看，各抄本除了对干栏式建筑、牲畜圈、粮仓等对象的刻画具有一定写实意味外，多数民居形制及其表达手法受到了清代市井绘画风格的影响，而且抄绘时间越晚的抄本情形越明显。但室内陈设、建筑山面结构与用材作为“半固定特征要素”存在场景意义，有附会当地实情的考虑。但多数情况是建筑空间可被剥离并不影响图面意义的表达，比如黑脚苗法藏本与国会本旨在体现中部方言南部亚支系苗族行劫前的“螺蛳卜”习俗，其过程是否在室内并无影响（图 3-14、图 3-15）。但另一倾向则是借助房屋形制的“汉化”，表明该支系民族特性之强弱。比如作为早于元初便已入汉文典籍、与汉人密切交往的苗族职业冶铁群体——木佬，早就成为汉苗之间信息传递的中介与翻译，可谓汉化程度极高[①]。因此各抄本有关该支系文字主要表达三个信息：“冬无被盖”的生活境况、“五彩旗草船祭鬼”的民族巫术与“守孝读书入泮”的汉化表征[②]，而早期抄本图像多表达“祭鬼”信息，唯早稻田乙本这一晚清抄本加入了建筑场景来表达苗人着汉服父子同读的场景，体现了与汉文化的紧密关系，也侧面反映了始自康熙四十三年（1704）“苗疆设义学”的历史事件：“俾民苗幼稚于读书识字之中，渐知尊君亲上之义。”[③]此一孤例，价值重大。

① 刘峰．百苗图疏证［M］．北京：民族出版社，2004．

② 原文为：“……用草扎成一龙船，上插五色纸旗往郊外祭之……衣服同汉人……长子居丧七七不浴沐、不逾户如长子居贫不能守，或以长孙次子代之。教训甚严，子孙亦多有读书入泮者……”

③ 潘曙，杨盛芳．凤凰厅志・学校［M］//故宫博物院．故宫珍本丛刊：第 146 册．海口：海南出版社，2001．

图 3-14 黑脚苗-法藏本-螺蛳占卜图

图 3-15 黑脚苗-国会本-螺蛳占卜图

陈浩与历代抄绘者对各民族支系的最突出特征持有清晰的一贯认识，观念建构的“虚拟空间”因民族生活的场景重建取得了切实意义。对于直接涉及苗民生活形态与空间关系的内容，本书大致梳理出如下类别：

1. 临时性建筑——巢居窝棚

有关此一建筑形制，在《百苗图》系列诸多抄本中仅有一例，为土仡佬(西部方言滇东北次方言)燕京乙本(图 3-16)。图中所见三人在以竹篾编织而成的临时窝棚中给彼此足底搽油以求保护足部，应是为表现山路崎岖而描述土仡佬上山途中的情形。

图 3-16 土仡佬-燕京乙本

2. 一楼一底平房

《百苗图》抄本所刻画的苗居类型大多为一楼一底的平房，但为图面取得丰富效果而采取了多种变化方式，比如：

(1) 间数的不固定与开敞位置多样化

建筑为单间时，图面则往往设定其开敞程度较大：如花苗刘乙本(图 3-17)、木佬旱稻田乙本(图 3-18)及帝国本。其原因在于抄本希望表达的苗民生活多发生在室内，需要借助绘画技巧将其充分展现，而这恰好能反映抄本所处年代的历史信息。如花苗刘

图 3-17　花苗-刘乙本-交流蚕艺图

图 3-18　木佬-旱稻田乙本-学经

乙本-交流蚕艺图是各有关花苗抄本中唯一出现了建筑及室内场景信息，并突出养蚕缫丝主题的抄本。结合刘乙本最早持有人——戊戌变法领袖李端棻[①]，曾于光绪年间在贵阳兴办实业，兴办了蚕桑学校，由政府出面鼓励贵州各族居民养蚕缫丝[②]，因此该条目的绘制显然是基于这样的时代背景，也从侧面反映了洋务运动进入贵州，渐而深刻影响苗民经济生活模式，可谓意义非凡。建筑为三开间时，如紫薑苗的帝国本(图 3-19)、旱稻田甲本两个抄本中，入口均设在明间敞堂，与实际情况相符。

(2) 披檐"灰空间"下的生活场景

在间数较少或山面表达为主的情况下，抄本往往通过增设披檐"灰空间"的方式增加活动层次。如黑苗旱稻田甲本。

(3) 建筑山面开敞

当建筑仅作为场景之一部分时，因通过山面结构的表达可具有明显地域指向，故抄

① 李端棻(1833—1907)，字芯园，衡永郴桂道衡州府清泉县(今衡阳市衡南县)人，清朝著名政治家、改革家，出生于贵州省贵筑县(今贵阳市)。北京大学首倡者、戊戌变法领袖、中国近代教育之父，历任山西、广东、山东等省乡试主考官、全国会试副总裁、云南学政、监察御史、刑部左侍郎、仓场总督、礼部尚书。光绪二十二年(1896)，第一个疏请设立京师大学堂(今北京大学前身)。光绪二十五年(1899)举荐康有为、梁启超，支持戊戌变法。

② 杨庭硕.《百苗图》贵州现存抄本述评[J].贵州民族研究，2001(12)：79.

图3-19 紫薑苗-帝国本

图3-20 高坡苗-早稻田乙本

本往往将山面作为图面中心进行开敞处理而不桎梏其合理性:如黑苗台乙本、高坡苗早稻田乙本(图3-20)虽均为木壁板穿斗结构,但与今日现实情况不一。

对于平房,各抄本似乎较热衷于描绘苗族支系养蚕、纺织的场景,除前文提及的花苗外,谷蔺苗的屋前纺织、高坡苗的背布售卖均极有代表性,各抄本主题一致[①]。笔者认为这是因为在改土归流前后,布匹交易成为某些苗族支系为外界认知的最初也是最直接因素。但也正因如此,抄本画册表达重心为正在纺织的苗民,建筑空间仅为布景,其可靠性仍有所欠缺,引之为证需谨慎。

3. 干栏式“马郎房”

从早期血缘婚、普那路亚群婚、对偶婚至一夫一妻制(包括出面婚及不落夫家等过渡形态),苗族婚恋制度经历了复杂变化[②],并因其“出面婚”的特殊性自宋代起就已颇受汉文人关注。《百苗图》抄本文字部分即对如下支系的“出面婚”制及其之前的“自由约会”场景进行了描述。

花苗:“暮,则约所爱者而归,遂私焉。亦用媒妁,聘之以女妍媸为盈缩。必男至女家成亲,越宿而归。”(刘甲本,出面婚制)

---

① 如抄本文字:谷蔺苗的刘甲本记:“今亦男耕女织。其布精细,入市,人争购之。俗云‘欲作汗衫裤,须得谷蔺布’。”而燕京乙本诗曰:“青帕蒙头织妇粧,木棉初绽採花忙。布成入市人争购,土产如斯俗最良。”高坡苗刘甲本记:“纺织惟勤,婚配苟合,喜染工织。”

② 事实上在摩尔根(L. Morgen)《古代社会》一书的第三编“家族观念的发展”中就已经确立了“血缘婚—普那路亚婚—对偶婚—单偶婚”,以及与这些婚姻形态发展相一致的“血缘家庭—普那路亚家庭—对偶家庭——夫一妻制家庭”的演进序列,据民族学研究,苗族社会应当都曾经历过。摩尔根.古代社会[M].北京:商务印书馆,1971:654-925.

西苗:“娶亲,必另寝,私通,孕,产,乃同室。”(刘甲本,出面婚制)

夭苗:“女年及笄,竹楼野处,未婚男子吹笙诱之。”(博甲本,竹楼游方)

伶家苗(瑶族):“所欢者约而奔之。生子后方归母家,名曰‘回亲’。始用媒而过聘焉。若未生子,终不归宁。”(刘甲本,出面婚制)

八寨黑苗:“各寨(于旷野之处)均造一房,名曰‘马郎房’。晚来未婚之男女相聚其(间,刘甲本误为‘同’)。欢悦者,以牛酒致聘。出嫁三日,即归母家。”(博甲本,玩马郎及不落夫家)

“寨中新建马郎房,舅氏头钱不敢忘。出嫁三日归母宅,牛钱通聘甚堂皇。”(早稻田甲本附诗,不落夫家)

由此推论,游方的择偶方式与马郎房(游方楼)的设置实际上是“出面婚”的实现手段,对构成苗族社群组织意义重大。当代田野调查发现,此类公共设施在苗族西部支系中仍普遍存在,但形制不一,名称各异。比如惠水亚支系称其为“坐花园”,仅有竹篱,未修成固定住房;麻山亚支系是路边安置坐凳,并无遮风挡雨的建筑;川黔滇支系苗族中附属于村寨,有固定房舍建筑;黔东南支系苗区只在“游方坪”上备有简单坐凳,无挡风避雨的建筑[①]。而《百苗图》有关“马郎房”的直接文字记载,仅出现于属于中部支系的“八寨黑苗”条。《百苗图》中明确提及用“竹楼野处”干栏式建筑作为“马郎房”的,则是邻近的夭苗。

从图像上来看,各抄本描绘下的苗族干栏式建筑仅限于此两支系,且功能均为马郎房,这极不同于抄本反映的侗族、仡佬族干栏式“楼居”。又只有部分抄本刻画为干栏式竹楼(八寨黑苗为木楼),既有整竖建竖、又有接柱建竖(图 3-21),面貌不尽相同。其余抄本则多为开敞式一层亭阁(图 3-22),并都位于水中或水旁等寨旁风景秀美处,倒十分符合“马郎房”设置的实际要求。

必须要提及的是,吴泽霖先生于民国二十九年(1940)发表的《贵阳苗族的跳花场》一文中说:“玩郎房,这是一种简单的小屋,专为青年男女说爱或私奔时休息的场所,这种设备(指“游方堂”)在东路南路于苗族中已没有踪迹,仅在西路的大花苗中仍还流行,在贵阳附近的花苗中,事实上没有这种建筑。”[②]吴先生对于黔东南地区的这种村寨公共建筑已经无存的解释,是因为该地苗民与汉人接触的机会较多,若干原来的风俗,反而消失改变,西路大花苗地处“遥远偏僻的区域,旧有的制度,倒反能保持下去的”。

---

① 刘峰.百苗图疏证[M].北京:民族出版社,2004:92.

② 吴泽霖.贵阳苗族的跳花场[M]//吴泽霖,陈国钧.贵州苗夷社会研究.北京:民族出版社,2004:173-174.

图 3-21 夭苗-台甲本-竹楼游方图

图 3-22 八寨黑苗-帝国本

如果吴先生的结论是经过实地调研得出的话，只能说明目前在黔东南区域出现的“马郎房”或“游方堂”应是后做之物，应该是一种恢复旧制的努力，那么夭苗“竹楼”、八寨黑苗“马郎房”从建筑形式上似乎取得了较大参考价值(图 3-23—图 3-25)。

图 3-23 八寨黑苗-博甲本-木楼游方图

图 3-24　台江塘坝苗寨游方场

图 3-25　苗区某新做游方堂

4. 牲畜圈

各抄本对少数民族牲畜圈的表达并不充分，在笔者收集的十九个抄本中，仅有"西苗、红仡佬、楼居黑苗"三个民族支系的部分抄本有此内容。其中后两个民族分别为仡佬族及南侗，也保持着人上畜下的楼居方式，与今日黔东南地区干栏式苗居多有类似。

"西苗"作为苗族西部方言区黔中南支系罗泊河亚支系，抄本描绘的"吹笙祭祖"旨在庆祝秋收而娱神，由职业歌舞师指挥下走村串户，挨家挨户从外而内地模拟死者灵魂进行献歌祝福。举行时间必须是在传统苗历的年末，祭祖庆典歌舞活动结束后的第二天。参与主体为本村本家族成员，因此与"游方""跳月"等不同，此支系的吹笙活动路线是线性的，且一直是动态的。这也与苗族传统的"洗寨"活动一样，联接着个人家庭与族

图 3-26 西苗-台乙本-登门献歌图

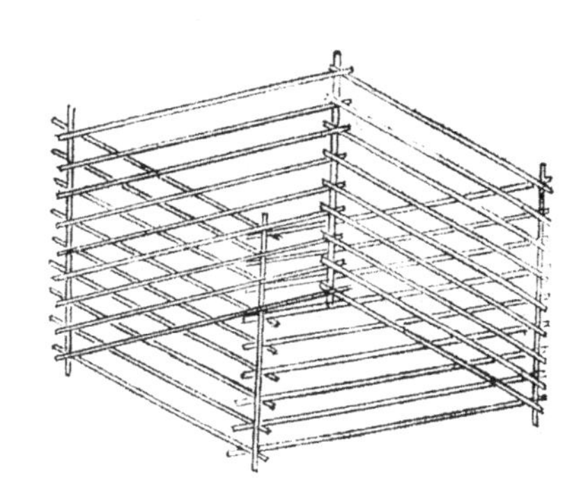

图 3-27 "舐卑"示意

群、室内与屋外、村内与村外，体现了苗族单个村社内所具有的共同目标。

西苗："秋收时，即合众于野，延善歌者披大宽毡衣，腰间围细折（褶）裙，戴毡帽，穿皮鞋，导于前。"（刘甲本，秋收）

牲畜圈形象仅在台乙本-登门献歌图中显露出一角（图 3-26），应为横向木栏杆围合而成，与费孝通所记载的从江县加勉乡苗族吃鼓藏仪式所用"舐卑"（即猪圈①，图 3-27）及笔者调查所见做法相似（图 3-28），说明有其写实的一面。

图 3-28 台江交汪苗寨猪圈

① 费孝通，等. 贵州苗族调查资料[M]. 贵阳：贵州大学出版社，2009：191.

5. 粮仓形制

粮仓样式往往取决于农作类型。各抄本对以农耕为特色的民族多通过粮仓形制、舂米、连枷、禾晾、人力锄头等用具的表达体现其生存境况。比如贵州南部布依族、侗族、水族等壮侗民族多喜种糯稻,收割之时只取稻穗并捆成束条置于禾晾或民居长廊横向栏杆上,用时即随时取下置于舂碓中舂成米、簸净后即可食用。连枷只用来对诸如豆类、谷物、小麦等山地杂粮进行脱壳处理,而非水稻。另外,抄本中常常出现的圆仓,如猪屎仡佬(仡佬族)的水上圆仓;仡僮(壮族)的屋旁圆仓;八番苗(布依族东北支系)圆形方形皆有,表示民族食用多品种杂粮,且以旱地作物为主,故而若出现在以种植水稻为主的支系图面中,显然是存疑的,因此可以用此作为抄本辨伪的方法。但八番苗台甲本中同时出现了圆仓、连枷、舂碓三个看似矛盾的农作装置,杨庭硕认为这很有可能是因为该支系至少于19世纪已经定居于稻田不多的半山区,放弃部分水稻而以杂粮补充而已,这就说明了苗民饮食类型在清中晚期之后也可能逐渐发生了转变。

图3-29 侗家苗-旱稻田乙本

对于苗瑶语族而言,以农耕生活为主题的抄本并不算多,主要集中反映其刀耕火种、捕鱼狩猎等初期营生类型。对粮食储存设施有具体交待的支系一是侗家苗(布努方言瑶族,今称短裤瑶、青瑶,分布在荔波县一带),其文字部分主要体现其“近水而居、善种棉花”“鱼肉祭盘瓠”,画面主题也是反映“妇人纺织”,并未涉及耕作类型,而帝国本却在正房一侧添加一座圆仓(图3-29),虽仅为背景,但笔者认为不可轻易定为讹误。因今日荔波瑶族虽主要使用与苗族类似的方形粮仓,却间或有少数圆仓点缀,应该是储藏杂粮所用(图3-30),也许正是晚清瑶族耕作类型逐渐多元化之例证。

而另一支系黑脚苗据杨庭硕等学者推知为分布在黔东南雷公山和月亮山腹地的中部方言南部亚支系,各抄本皆渲染其深处边远山区、兼营狩猎采集,存在抢劫行为的历史背景,唯有燕京乙本以横向禾晾栏杆、水上干栏式粮仓暗示其稻作类型为水田禾苗式(图3-31)。虽然雷公山下大塘新桥苗寨确有水上粮仓群(图3-32),但其形制趋同于整个环雷公山地区,均为木板壁围合的方形粮仓。抄本中的禾晾形象往往对

图 3-30 贵州荔波瑶山瑶族村寨-方形粮仓群(带禾晾栏杆)中的圆仓

图 3-31 黑脚苗-燕京乙本

图 3-32 雷山新桥水上粮仓群

应苗侗水瑶混居稻作区(图 3-33),故此可以判断此抄本的粮仓形象应是附会、叠加而来。

尖顶苗(西部方言区西北亚支系)各抄本旨在表达该支系已经推广种植水稻,但仍用旱地耕作的传统方式,并非精细耕作,产量较低且不稳定。因此,表述其小规模晾晒禾苗场景的燕京乙本、早稻田乙本(图 3-34)在史料的补充上颇具意义。

图 3-33　剑河南哨高定苗寨带禾晾功能粮仓

图 3-34　尖顶苗-早稻田乙本

3.5　建筑结构与围护材料

本书收集的十九个抄本中，直接描绘苗瑶民居形象的共十五个支系(其中两个为今瑶族)。主要对应今日苗族的中部和西部方言区。

在对民居围护材料与结构特征的表达上，抄本年代远近与绘制水平不一决定了信息的混杂与多样，较明显的讹误时有出现，例如燕京乙本中的平伐苗与尖顶苗，其山面结构被刻画成抬梁式。帝国本瑶人民居竟用到了汉人的锅耳墙山面，并于其上设置有违实情的巨大窗洞。抛开明显讹误与抄绘者水平因素，总体来看，可见各抄本虽有一定写实意味，但仍具倾向性。

围护材料的刻画大体依据支系经济状况、与汉人亲疏等有所区分，比如木佬条文字部分介绍了使用汉姓的情况，帝国本图版采用砖砌涂白、院落围合使之与汉人相似。其他多数支系在未赋予明显"歧见"的情况下，多采用竹编涂泥外敷石灰，或较为考究的木拼板外墙做法。而那些聚居边远，较少为人所知，在印象中生活"穷苦"的支系，则多用木板壁，甚至竹编、草编(图 3-35)。

屋顶材料与之类似，砖砌外墙的房舍多用瓦屋面，但对此有描绘的抄本数量有限。使用草顶的情况十分普遍，如黑苗、西苗、紫薑苗等汉化程度较高、经济条件较好的支系还用上了"考究"的编草，其余支系则随意铺草，上面还会用石块压顶以防刮风(图 3-36)。

当然不可忽视抄本之间差异，年代较早、更为接近陈浩原本的刘甲本、博甲本等使用木板壁、竹编围护及草顶的情况占绝大多数，较符合实情。后期抄本则往往采用砖砌白墙，讹误杜撰的成分增多。

对于苗瑶民居的结构形式，许多抄本并未作重点描绘，只有当山面作为民族特征要素被刻意表达时，结构类型才得以呈现。除前述讹误明显之处，尚有若干抄本注意到木作穿斗结构的写实性①。其中黑苗台乙本的穿斗结构刻画较为清晰完善，但扇架无瓜柱，也未见叉手斜梁，其余抄本则注意了此问题，对此有所交待。

(a) 帝国本 木佬中的砖砌白墙

(b) 台乙本 黑苗中的拼装木壁板

(c) 台甲本 谷蔺苗中的竹编草编壁板

图 3-35 抄本中的几种水平围护材料

(a) 瓦屋顶：夭苗-刘乙本

(b) 竹片瓦顶：夭苗-台乙本

(c) 草顶：谷蔺苗-法藏本

(d) 编草顶：西苗-台乙本

(e) 编草顶：梭嘎苗寨

图 3-36 抄本中几种屋面材料

① 苗瑶支系抄本表达出结构类型的有：黑苗-台乙本（三柱穿斗无瓜柱）；西苗-台乙本（穿斗一部分可见）；木佬-帝国本（穿斗有瓜柱）；谷蔺苗-台甲本（穿斗有瓜柱）；八寨黑苗-博甲本、刘乙本、台甲本、早稻田甲本、早稻田乙本（穿斗有瓜柱）；高坡苗-早稻田甲本、早稻田乙本（穿斗有瓜柱）。

第4章　苗族民间文学中的建筑意象及生活场景

苗族文化的发展与演化一直是伴随着中华文明生长进程的，但由于自然灾害、战争等原因，苗民几千年迁徙产生的地区差异导致其文明逐渐“碎片化”。基于族群分化与文化演变，众多构成要素演化速度并不一致，相比之下，苗族民间文学作为一种文化的记忆载体却较为稳定。除田野调查获取建筑的直接信息外，本章将其比对传世的“正式文献”与民间口口相传的“史诗”“古歌”，在某种程度上重组或修复“文化基因碎片”，从而重构部分原有的文化特征。

其中，苗族传统住居空间作为苗民日常生活展开的物质基础，在漫长时光里显而易见地逐渐丢失或新增了一些特征因素。各地苗族民间文学作为一种“在地者的文献”系统，口口相传并与日常生活紧密联系，为民居空间演进提供了有力的记录、观察、研究的手段。本章试图通过对各方言区苗族民间文学的梳理和分析，比对田野调查，以“文献解读”的视角局部重构苗族传统生活空间的历史图景。

4.1　苗族古歌的研究分类[①]及历史分期

1896年前后，英国传教士克拉克与黄平籍苗族人潘寿山记录了苗族史诗《洪水滔天》《兄妹结婚》以及《开天辟地》中的一些篇章。民国时期的杨汉先作为苗族古歌研究的先驱，提出通过苗族诗歌与故事的解读，探究苗族民族性与历史线索的看法。陈国钧于1941年在《社会研究》第20期发表了《生苗的人祖神话》一文，记载了贵州省从江县下江镇苗族的三则“人祖神话”。[②]

1956年，著名少数民族语言文学家马学良和苗族学者邰昌厚、今旦共同发表了《关于苗族古歌》一文，首次将“苗族古歌”作为学术词汇进行了界定，并对苗族史诗的分组及其内容、

---

① 苗族古歌界定与分类部分，参见：吴一文，今旦．苗族史诗通解[M]．贵阳：贵州人民出版社，2014：1-21.

② 此三则“神话”在表面上有很多差异，其实本是同一个有关人类起源的神话，内容相当于后来整理的苗族史诗《十二个蛋》《兄弟分居》《洪水滔天》三首的合编，虽然文中仅称之为“生苗语原歌”而没有用苗族史诗或苗族古歌的提法，但它是目前所见发表最早的苗文史诗诗体译文。参见：吴泽霖，陈国钧．贵州苗夷社会研究[M]．北京：民族出版社，2004：114.

篇章、构成逻辑进行了论述与介绍。其后，今旦、唐春芳等在"苗族古歌"的界定与分类方面作了长期努力。直至1979年田兵主编的《苗族古歌》出版，可谓首本较为系统全面的专门汇集。1983年，马学良、今旦编著了《苗族史诗》，1993年燕宝在田兵选编版《古歌》基础上撰写了《苗族古歌》，2014年吴一文、今旦著《苗族史诗通解》更是总结前人记录，较为详尽地对中部方言区苗歌进行分类解读，以上都是目前聚焦黔东南地区苗族民间文学集大成者。

对于东部方言区（湘西苗族为主）的苗歌及理词，主要以民国时期凌纯声、芮逸夫的《湘西苗族调查报告》为发端，在第10章"故事"与第11章"歌谣"中记载了部分湘西地区苗族民歌。而之后苗族学者先驱石启贵更是做了十分详尽的湘西苗族调查记录，分8卷对该地区的苗族习俗及古老话、古老歌进行整理和说明。其后学者如张子伟、石寿贵《湘西苗族古老歌话》将"古老歌"与"古老话"进行分类记载，更有针对性地聚焦口头文学社会功能的视角研究苗族同胞的习俗与文化。石如金的《湘西苗族理词》对该地区民间使用习惯法或调节人际关系与举办仪式时所用的"理词"进行了搜集整理。

至于其他地区的苗族民间文学，《中国苗族文学丛书》系列中的"东部、中部、西部民间文学作品选"是集大成者。《亚鲁王》则是传唱于苗语西部方言区麻山紫云自治县地区的宏大史诗，也是有史以来整理挖掘出来的第一部苗族长篇英雄主题史诗，有着巨大的研究价值。

苗族古歌的产生与传承是一个非常缓慢的过程，呈现出较为复杂的时代特征，绝非某一特定时期集中出现的。由于流传承继主要靠口传心授，缺少文献记录，梳理其历史层理较为困难。尽管古歌内容较为原始的部分带有原始社会特征，但大量的内容集中在改土归流之前的封建社会："早在阶级社会以前，便产生了异常丰富的以神话为内容的歌谣"，"散文体的民间故事也在封建社会里发展起来，'改土归流'前后是极其繁荣的时期"，"说唱文学于'改土归流'以后异军突起，抨击黑暗，讽喻时弊，为文学史增添了不少光彩。"[①]比如以中部方言区苗族民间古歌为例，吴一文在《苗族古歌与苗族历史文化》一书中结合史料[②]，大致判断出流行于黔东南地区的苗族古歌各篇章的产生时代。

古歌第一篇《开天辟地歌》中有不少关于冶炼的内容，依据冶炼史推断该篇出现应在苗族分化西迁之后，约在唐宋之际或更晚。

第二篇《枫木歌》所叙内容事实上是祭奠蚩尤先祖，据《山海经·大荒南经》的记载结合袁珂先生的考证[③]，推断《枫木歌》的原始框架应当早于汉初。

第三篇《蝴蝶歌》包含有关"吃鼓藏"的内容，可能于江汉时期就产生了。[④] 因此，苗族"吃鼓藏"这一习俗应发端于秦汉以前，而反映"吃鼓藏"的古歌框架可能产生于汉晋之际。

---

① 田兵，刚仁，苏晓星，等. 苗族文学史[M]. 贵阳：贵州人民出版社，1981：12.

② 有关古歌产生时期，参见：吴一文，覃东平. 苗族古歌与苗族历史文化研究[M]. 贵阳：贵州民族出版社，2000：7-17.

③ 袁珂. 中国古代神话[M]. 北京：华夏出版社，2006：130-140.

④ 苗族简史编写组. 苗族简史[M]. 贵阳：贵州民族出版社，1985：31-32.

第四篇《洪水滔天》中表现出来的一夫一妻的私有制家庭内容，提供了大致时期推理的依据，即该部分框架的产生可能稍晚于《蝴蝶歌》。

第五篇《迁徙歌》主要记录了苗族先民一路由东方故地逐渐向西迁徙的过程，也是苗族开始分化的时期。基于贵州苗族的大规模迁入并向中部地区推进是汉晋之后、唐宋之前①，该部分古歌框架也应产生于这一时期。

又如"理词"，主要流行于湘西、黔东北、渝东及鄂西南等隶属东部方言区的地区。在解放前，苗民遇到各种人际纠纷如婚姻纠纷、田土山林纷争等，并不去官府进行诉讼，而是通过村寨寨老进行调节。如果调节不了，即由双方当事人各请理师，在约定的地方或反复上对方家门进行互辩，直至达成协议。因此，"理词"形成于苗民千百年来的日常生活，基于举办各种仪式与调节社群人际关系的需要，"理词"的充实过程具有渐进性、层叠性的特点，故而很难界定其产生的具体年代。

诸如《亚鲁王》这样对于麻山苗族意义深远的单本古史诗，在申报贵州省和国家级非物质文化遗产名录时，创作时间定在"大约二千五百年前"或"与诗经产生于相同的年代"。但一些学者有着不同观点，吴正彪认为《亚鲁王》史诗中多处描述了苗族狩猎时代的社会生活和水稻种植的农耕生活场景，从考古学的角度讲，《亚鲁王》的框架形成应当有五千多年的历史。吴晓东通过考证认为，尽管丧礼仪式中唱诵的许多内容在原始社会就应该存在，但史诗的故事情节和产生时间，上限在唐宋时期。这可能是因为在宋元之前的文献中，并无对该地区苗族的记载。该地区苗人长期处于特有的宗族联盟中，与外部已经实行土司制的苗族在文化上差异明显。《亚鲁王》所记载的诸如"砍马祭祖""鸡卜"等独特习俗，即是例证。

当然通过对有关古歌历史分期的讨论可以窥见本书有关建筑与居俗文化的大致时期，但部分具体内容，很有可能是在传唱过程中逐渐加入，因此古歌框架本身的历史分期仅能作为参考背景，建筑场景的时代特征还需要通过对风土民居本体等多方面进行综合考虑。

4.2 古歌中有关建筑文化的几个类别概述

4.2.1 古歌演唱的时空限制

苗族演唱古歌时本就存在一定的时空限制，即何种古歌适用于何种特定场所，本身在空间上有界定。古歌大多是在祭祖、婚丧、吃鼓藏、椎牛、亲友聚会、节日等场合演唱，并非所有古歌都可在任何地点由任何人来唱，是存在严格禁忌的。比如属于"黑鼓

① 龙伯亚.贵州少数民族·苗族[M].贵阳:贵州民族出版社,1991.

藏”[①]的祭祖歌如《蝴蝶歌》就不许在非祭祖之年演唱，更不许小孩子唱。另一种情况是描写祖先蒙难、兄妹结婚的《洪水滔天》，不得在室内唱，否则就是对祖先不敬；而涉及人命官司判案内容的理歌比如《侬鸡鹏》，也只能在室外演唱。总体说来，苗族人内心有强烈的“避祸趋福”“空间内外界限明确”的意识，涉及非常庄重的人类共祖崇拜或人命判案的不幸事件，不能于室内随意唱诵，这是“趋福避祸”观念在空间上的反映。

4.2.2　古歌用词中的空间意象与几何概念

在苗族古歌里，存在着将章节叙事结构的抽象概念进行空间形象化的情况，比如：

Bib diot ib diux lol/我们开腔唱一首，Mangb diot ib diux fail/你俩紧接着回唱。

——吴一文、今旦《苗族史诗通解・序歌》

在这首流传于黔东南的民歌里，“diux”可译为量词“首”或“支”，多用于古歌，但作名词时则可为“门”解，二者应为源流关系，且量词从名词而来。可见在苗人意识里，解析苗族古歌的结构框架可与进入房屋空间相类比：从“门”进入到各“间”房，形象概括了古歌的“章”与“节”、“首”与“段”和“节”。实际对唱之时，“diux”为“首”，“qongd”为“段”或“节”，两者往往又同义，如在回答对方问题之后接着唱道：“Diux nend niangb nend bas/这节就到这里了，Diux ghangb diangd lol sos /下节接着就来到。”[②]

另一种情况体现在对圆周运动方向的认识上，比如：

Gangb mongl job Lak was/蜜蜂教姜央跳舞，Vangb yangd niel like yangs/姜央照着蜜蜂学。

——吴一文、今旦《苗族史诗通解・蝴蝶歌・打杀蜈蚣》[③]

此处的“was”本义为转圈，指跳舞。苗族祭祀或庆典时的舞蹈与此是同构的，众人都是以鼓、笙为中心，围成圈逆时针方向舞动，这来源于苗族对大千世界的体验观察。

至于苗族对长方形面积的几何观念，通过古歌对天地长宽相乘面积相等的描述可以理解：“长处大地略微长，宽处高天稍稍宽，两个宽大一个样。”[④]同时，苗族对天地形状也常常用住居器物来比拟：天像一块瓦，地像一张席。”[⑤]事实上就是“天圆地方”。

而苗族的测量方式除了“拃”(dlot)、“庹”(dliangx)之外，还有借用“拳”(dek)这种人体尺度来测量周长，旧时测量圆柱体周长的方法：先用绳围住被测物体，并在绳子上做好标

---

① “黑鼓藏”在祭祖时有很严密的组织及清规戒律需要遵守，这类歌包括《蝴蝶歌》。与之对应的是“白鼓藏”，要求就没有那么严格。

② 吴一文，今旦. 苗族史诗通解[M]. 贵阳：贵州人民出版社，2014：5.

③ 同上：388.

④ 同上：40.

⑤ 同上：41.

记,然后取绳用手握之,一握即一拳,每拳 9～10 厘米,全部用手握之法测完,则可得到大体周长。古歌摘句“Maix dail ghangd diut dek, Dail ghangd hlieb dail niak/有个蛤蟆六拳大,蛙身大如水牯牛”。[1] 这里形容蛤蟆的大小用“diut dek”,直译“六拳”即能说明。

以上观之,各方言区苗民对于空间、方向、尺度的把握往往来源于对生活的体验观察,经验之于生活是十分重要的要素。

4.2.3 迁徙故地的生活居所

有关苗族一路迁徙历程的篇章在三个方言区都有广泛流传,其中多有对故地生活场景的描绘[2],内容也颇为相通。如黔东南《溯河西迁》中的一段描述,既有平地耕作、临水而居的历史,又有使用火塘、舂碓、汽盆、甑子等炊具的记忆,以及记录了将房屋空间逼仄拥挤作为迁徙的缘由。

> 先祖住在欧振郎,水波潋滟与天连。大地平坦如晒席,像盖粮仓的地盘。窄处窄得像马圈,陡处陡得赛锅沿。鸟多巢窠容不下,人多地窄住不了。火炕靠火炕烧饭,脚板挨脚板舂碓。盖房拥挤像蜂窝,挤挤撞撞破锅罐,汽盆甑子都挤烂。
>
> ——吴一文、今旦《苗族史诗通解·溯河西迁》[3]

通过此段对于生活场景的描述,比较可信的是其居所空间应为一楼一底的平座屋,非今日雷山地区常见的干栏式建筑,符合“三苗”故地处于“左彭蠡之波,右洞庭之水[4]”的历史记载。

4.2.4 日常生活中的粮仓与牲畜圈

因为历史上的苗人生活一向困苦,长期粗放式耕作而薄收,全家所有财产可能就集中在牲畜上。因此古歌中众多描绘生活场景的笔墨多集中于牲畜圈与粮仓。比如两个不同支系为争夺资源引发的论战,就是通过描绘粮储和圈类建筑的使用时间长短来证明归属:

> 我的鸡圈装满鸡屎,我的猪圈装满猪食,鸡屎堆高到第三层枋子,猪屎堆高到第三层圈枋,年岁久了我的仓脊变黑,年岁久了我的屋基变黑。
>
> ——苗族理词《贾》[5]

---

① 吴一文,今旦.苗族史诗通解[M].贵阳:贵州人民出版社,2014:496.

② 中部苗族古歌为《跋山涉水》或《溯河西迁》,东部苗族为《古老话精段》中的《历次迁徙》,或各方言的《战争迁徙篇》。

③ 吴一文,今旦.苗族史诗通解[M].贵阳:贵州人民出版社,2014:462-463.

④ 原文为:“昔者,三苗之居,左彭蠡之波,右有洞庭之水,文山在其南,而衡山在其北。”诸祖耿.战国策集注汇考[M].南京:江苏古籍出版社,1985:1143.

⑤ 摘录自吴德杰等搜集整理、未刊稿的苗族理词《贾》,该部分为不同苗族支系“恭”和“方”争夺榕江一带“南闪呆”(nangl saix daix)和“脚方西”(jes fangb hxib)的辩词。参见:吴一文,覃东平.苗族古歌与苗族历史文化研究[M].贵阳:贵州民族出版社,2000:133.

此段唱词除了说明鸡圈、猪圈是单独设置的以外，通过“第三层枋子”“第三层圈枋”，足以说明较大型穿斗建筑已有在苗区使用的可能性。“仓脊”“屋基”也说明两坡屋顶的设置和房屋需作基础的情况。

又因谷仓需要防潮而铺木地板，地板与地坪之间会有一定的距离以便隔潮及通风，因此常常会有蜈蚣在此生活，如：

蜈蚣分得谷仓脚，蜈蚣往仓脚走了。

——吴一文、今旦《苗族史诗通解·蝴蝶歌·弟兄分居》

此句显然来源于生活经验以及对民居实际情况的描述，也说明谷仓是架空的干栏建筑。而有关苗语中部方言区南部支系的禾仓，费孝通关于从江县加勉乡苗族的社会历史调查中也涉及谷仓“防潮”记录：“苗语叫‘绒机’，每户均有一间，方形，木板建成，顶起人字屋架，盖以木皮或瓦，底离地面尺许以防潮湿，用以储藏粮食，每间可容 2500～3000斤，大者可容 4000 斤，都建于距住屋较远的寨边上。”费先生的这一记录说明从江地区苗族至少从中华人民共和国成立之初就开始使用类似相邻民族的禾仓，脱离住屋而并列集中于寨边[①]，这与湘西苗族将粮仓置于灶房北部、黔东南北部支系零散置于居所旁差别迥异，也间接说明了耕作类型与产量某种程度上决定了聚落中的空间配置。

4.2.5　婚姻与住居空间

在漫长的发展历程中，苗族婚恋制度经历了较为复杂的多个阶段，前述的百苗图等文献主要记录的是以“游方”“玩马郎”相适应的“出面婚”或“不落夫家”的过渡状态，而苗族古歌则记录了早期血缘婚以来更为久远原始的普那路亚群婚[②]。

一幢房屋有三间，分开男的宿一头，女的住一边；当中一间不住人。筛灰在屋里，撒灰在门外，次日天刚明，地上印着男脚迹，男人进了女人门，就把男人嫁女人。

可是啊，男人好像公鸡，肩上背只火器，怀里揣把利刃。喜欢他就去，不爱就罢了。白天见他白天跑，半夜碰上半夜逃。

——今旦《苗族(理词)选译》[③]

男女分居两间非固定的同居形式，女子晚上接待外氏族男子而男子并不为此具有必然义务，正是典型的普那路亚婚，应是较血缘婚更为高级的形态。这种居住形式，必然要

① 费孝通，等. 贵州苗族调查资料[M]. 贵阳：贵州大学出版社，2009：22.

② 普那路亚即族外群婚，是原始社会的一种婚姻形式，指一定范围内的同辈男女共为夫妻，即一群姊妹和另一群男子，或一群兄弟和另一群女子互相通婚，但禁止同胞和旁系的兄弟和姊妹间的婚姻关系。共夫的姊妹间或共妻的兄弟间，都互称普那路亚(punalua，夏威夷土著语，意为“亲密的伙伴”)。由美国著名进化论派民族学家摩尔根(L. Morgen)提出。

③ 今旦. 苗族《理词》选译[J]. 贵州民族研究，1982(4)：204.

求房间开始出现分隔。仰韶文化半坡 F1、郑州大河村 F1—F4 都已呈现具有内部隔墙、火池与居室分开的格局[①]，这说明此婚制的展开已经具备了物质基础(图 4-1、图 4-2)。云南泸沽湖边的纳西族也有类似，以母系“衣杜”为单位的走访婚[②]，是一种以女方有利、男方主动的氏族外群婚残留。相应地，实施共居制的纳西族母系亲族房屋较大，分作两部分，一是氏族或母系亲族的公共住处，二是供群婚或对偶婚使用的住处[③]。故这应是处于群婚初期仍受母系亲族影响的状态，而上述对苗族三间居所的描述，应当是处于普那路亚与对偶婚之间的状态，但今日所见清代以后苗居大量三开间形制从本质上讲应并非同源。

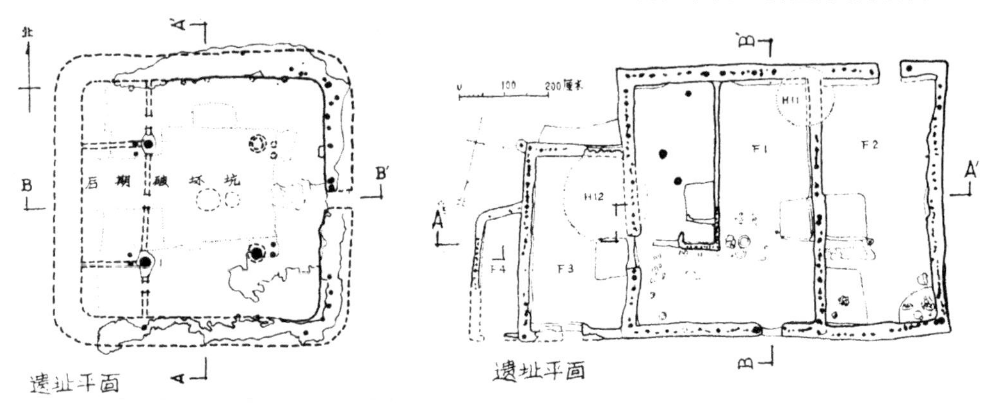

图 4-1 半坡 F1 遗址平面　　图 4-2 大河村 F1—F4 遗址平面

湘西苗族的婚俗与空间关系，体现在包括讨亲、订婚、过礼插香、迎亲发送、酒席互谢等环节[④]在室内空间的展开，各环节所需唱词与空间的切换，都构建了一个生动而流动的动态场景，也阐释了住居空间的意义。比如在酒席互谢时，要在堂屋摆起三张桌子，主客双方围桌讲诵，其余时间都是在火塘边或地楼板上随地而坐相互讲诵，这都与讲诵姻亲类古老话的礼节过程相绑定。

---

① 半坡 F1 室内二柱南北轴线及东西轴线西段，原设有隔墙，是关中地区迄今所发现的最早的分室建筑实例。而大河村遗址 F1、F2 本为一个整体，用隔墙分开，F3、F4 为后续加建，但整体呈现一字形多间平屋。参见：杨鸿勋. 建筑考古学论文集[M]. 北京：文物出版社，1987：15-18.

② 学界对母系“衣杜”的命名不一，严汝娴、宋兆麟称其为“母系亲族”(陈启新对此有反对意见)，进而认为，母系“衣杜”不属于家庭或家庭的范畴，而是母系家族不断分裂的产物，是规模比氏族小、血缘关系更为亲近的母系血缘集团，实际是“小氏族”。但它在母系氏族解体后，长期遗留在阶级社会中，在不断分裂中日益小型化，故也不再属于氏族系列。纳西族自称这种“走访婚制”为“竹若主咪”，直译为“男男女女连在一起”，意为“亲密的伴侣”。有关纳西族婚制及母系亲族等研究，参见：严汝娴，宋兆麟. 论纳西族的母系“衣杜”[J]. 民族研究，1981(3)：17-25. 陈启新. 也谈纳西族的母系“衣杜”和易洛魁人的“奥华契拉”[J]. 民族研究，1982(1)：72-80.

③ 严汝娴，宋兆麟. 论纳西族的母系“衣杜”[J]. 民族研究，1981(3)：22.

④ 东部方言区的姻亲类古老话，作为专题展开在室内。参见：张子伟，石寿贵. 湘西苗族古老歌话[M]. 长沙：湖南师范大学出版社，2012：108-141.

4.2.6　其余类别概述

一是祭祀丧葬活动中古歌所体现的文化介入及其影响下祭祀空间方位递变。

苗民作为“好巫”的民族，在日常生活中离不开祭巫鬼、祀祖先的活动。如逢年过节、禳解天灾人祸、还愿祈福、纪念本族迁徙战争寻根、祭祀自然神以及现实生活中的婚丧嫁娶，都需请祖神回到村里或室内，接受后人供奉。而需祭祀的祖先神灵系统及方位[①]因层次不一使得祭祀仪式场所不同，透过歌词中关于通灵方式与方位的描述，有助理解苗民生活场景变迁。如：

他们烧起了黄腊米糠，他们燃起了蜂窝烟雾。

——张子伟、石寿贵《湘西苗族古老歌话·鼓社鼓会·打食人魔》

拿写神位和春联，等到冬末过大年，贴在堂屋神龛上，堂上闪闪泛金光。

——吴一文、今旦《苗族史诗通解·金银歌·运金运银》

前者体现了东部苗民在家先位的中柱下用米糠祭祖、燃黄腊蜂窝通灵的传统做法，后者表明了中部方言区利用中堂神龛祭祖，这样的对比正说明了不同区域苗居的神灵方位因文化移入产生的“汉化”变迁。

二是关于建房技术与习俗的记录。

在中部广为流传的《金银歌》里有相当篇幅通过“运金运银”“制天造地”的神话想象来体现对于“支柱”的力量崇拜以及结构概念，还有众多属于穿斗结构体系的构件名词出现，比如“檩条”(qok)、“短瓜”(tok)、“枋”(max)等，以及关于施工吉时的选择。而《枫树歌·种子之屋》则以拟人方式叙述种子生长的“房屋”情况，透露了中部方言区营造建筑所经历的几个工程节点和庆贺习俗，比如贺新居：

勇和姜央是郎舅，姜央和勇是舅姑，挑来一篮糯米饭，担来一壶好米酒，担只鸭子到家头，鞭炮爆响飘烟尘，二钱白银揣在身，来贺姜央盖新房，这是姜央的事情……水龙聪明又善良，他担一篮糯米饭，他来一壶好米酒，二钱白银揣在身，鞭炮爆

① 苗族对先祖系统的划分是有层次性的：最高层次是人类的共祖，比如盘古、女娲等创世之神，其次是苗族始祖如蚩尤、姜央等，以上都是各个方言区苗族通过大体相同的方式进行祭祀活动，礼仪规模最为盛大，牺牲贡品十分丰富；再其次是各支系或村寨始祖，一般是逢年过节在寨内或有亲缘关系的鼓社间共祭；最后则是各家家先，一般就在家中火塘边的中柱处祭拜。对于湘西苗族而言，苗族将祖先分为大祖、元祖、族祖、寨祖和家祖数种。大祖是椎牛所祭之祖，名号为“林豆林且”(大极大称，林豆即规律法则，林且及天平准则)，为苗族所祭的理念神。吃猪所祭之祖名号为“拨浪竹林、您浪竹果”(最古的女、最老的男)，为苗族所祭祀的元祖神(最古的女为造化时间万类的阴元素、最老的男为阳元素，故称元祖)。族祖是整个苗族的祖先，比如，苗先民的部落首领被苗民奉为大祖先。家祖即是本家的祖先，又叫“七代祖公、八代祖婆”。一般祭高、曾、祖、父这几代便可以了。湘西苗族祭祖部分，参见：张子伟，石寿贵．湘西苗族古老歌话[M]．长沙：湖南师范大学出版社，2012：266.

响飞烟尘，来贺福方盖新房。水龙聪明又善良，庆贺福方建新房，清谱祖不连父名……

——吴一文、今旦《苗族史诗通解·古枫歌·种子之屋》

提到贺新居须舅舅送礼、建新房后须清理族谱，表达了当地父子联名制的习俗。此段之前还有“邻人扛锤子来敲，弟兄扛檩条去斗……柱脚垫的是石头，柱顶好像青蛙口，枋边如同大刀背……柱脚垫在龙王房，柱顶如同大山坳，枋边就像那偏坡……”一段，更为准确地表达了穿斗式结构类型的普遍性。

其后关于“建新房”“发墨”“做篙尺”“制作穿斗构架”“修旧屋”“上梁”“抛梁粑”“安门”“用罗盘”“鸡卜”“性别禁忌”“踩鼓与建屋”“建筑构件与尺寸”以及“历法与建造”等，东、中部苗族古歌或古话均有涉及，可谓十分全面。

由于千百年来尤其是明清改土归流之后各民族之间的文化交流与碰撞，苗族祭祀（祭祖）仪式内容程式发生了许多变化，如东部苗族法坛教派分化为三十六堂苗祀和七十二堂客祀，前者叙事对象全是苗族的多神系统，过程均用苗文，后者则多数为客神，融入儒释道的内容，并行全用汉语行坛。在今天许多苗族地区建屋仪式中所用到的上梁词等祷词很多都是汉语，笔者推测应该主要就是以此发端。

三是建筑材料的使用与枫树崇拜。

在《古枫歌》中有许多对“枫树”的崇拜内容，在苗民实际生活中，中柱具有一定的神性功能，并且其制作材料也与祖先化身的意象相绑定。而对于杉木做屋的描述，更是今日苗居的真实写照。

要是姜央造屋啊，用青杉来造，青杉红杉造房屋，造给妈妈住。

——《苗族史诗·种子之屋》

还有颇具古风的编竹为墙：

七男共用一大刀，哥哥要玩弟不让，弟弟要耍哥不肯，吵吵闹闹震破房，争得墙倒穿枋断，门板倒下哥受伤……水龙找到好房屋，雷公房屋也宽敞，姜央没得宽房子，天天上山砍竹子，砍些绵竹来编墙。

——吴一文、今旦《苗族史诗通解·蝴蝶歌·弟兄分居》

苗族民间文学作为“自叙”的口头文献，有助于切换解读苗族建筑文化的视角。三个方言区的古歌结构大体一致，但因支系分离日久，差异也显而易见。将其中不同区域古歌内容间差异之处来比对古歌与当地实际情况相同之处，更能有效把握接近文献中的“真实”。

中篇

形制研究篇

第5章　苗族传统聚落类型研究

“聚落”一词，《史记·五帝本纪》有记载：“一年而所居成聚，二年成邑，三年成都”。我国已故著名人文地理学家金其铭在其著作《农村聚落地理》中解析了我国“农村聚落地理”的概念内涵，并指出研究应“着重于聚落的形成、功能、类型及其分布规律”。[①] 而不同类型的聚落用地特征也不同，在地理分布上或者会有明晰的分界线，或者是一种自然过渡的关系。法国近代人文地理学奠基人维达尔·白兰士(Paul Vidal de ia Blache)则竭力反对环境决定论，认为有必要研究和谐一致的小区域，集中注意人及其与周围环境的紧密联系。他认为自然为人类的居住地规定了界限，并提供了可能性，但是人们对这些条件的反映或适应，则由于各自的传统生活方式不同而有所不同[②]。

目前对苗族聚落的研究，主要仍以布局形态的描绘为主，缺少对村寨与地理环境要素契合关系的类别化、系统化关注，也就忽视了背后与之长期共生的传统生活模式类型，更缺少以整个方言区为单位的全局考量。

借鉴聚落地理学相关理论，研究苗族传统聚落类型及其分布应首先明确村落基于地域自然环境差异，因生存目标对地形地貌进行了何种调适，即如何“自然生成”。这就需要侧重聚落地理学中的概念与方法，考察包括村落与田亩、交通线路、外部环境、自然地形等外部要素的关系及协调方式。对此进行分类后，观察各样本村寨总平面形式及在水平与竖向上的空间分配，突出村落应对地理环境的因应性调节及背后不同的生存策略，再反思这种分布规律主要受何种因素影响，环境差异与文化差异如何在聚落空间中反映出来。

本章主要以笔者在苗语东部方言区(以湘西与贵州松桃为主)及中部方言区(以黔东南与广西融水为主)的实地调查为基础，结合谷歌地图软件共取样一百六十六个村寨，对其海拔、择址环境与田亩关系、朝向及地形处理、交通线路及有无公共空间(晒坪、芦笙场、斗牛场等)进行逐一梳理并分类。之后探究其分布规律，同时以东部方言区苗寨为主举例分析村落结构层次、空间形态，与苗民田亩、生计模式之间关系等问题。从而兼顾宏观与样本的视角，以聚落生成机制为主要研究对象解析形态背后的根本问题。

---

① 金其铭.农村聚落地理[M].北京:科学出版社,1988:2.

② 同上:8.

5.1 苗语东部方言区

5.1.1 东部方言区苗语词源与择址环境及寨名规则

相较于汉族村寨名称常以姓氏冠名(如李家村、张家屯),苗族村寨常因其所处的不同地形和环境,又或某些异象轶事,在其苗语寨名中有所体现。比如依山形村寨苗语为"gheul",傍水型村寨为"jad",平地型村寨为"rangl""dongs"或"banx",即"穰""垌""排"[①],尽管目前这三类名称偶有出现随意使用的情况,但从大多数苗寨的实际情况来看确是有迹可循的,比如"排碧""排绸""干峒"等寨名和地名,事实上已经描绘出苗寨所在地景的基础风貌。在黔东南中部方言区也有类似情况,若仅看其汉语借音,则完全无法理解背后意涵。

苗语构词有一个显著特点,即偏正式合成词的修饰成分在中心词之后[②]。这一特点在苗语地名的构成上有明显表现:如"吉首""吉信"的"吉","排料""排碧"的"排"即为中心词,且为通名,位于修饰成分之前,修饰成分则作为专名位于其后作为补充。将两者意义联系起来,往往可以更好地了解苗寨地名所表明的地理地貌信息,比如"排几者","排"为通名,苗语意为"坪","几者"为专名,苗语意思为"狭谷",联系起来,可知此地峡谷与坪地共存。又如花垣县雅酉镇"高务"苗寨,"高"为"山"解(也有作"好"解),"务"作"水"解,连起来为"有山有水的地方"或是"水秀之地"。苗族学者龙和铭将苗族地名的来历类别以及今天用汉语表述苗语地名的问题进行了梳理[③],以此为基础,对湘西地区常见地名中的苗语词汇进行整理列于表5-1,希望通过词源的角度理解苗族聚落村寨与地形地貌、水文气候之间的关系。

表 5-1 湘西地区常用地名词源释义

序号	常见地名汉语(表音)	常见地名苗语	常见地名意义	村名示例
1	排	banx	较大的平地或坝子	排碧(寨子位于一条长冲头上的坪里)、排绸(此坪里挖出过钱)、排料(此坪地枇杷很多)、排吾(寨子建在水源很好的坪地上)、排兄(此处地势平坦、气候温热)

① 石如金.苗族房屋住宅的习俗简述[M]//吉首市人民政府民族事务委员会,湖南省社会科学院历史研究所.苗族文化论丛.长沙:湖南大学出版社,1989:207.

② 龙和铭.苗语地名浅析[M]//吉首市人民政府民族事务委员会,湖南省社会科学院历史研究所.苗族文化论丛.长沙:湖南大学出版社,1989:368.

③ 同上:367-375.

续表

序号	常见地名汉语（表音）	常见地名苗语	常见地名意义	村名示例
2	夯	hangd	指峡谷，可译作"冲"，山谷中平地之意，用"冲"指地，往往有偏僻的意思	夯卡、德夯、夯沙
	贡	ghot	峡谷	夯贡（此处"夯"为"冲"意，即为峡谷冲边）
3	高（格）	gheul	山	汉营山（gheul yinx zhal）、雷劈山（gheul sob sheit）、格差、格途、格不去、高儿（该村地处山顶上）
4	吉	zeux	坳、山脊、山梁	吉豆坳
5	叭（坝）	bleat	悬崖	汉营山悬崖（bleat gheul tiod）、叭歌、坝凳寨
6	吉	jib	地方、处所	吉首、吉信、吉卫
7	斋	cheid	寨	斋叭（岩壁下的寨子）
8	补	boud	坡	补抽、补沙
9	务（禾、窝、卧、吾、五）	ub	水、湖、河	高务、窝勺、五梭、卧大召、排吾、板当禾
10	库	khud	洞、穴、坑	禾库、董马库
11	董（东）	dongs	洼地、盆地、坝子、山谷	董马库、禾东
12	早	zeux	山脊、山梁	早岗、早齐
13	增	nzent	坟墓	帮增（坟坡的意思）
14	苗	mlob	青色，很抽象的颜色分类。同五行中的五色青、赤、黄、白、黑中的青色。也可作蓝色解	禾苗（ub mlob）
15	腊（拉）	las	田	斗腊（长田边）、排腊光（该村在多长有野葱的田坪子里）、夯腊（该村在有田的山冲里）
16	肉（柔、儿）	roub	岩石	各柔、柔西
17	豆（杜、鲁）	doub	泥土、土壤	追高鲁（该村后山上旱土连片）、豆往（该村在似撮箕形的土坪里）
18	重	ncongb	陡峭	重武（"武"为"水"意，即为山势陡峭且溪水流经之地。
19	故	gud	斗笠	高故闹（"闹"为"脚"意，即为此村位于形象斗笠的山脚下）
20	闹	hlaob	脚	同"高故闹"

5.1.2 东部方言区苗族传统聚落类型及分布规律

本书以实地调查为基础，对样本苗寨所处的自然环境、朝向及地形处理方式、田亩关系以及主要功能面向等进行考察。以“与山体关系”“与水体关系”以及“主要功能偏向”将村寨分作三个大类，分别是“依山型”“滨水型”以及“复合功能主导型”。然后再依次按照具体标准划分小类。在符合科学性要求的前提下，更好地观察苗民生活状态与不同自然环境相适应所带来的聚落形态分化，结合人文历史因素解析苗族聚落与生活模式的演化进程(图 5-1)。

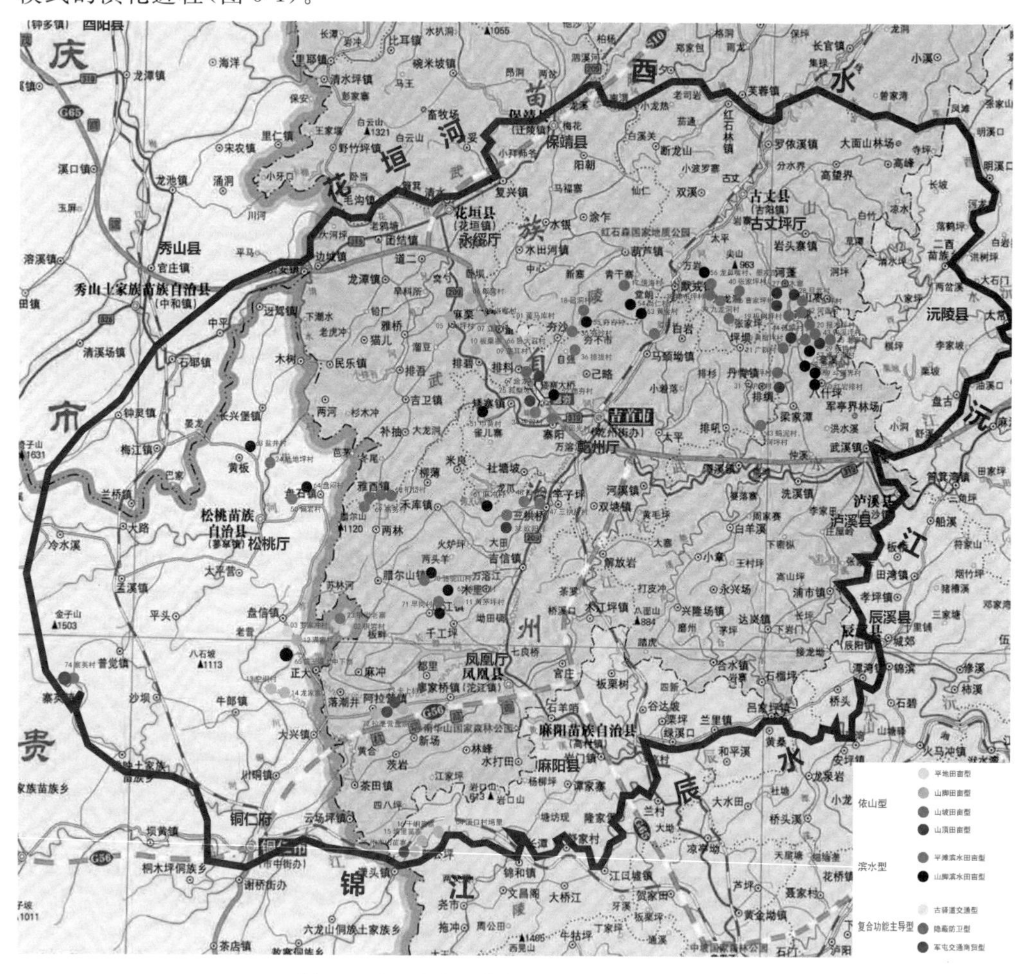

图 5-1 东部方言区苗族传统聚落类型分布示意

1. 依山型村寨

对于复杂多变的地形条件，苗族聚落具有很强的适应性，也逐渐成为族群分化的特征体现。比如所谓“纯苗”(民族性仍保留较多的群体)多居住在海拔较高的山坡、山顶，其生存状态仍接近于“传统”。居于平地或山脚，能“从容”耕作的苗族是经过“编户齐民”“熟化”“民族交融”程度较高的群体。根据择址与山体的相对位置，将聚落分作“平地”“山脚”“山坡”“山顶”四小类(图 5-2—图 5-5)，通过分类，发现择址分类与生活模式、族群类别之间的对应关系及其规律性。

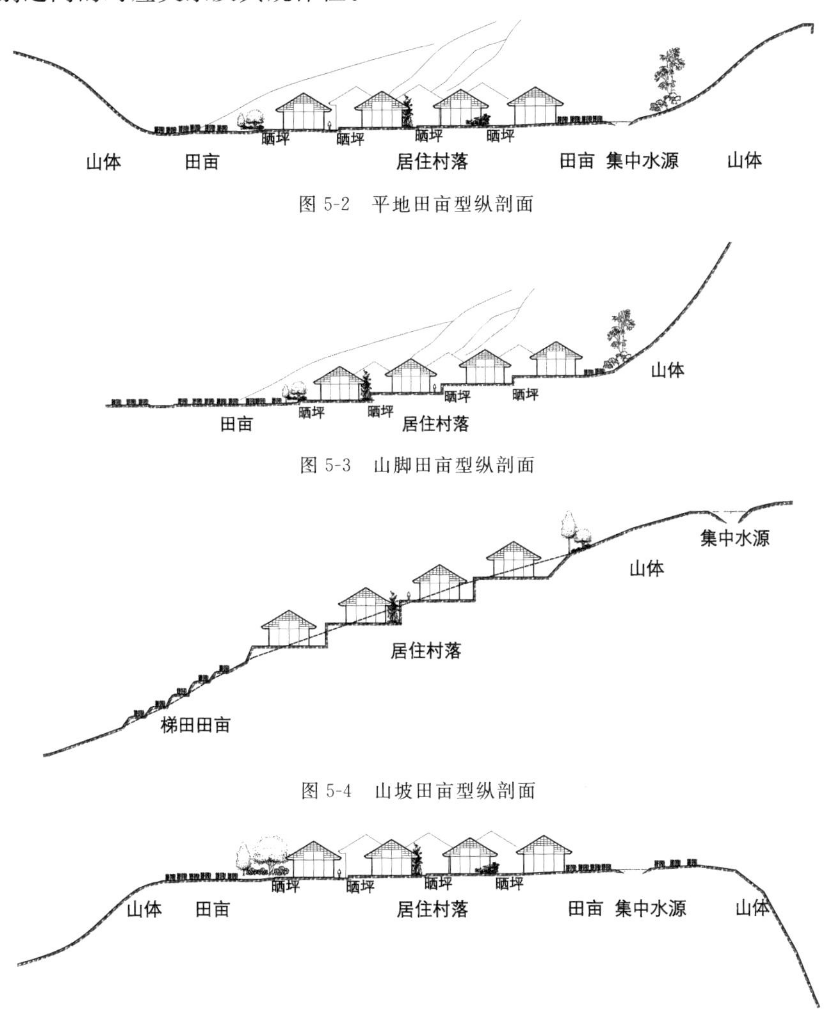

图 5-2　平地田亩型纵剖面

图 5-3　山脚田亩型纵剖面

图 5-4　山坡田亩型纵剖面

图 5-5　山顶田亩型纵剖面

1）平地型

即村寨对山体的依存度较小，规划布局受到山体影响较为有限。在山体边界的民居建筑可能会作朝向上的调整，但村寨主体仍以平地的水田耕作为主导因素，民居建筑群基本处于坡度极缓的平坦土地上，村内高差不甚明显，山体也基本上不需人为处理。

纵观东部方言区的苗族村寨，平地型村寨的分布情况具有典型性和集中性，如在“古苗疆”外围的“编户齐民”区或民族交融程度较高的丘陵区域（图5-6），或处于武陵山脉若干平行山体之间较广阔的平原带上（图5-7）。总之在保证充足水源方便耕作的前提下，在山体起伏度较大的区域择相对大块的平缓之处立寨，也间接表达了对生活稳定性的追求。比如凤凰县落潮井乡铜岩村（图5-8）位于腊尔山台地西侧切割面外边缘，靠近贵州松桃连续性缓坡丘陵带，其地形面貌已与台地纵深基本不同。铜岩村立于平地田亩之中，濒临集中水源以取灌溉之利，以中心发散的方式向外扩散至山体边缘，村寨整体朝向正东而不向南方，房舍间距较近且未见湘西苗寨多见的户前晒坪，说明铜岩村仍受到周边山形影响，为保证尽可能多地预留田地、避免增加立寨山坡的麻烦，只有牺牲朝向与压缩房舍间距。

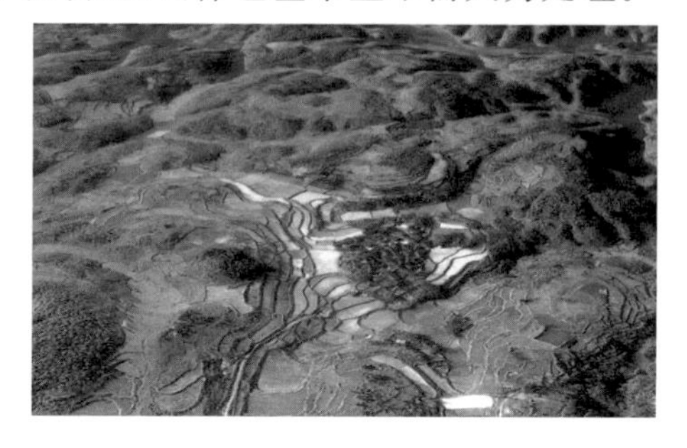

图5-6　凤凰县落潮井乡铜岩村附近丘陵地形图

图5-7　花垣县山脉间平原

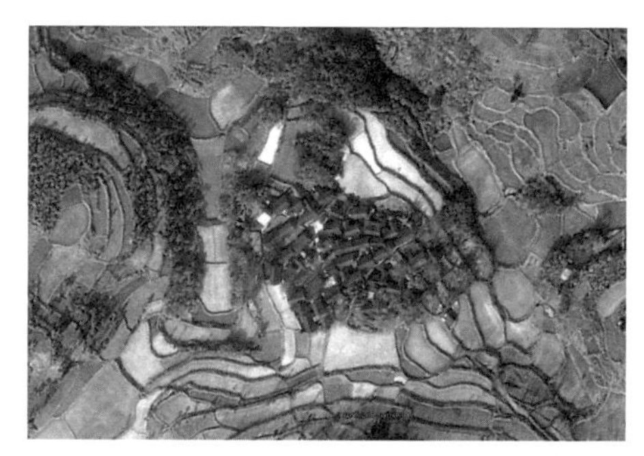

图5-8　铜岩村总平面

2）山脚型

山脚型村寨一般选择地势平坦、高差变化较小的山脚区域依山建寨，预留大片平地作为耕田并不首先考虑村寨朝向。村寨主要受到山体边界高差和山势走向的影响作出整体性调整，但对山体的改造较为有限。以形成机制来看，这类村寨的类型大体上有两种：

第一种以花垣县卜如坪村、略坝村、立新村、老寨村等苗寨为例，均处于武陵山脉（东北—西南走向）西侧，面向广袤的花垣县平原，以取得“背山面田”的立寨状态

(图5-9—图5-11)。从更大尺度来看,此区域连续性山体中的若干平原各自独立不相干扰,因此村寨间的排列常常线性同质,即与山体、水源、田亩、道路的关系具有同构特征。这也能说明该区域苗寨对生存环境的因应策略具有高度相似性,可以归为同一类型。同时,多数村落在保证水源之便与田亩规模的前提下,

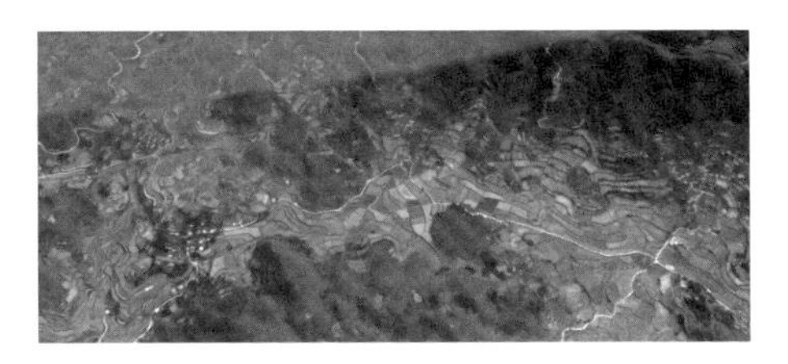

图5-9　花垣县山脚线性同质村寨分布

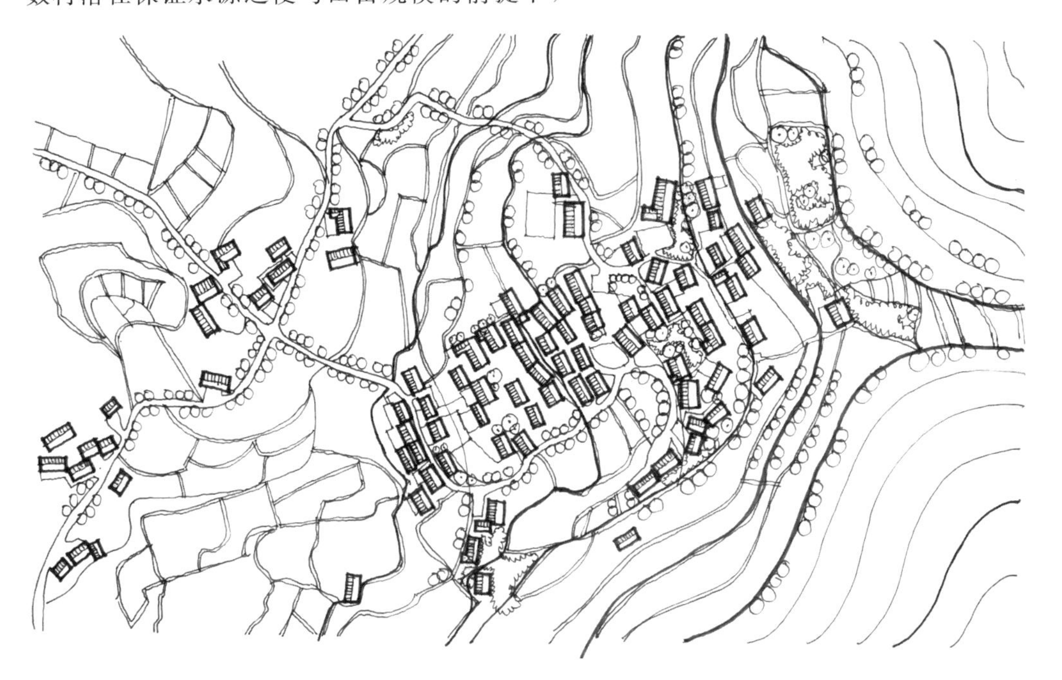

图5-10　花垣县麻栗场镇老寨村总平面

还尽量选择山坳环抱、面朝空旷视界的"吉地"立寨,表达出"风水观念"的倾向。因面朝平原地带,耕田面积又得以保证,因此房屋间距可以拉开,这样每户均有较大的晒坪与入户空间。村寨主要保持对山势走向的契合,且往往只受到单侧山体的影响,对朝向并无直接反馈。

第二种主要集中在腊尔山台地西部和南部外围连续性丘陵地带,包括松桃和麻阳两县的部分区域。由于处于丘陵地带,可供村落择址的范围与边界均十分随机。为寻求更多的生存空间,苗人立寨的首要考虑往往要倾向于如何随山势而建,而非房屋间距和朝向。将平地尽可能留出作为水田耕地,村寨则形成以各自山体为依托的若干自然组团,形成多簇式。比如松桃县正大乡的满家村(图5-12)和罗家冲,处于两三个小型山

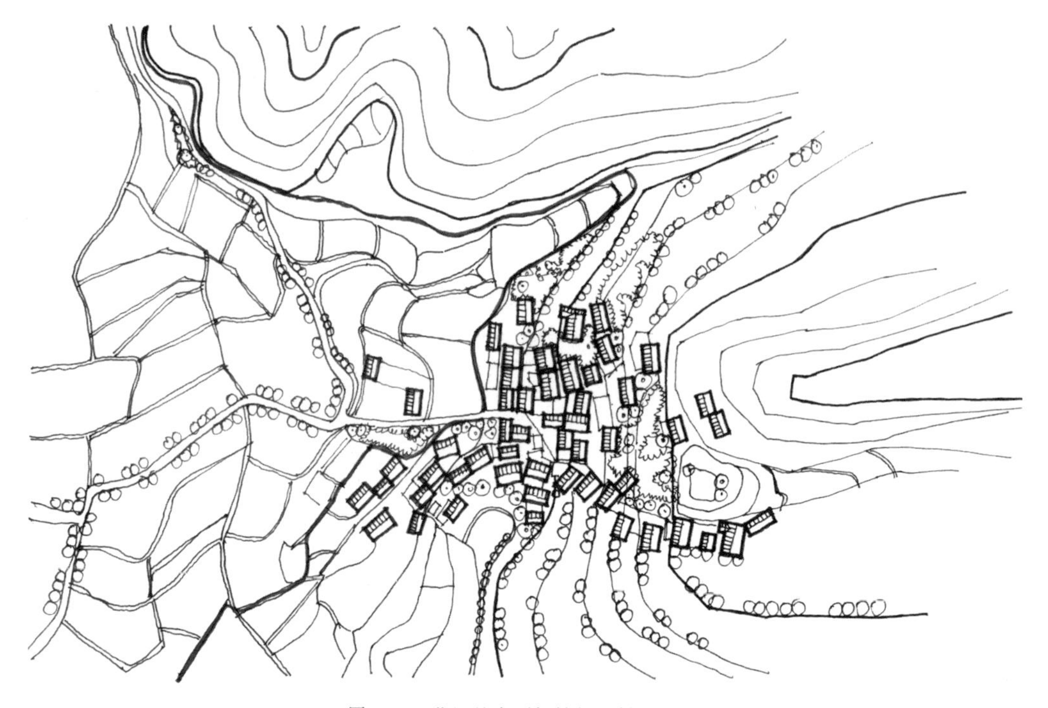

图 5-11　花垣县麻栗场镇板凳村总平面

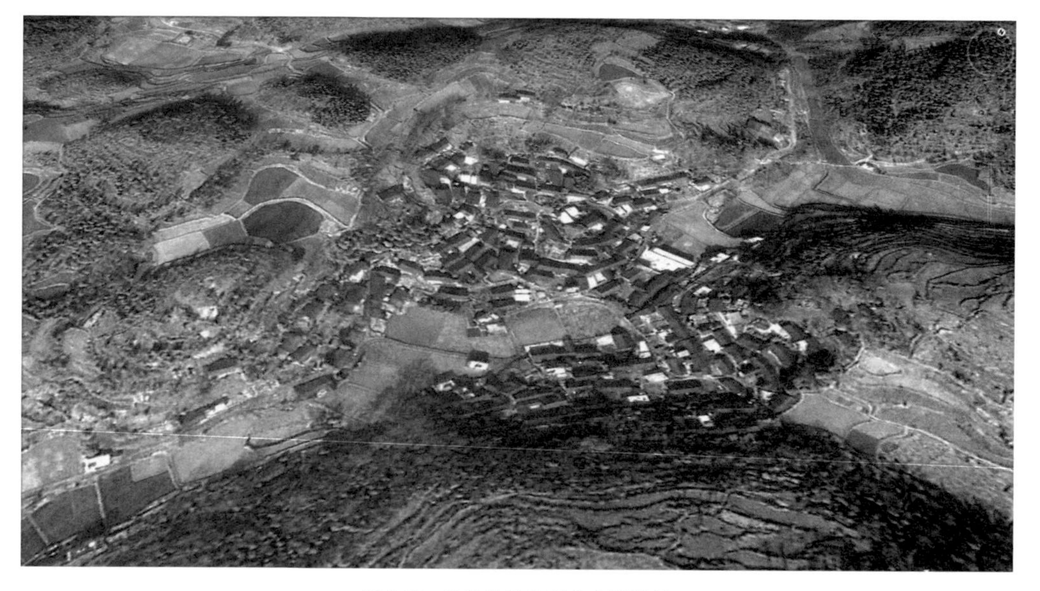

图 5-12　松桃自治县正大乡满家村

体的包围中，村寨建筑多顺应地势沿山坡发展，中间平坦处则开辟成共同耕作的水田。房舍布局融于山体，形态受到多个地形界面的多方向影响。民居间距得到人为控制，晒坪也明显减少或变小。从海拔上看，此类村落分布普遍比第一种类型高，因此气温较低、日照时数较少，湿度也较大，这也应是房屋间距小、晒坪减少的因素。

3）山坡型

在连续性山脉条件下，除了河谷地带，基本没有平地可以作大面积耕种或居住。因此苗民会在集中水源或溪流旁、地势相对平缓起伏度不大的山坡（一般为南坡）择址建寨、开辟梯田。此类村寨对山体常有较为明显的改造，但其土壤较为丰富，土质也易于开辟，山形平滑，故而工程量并非不可承受。建筑样式也与平地型、山脚型基本一致，多为“一楼一底”的平座屋。在武陵山脉东北古丈段的高望界地区、保靖县苗族“祖山”吕洞大山地区、松桃自治县梵净山西段都大量存在这样的情况，海拔高度则相比山脚型村寨而言还较低。

比如吉首市排绸乡清水坪村、老寨村就十分典型，位于东南坡上，一个接近山脚、一个接近山顶，都融于山体平行等高线顺次发展（图5-13）。所在整个山坡都被改造为梯田，受光照条件极好。

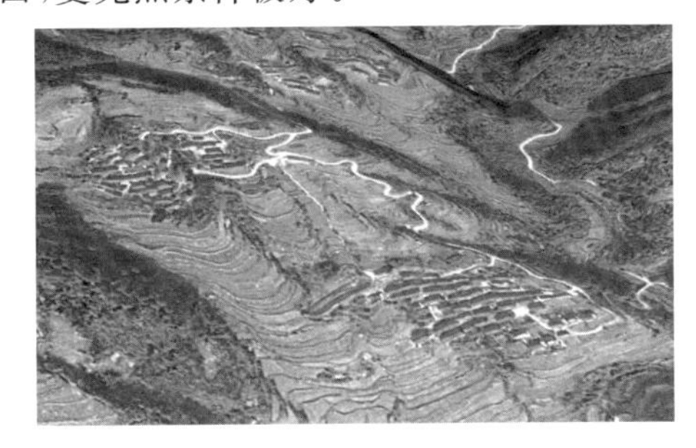

图5-13　吉首市排绸乡清水坪村、老寨村

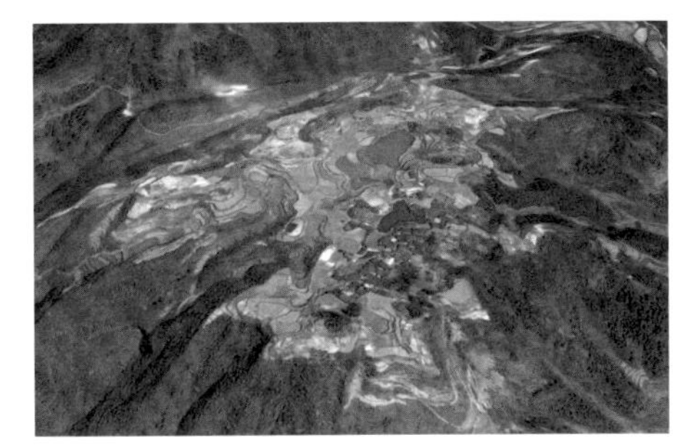

图5-14　吉首市寨阳乡莪梨坡村

4）山顶型

武陵山脉凤凰段的腊尔山台地区域与花垣、古丈、保靖一线连续褶皱的断块边缘，形成弧形构造山地及小块山间盆地。尽管大的地质地貌不相一致，且海拔高度、气候气温差别较大（如腊尔山地区地名因台地多常以“台区”见称，海拔较高，气候凉爽甚至有极寒；而古丈保靖一带的高望界地区丘陵连绵逐渐向沅麻盆地过渡，既有干流低山平滩部分，也有丘陵谷地，海拔较低，气候比较湿热），但山顶也多会出现大面积平原台地，因此苗民也会在山顶开辟田亩兼而居住，但多表现出“居住避让田亩”的趋势。

例如吉首市寨阳乡的莪梨坡村就非常具有典型性（图5-14），在四周山体切割程度较高的情况下，山顶有非常广阔的平台区，并且还有一大一小两处固定水源，由此村寨得以十分舒展地建立在平坦处，整体面南偏西，基本没有山体地形的束缚。村寨建筑群位于平台东南一角邻近小块水源处，选择将大块水源周边全部留出作为耕田。另外古丈县坪坝乡的曹家坪村和榔木寨表达出更为强烈的“居住避让田亩”的倾向。如同该处地名“坪坝”，这里的山顶台地更为巨大，但曹家坪的两个自然寨和榔木寨都选择了远离集中水源，建寨在台地边缘甚至接近山坡处，将水源及其周边广袤的平坦处作为耕地。在这种情况下，房屋间距较小，并非每户都有入口空间和晒坪。

2. 滨水型村寨

在条件允许的情况下，水源自然是立寨时的重要考虑因素。对于活跃在武陵山区丰富水系间的苗族来说，由于历史原因，早已栖身于山涧、溪谷、台地中，故而有“五溪蛮”的旧称。但类似侗族、土家族或汉族那样“安稳”居于水边、开辟田亩，既得饮水之利，又得灌溉之便，却非常见。

苗疆之内对水源的开辟方式十分多样，既有溪涧流水，又有“山上井泉”这样大小不一的固定水源，而立寨方式与村寨布局也会因水源类别作出相应的调整。根据苗族聚落择址与水系、稻作的关系，滨水型聚落大体可以分作“平滩滨水田亩型”和“山脚滨水田亩型”两小类(图 5-15、图 5-16)。通过这样的分类方式，可以有效区分不同苗族群落对水源利用方式和对耕作田亩的策略差异，进而了解各区域苗民基于耕种资源利用对择址取舍的考量。

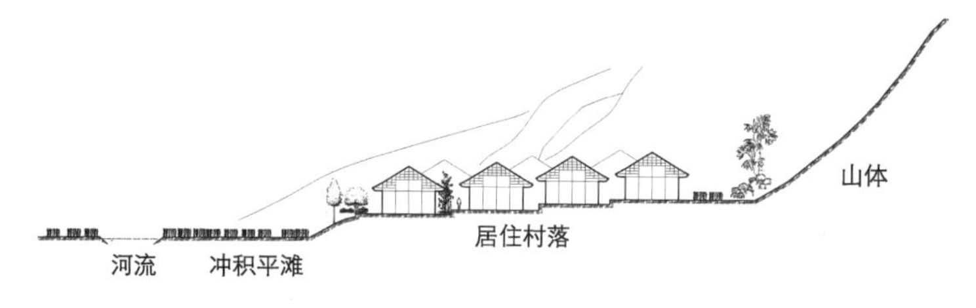

图 5-15　平滩滨水田亩型纵剖面

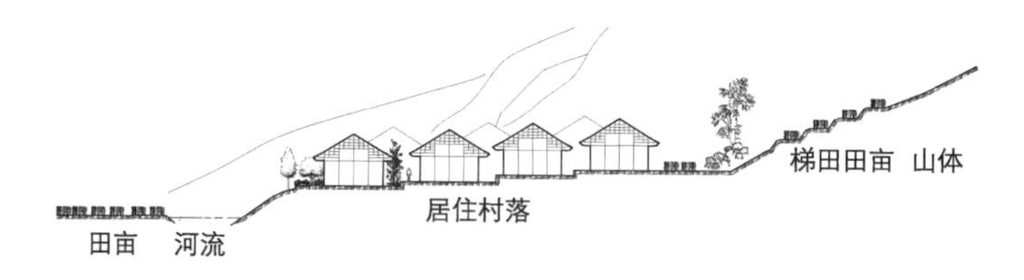

图 5-16　山脚滨水田亩型

1) 平滩滨水田亩型

在苗疆南端凤凰县三拱桥镇引出的泡水河谷(东西走向)、吉首市寨阳乡引出的峒河—洽比河—吕洞河—夯吉河—两岔河(南北走向)、古丈墨戎龙鼻河(东西走向)—河蓬河—丹青河(南北走向)以及西溪河流域(南北走向)等都是湘西苗疆典型的河谷冲积平滩，周边散布着不少苗族村寨。这些村寨往往利用河谷冲积土壤作为耕田，在靠近山体的部分设寨，把更多平坦之处留作生产，因此这种类型的聚落形态上与山体保持着一种弱联系，但与水系、平滩保持着一种强联系。从大的空间次序来说，保持山体—村寨—平滩—水系这样的横向关系体现了苗民生活的“稳定性”一面。

比如十分典型的是吉首寨阳乡峒河—洽比河河谷一线，就具有上述代表性的空间意象(图 5-17)。如寨阳乡庄稼村就将村寨建在靠近山体的缓坡或平地上，将水边平滩尽可能多地预留出来。整个洽比河谷基本都是这种格局，甚至上溯到吕洞河区域，苗民都表达出了“逐水而居”，留平滩耕作的建寨思路。夯沙乡的夯沙村及排拔村虽然都尽量不改变地形，但依然选择了靠近山体横向展开，尽可能不占据平滩，而是将其留作耕地(图 5-18)。

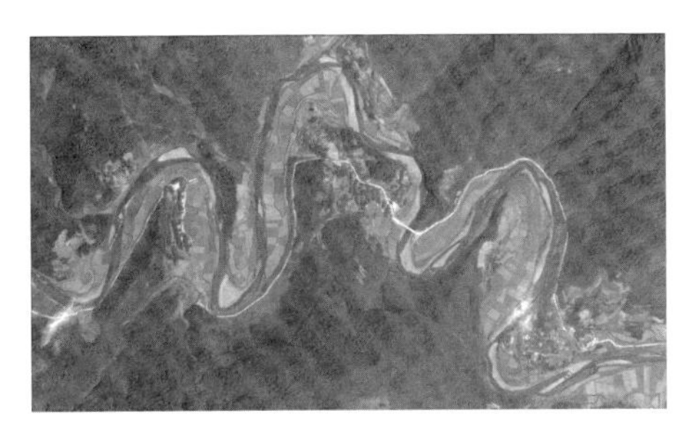

图 5-17　峒河—洽比河谷平滩滨水带

图 5-18　吕洞河谷前排拔村

图 5-19　龙鼻河—河蓬河—丹青河河谷

图 5-20　张家坪与河谷平滩之关系

而另一个情况是在海拔相对较低的古丈县、泸溪县、吉首市的龙鼻河—河蓬河—丹青河河谷地带(图 5-19)，河流弯道明显增多，冲积平滩的面积更大，可设寨的地方也更多。基于此，该区域村寨与田亩、水系的关系则显得更为多样。以古丈县坪坝乡张家坪村(图 5-20)为代表，村寨从山脚开始顺山势爬升，河谷内的平滩与水系在村寨对面横向排开，形成一种“平行关系”。坪坝乡官坪村处于河流弯道内侧，村寨少部分位于山脚、大部分位于平滩一侧，平滩的另一侧仍作田亩，形成一种“左右关系”(图 5-21)。吉首市排绸乡蚂泥村、河坪村则处于丹青河下游冲其河的一个接近180°反弯处，河流速度改变，地形十分特殊。此两村立于滨水旁，田亩选择以村落为中心往山坡发散，形成“环抱关系”(图5-22)。

图5-21　官坪村与田亩关系

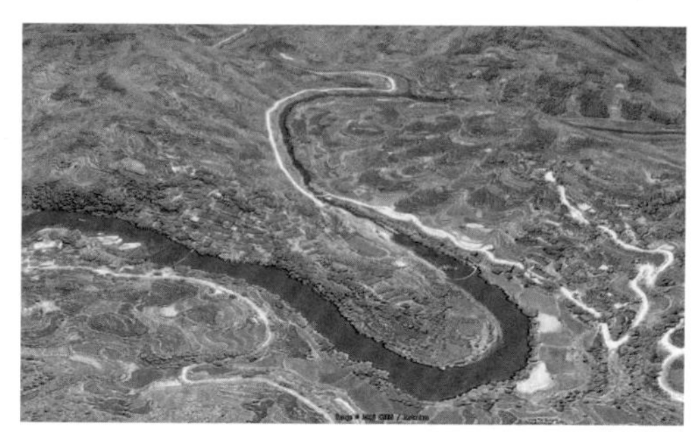
图5-22　蚂泥村、河坪村与水系平滩

2）山脚滨水田亩型

另一种滨水模式受限于地形，因缺少平滩这一冲积土壤提供稻作空间，水系之于村寨主要作取水之用，因此两者关系反而更为直接，田亩往往以梯田方式设在村寨左右或山坡较缓处。三者关系呈现出“水系-村寨”及“村寨-田亩”这样的双重联系。

在东部方言区，松桃自治县和凤凰县山江镇的部分村寨海拔较高，其中松桃的苗王城村上、中、下三个自然寨分别位于泡舟河三个连续90°反弯处(图5-23)，因大多数临水地段坡度较陡，无法预留平滩作田，因此建筑滨水从山脚而建，大面积耕地处于村寨外围，总体呈现村寨“临水而聚，田亩在外”的状态。凤凰县山江镇得胜坡村位于丘陵山脚(图5-24)，村寨环绕田地，同时与山江水库保持一定的滨水距离。这种因地制宜的疏离感建立在对不同地势、水体规模与方位的综合考虑上。

图5-23　松桃苗王城上中下三寨

图5-24　凤凰得胜坡与山江水库

进一步判断，此类村寨与水源的亲疏关系不同，正体现了其对特定地域环境的不同因应对策。比如古丈墨戎苗寨处于低海拔龙鼻河河谷地带，气候湿热，因此选址朝向考虑在南坡并朝谷中，以利于穿谷风加速流过，又因山体坡度制约，寨前没有大面积平滩，故而只有将平坦田地放在龙鼻河对岸，其余以梯田的方式开辟在山体较高处，虽可偶尔借助地表径流，但取水灌溉并没有那样方便(图 5-25)。

图 5-25　龙鼻嘴村与水系、田亩

3. 复合功能主导型村寨

湘西苗疆情势历来复杂，苗族、汉族、土家族、瓦乡人等杂处情况在其边界十分普遍，加之地理环境多样，气候多变，尤以清中叶之后的军屯防务以及塘汛的逐步设立，形成了许多功能复合型据点。这些据点附近的村落有着不同的功能面向，比如交通型、防卫型、商贸型等，有的则在苗疆边界形成了集镇，有的则在较长一段时间内依托清代屯防而成为区域化政治、经济中心。

这种功能面向多变的情况在苗族聚落研究中不可忽视，既是过往历史的活态证据，又是苗寨类型多样性的重要组成部分，完全可以借此较为全面地探知苗民在历史上的生存状况和聚居空间特征。

1) 古驿道交通及区域中心型

比如湘西州花垣县董马库乡的卧大召古苗寨(bid gheul，意为“山上”)就位于曾经的湘川古驿道上，作为附近几十个村寨的政治经济中心曾享有“小南京”的美名。村寨处于三面环山的平地之中，整体朝向东南，中间主体位于平地缓坡，是一大片相对低洼处，地名“窝峒”(ub dongs，意为“整个地形相对低洼处”)正是形象说明。因处古驿道重地，在村寨南、北、中、东四处分别建有古石桥(现仅保存两座)，古驿道及古石墙至今仍有部分遗迹尚存(图 5-26)。

图 5-26　卧大召村古驿道

苗族村寨成为古驿道及特定历史时期中的重要节点，这对村落组成结构与建筑面貌产生毋庸置疑的影响。军事上，19 世纪的卧大召村就出了两位正五品武官，一位是战功赫赫的守备龙在尉，一位是武德骑尉龙元魁。商贸上，村内曾有七家加工大米的水碾作坊，两家食用油料加工作坊以方便邻近村落。[①] 教育上，为响应清政府深度管理开发苗疆的政治意图，于 1808 年在此处开设“卧大召苗义学馆”。今天的卧大召村在村寨

---

① 村内轶事一是来自实地考察对村民石远文的口述采访，二是查阅自网络 http://blog.sina.com.cn/s/blog_7cb3b55d0100rvtd.html.

布局上就切实反映出这样的功能复合型和“居住层级”，西北侧山坡靠近护寨树及祭祀场所的地方(图 5-27)，正是“武官”“地主乡绅”的故居(图 5-28)，房屋尺度略大，多以木板或砖石山墙作围护材料。低洼处则为大量的木骨泥编墙的一般居所，期间还有些许田亩，对比鲜明。

图 5-27　卧大召村祭祀场所

图 5-28　卧大召乡绅故居正面

2）军屯防卫

有关“红苗强悍、凭险蟠结”的描述多见于清代文献，如段汝霖的《楚南苗志・楚、黔、蜀三省接壤苗人巢穴总图说》就对湘西苗民的活动区域进行了记录，进而又说：“虽有花苗、黑苗诸种类，而红苗最属强悍，户口极繁。永绥一厅，适居苗地之中，而所辖尽红苗也。其尤险要者，则有所谓蜡(笔者注：今多写作“腊”)尔深山。……其山，在湖南永绥厅治西南，距城二十余里。山东北属永绥(今花垣)，稍南属凤凰厅，西属贵州铜仁府松桃厅，北界四川酉阳州秀山县。东西可二百里，南北百二十里，横亘苗中，历为苗人蟠结之薮。又天星寨，一名天星囤，高出云表，四周削壁，一径可登，在凤凰厅境。”①文献还记录了明代嘉靖、清代康熙年间对此地的若干次进兵征剿，并强调了腊尔山台地外围设汛对于苗疆管理的重要性。直至其后的乾嘉起义，苗人石三保、吴八月攻永绥、乾州(今吉首)、凤凰，向麻阳、辰溪、泸溪三县挺进②。随后，引得云贵总督福康安、四川总督和琳率官兵进剿，苗民只有退守腊尔山层层设防。

战争对苗民居所和村寨造成打击，进一步加速了苗疆“生”与“熟”的分化。清廷在腊尔山外围设塘汛的同时，汉族“客民”趁势沿喜鹊营(古丈龙鼻嘴附近)—乾州厅(吉首市)—凤凰厅—铜仁府边墙外围“蚕食”苗疆聚居区③。而对于村寨的直接毁灭体现在：第一阶段是清廷福康安的焚烧政策，官兵往往攻下所谓“逆苗”村庄。第二阶段则是苗民之间内部分裂造成的相互攻击，如苗族起义军首领之一石代噶被俘后供称：“只得回

① 段汝霖，谢华．楚南苗志・湘西土司辑略[M]．伍新福，点校．长沙：岳麓书社，2008：32.

② 李廷贵，张山，周光大．苗族历史与文化[M]．北京：中央民族大学出版社，1996：58.

③ 谭必友．清代湘西苗疆多民族社区的近代重构[M]．北京：民族出版社，2007：95.

来，寨子烧了，又没处居住……邀集六里地方各寨苗子，到处烧抢，不过抢得附近降苗寨里的东西。”①

因此出于军屯防务或防匪患考虑，保存至今且具有典型防卫特征的村寨多集中在腊尔山台地的北端花垣县雅酉镇（义军长期据守之地），以及凤凰县腊尔山镇或山江镇（腊尔山台地深处、乌巢河畔为福康安病死之地）、麻阳郭公坪川硐的部分区域。这些区域中的苗寨状况多半与历史事件可以强有力地对应起来，但村寨各自防守的策略与田亩、居住空间的结合方式却各不相同：比如花垣县排料乡金龙村（图5-29）选址于绝壁之上，仅有一条主路连通外界，背转山头即不见村寨踪影，是十分理想的隐藏基址。

图5-29 金龙村设寨之处

与此不同的是凤凰县腊尔山镇骆驼山村（图5-30）和山江镇早岗寨（图5-31），前者临乌巢河，藏于腊尔山台地中两个山脉的围合部分，进村的路线比较曲折，整个村寨隐藏在山坳中，只有到村寨对面的高山上才能隐约看到村落一角。滨水平滩延伸至山沟均被处理成田地，河之上立有单券古桥一座，桥旁遗有一个大石碾，应是方便村民加工米粮所用，大概可作村民生活尚自给自足的佐证。后者则选择躲避在腊尔山连续性丘陵围合地带中，濒临山江水库，仅有一条较远的山路通达外界。村寨的布局依托丘陵山体，形成若干个组团，建筑分布与山体走势高度契合，布局也十分灵活多变，蜿蜒曲折的“多路径”街巷始终伴随着住屋的布局发散，但其尺度设置却往往显得较为逼仄，寨内石板路勉强只能供两人侧行，力求道路正对着的往往都是一面石墙。这就使得村寨空间的围合感和防御感极强。

① 参见：谭必友．清代湘西苗疆多民族社区的近代重构[M]．北京：民族出版社，2007：107．

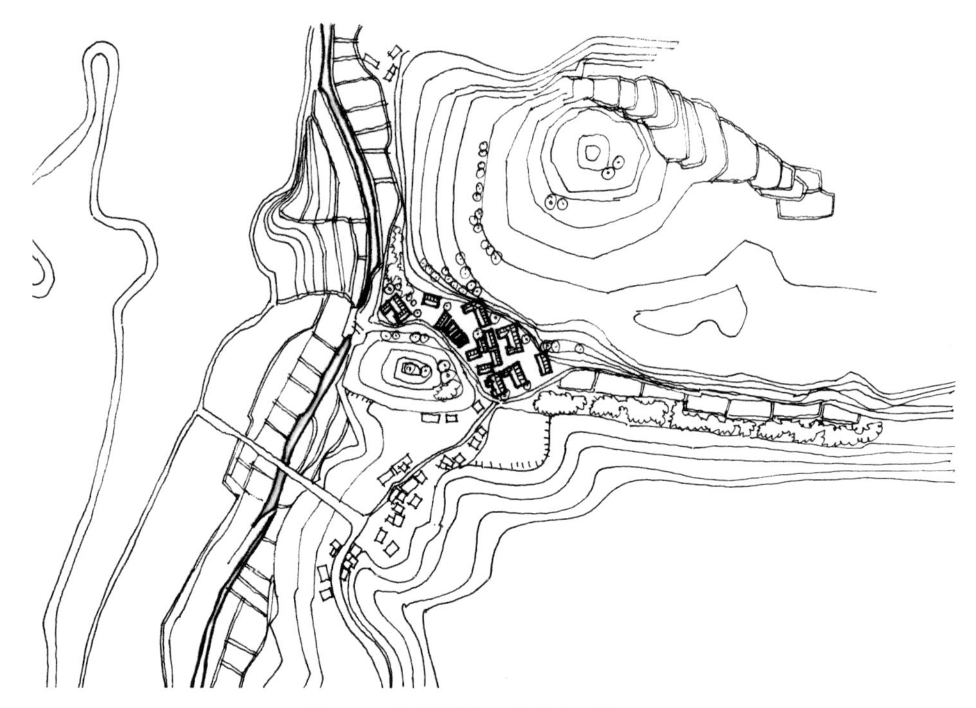

图 5-30　凤凰县腊尔山镇骆驼山村总平面

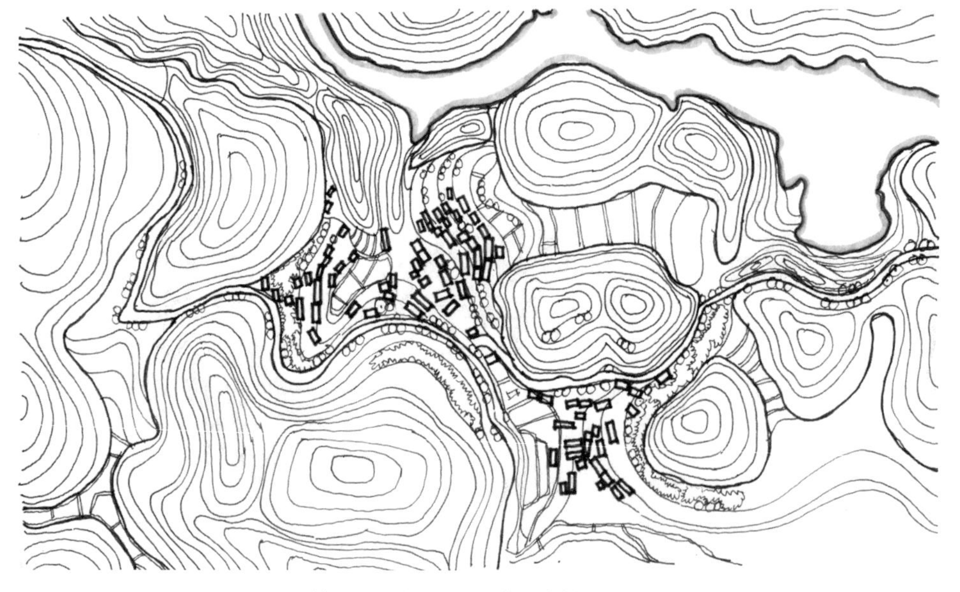

图 5-31　凤凰县山江镇早岗村总平面

村寨建筑材料的选择除了就地取材，在一定程度上也加强了凸显防守功能的封闭感：基层和墙脚用碎石砌筑，上部屋身用土坯砖围护，明间正面有用木板和夯土砖两种。另一种情况是建筑山墙大半或全部用石砌，上部及正背面依然用夯土砖围护，这应是由材料的获取方便程度决定。

与这些依靠不同地形，寻求被动式隐藏效果的村寨不同，花垣县雅西镇的扪岱村（图 5-32）和高务村主要是通过强化村内街巷的多路径设置、房屋材料的封闭性营造以及利用山坡山形来营造其内部的防卫性。

图 5-32　雅西扪岱村道路及房屋材质

3）商贸转型

随着中央政权更为深入地在苗疆进行社区化开发，作为弹性边界的苗疆外围还逐渐形成了若干功能复合型村寨，其功能常为转运各民族物资、服务军屯、提供商贸业务等。比较典型的是黔东北松桃寨英镇寨英古村，就位于梵净山东南麓苗疆边缘丘陵环绕的平坦处，寨英河（小江河）从村边流过。作为辰水之源的最后端头，寨英村可谓水陆两通，早期为苗人聚居，后来军屯在此设立，成为早年间的军需物资转运地。

由于尽享交通之便，又远离苗疆深处，寨英村故而成为区域性的商贸集镇、苗疆边墙外围的经济中心。其建筑群融合居住、商业、交通、防御功能，既有民居、商铺，还有汉族的湖南会馆与江西会馆。最具特色的是，寨英村里多有以苗族穿斗构架结合汉族合院的建筑类型，就像湖南洪江窨子屋中徽派合院与侗族构架相组合的特殊方式一样，也是民族文化融合的典范（图 5-33）。在规划方面，寨英村尤为重视对水运交通的利用与空间组织，从主要街道延伸出众多相互平行、直通码头的次级道路，巧妙地增加了与水路接触的交通面，更凸显了村寨所具备的商贸功能属性。

位于凤凰县都里乡的拉毫营盘寨以及麻阳县郭公坪乡枹木山村等，都位于湘黔边境所谓传统“生苗”界的外围。根据福康安的奏折，这些具有关键战略地位的区域在乾嘉之际就已经为朝廷所占领，经过苦心经营成为接济军屯的交通型据点（图 5-34）。在取得稳定居住条件下，建筑的空间格局形成以主屋、吊脚楼侧屋以及院墙组成的合院类型（图 5-35）。其防守性主要体现为院落空间的内闭性及入口处观察哨及射击孔的设置（图 5-36）。而在室内生活空间中，苗族所特有的火塘、祭祀方式等都已无踪影，当地苗民基本上也早已不再使用苗语交流。

图 5-33 寨英古镇典型合院

图 5-34 麻阳郭公坪九寨坡寨墙军事遗址

图 5-35 枹木山村典型合院

图 5-36 枹木山村典型射击口

5.1.3 东部方言区苗族聚落类型分布特征

总览东部苗族聚落的类型分布，大致能得出以下初步结论。

第一，从宏观上讲，东部方言区苗族传统聚落的类型分布在空间上是有其规律可循的。花垣县东南至麻栗场、排料一线多为依山型，且为平地或山脚型低位居住，这是因为该区域贴近武陵山脉切割边缘，往贵州方向形成一个范围不小的盆地地形。

自吉首市峒河一洽比河上溯至保靖县吕洞大山的夯沙、夯吉一线多为水系冲积平滩，可称为“西线”。自古丈县墨戎苗寨开始，龙鼻河至河蓬河、丹青河、酉溪等丰富水系可称为“东线”。西线水系流量与河谷宽度较大且均匀，形成的冲积平滩比较均质，而且多有连续，面积也较为可观，水流弯道也明显比东线少，水流速度也缓得多。因此，在西线水系旁有利于村寨建立，但其结果则是模式较为单一，基本上为平滩或山脚滨水田亩型，空间形态上主要强调与水源的密切关系。而东线情况不同，其水流及形成的冲积平滩因山势不均、弯道较多、水速较急，因此冲积平滩并不连续，大小也很不一致。但此处山脉比较连续，存在大面积南向缓坡，因此在东线水系旁的村寨往往存在平滩、山脚等低位滨水和山坡、山顶的高位依山田亩等多样类型。

至于松桃正大乡至麻阳郭公坪一线处于腊尔山台地大幅度切割面外围，属于较为典型的分散性丘陵，在丘陵围合处容易形成适宜耕作的平地。因此该区域聚落多为山脚田亩型。复合功能型聚落主要集中在腊尔山北段至腹地以及南段与贵州交接处，这些区域恰恰都是历史上"生苗"(红苗)活动范围以及军屯、商路通道要地，与迄清以来的重大历史事件大致可以对应起来。

第二，东部方言区的山体形态、水文情况以及冲积土壤的分布作为自然环境要素的确是立寨的先决限制条件，在寻求因对策略时，各区域苗寨表现出了较为一致的模式，在地理环境发生细微差别的情况下，聚落布局也作出较为"精密"的调适。比如在日照相对充足、地势更为平缓的花垣县，部分村落采用拉大建筑间距的方式获得更多的晒坪空间和日照。而日照相对较少、海拔较高、可能出现极寒天气的腊尔山周围村落，虽处于台地地形，但建筑群往往对山体的契合程度更高，房屋间距和晒坪大小明显减少。

第三，聚落类型的分布状况虽然与山体水系的走向较为契合，并呈现规律性的一面。但对于史称的苗族"生熟"界别也是存在对应关系的，同时与祭祀信仰的"香脚类别"也存在一定的内在联系。比如湘西东北部的古丈丘陵至南部的麻阳县在历史上属于"生苗界"外围，正是早期土家族人、瓦乡人、客家人(汉人)长期杂居且官府"编户齐民"工作展开较为完善的"民族边界"。这些地方的苗民多信仰盘瓠文化，居住地所处海拔较低，水系丰富、日照充足、土壤保水性与肥力较强，农耕田亩面积数量也较多，因此村寨的营造方式也处处体现着对农耕生活稳定性的追求，这一点较之深居海拔较高山脉的"生苗"大为不同。因此可以说东部方言区各苗族支系的生存境遇差异在聚落类型分布规律中可以得到较为充分的体现。

5.2　苗语中部方言区

以东部方言区作为参照，中部方言区的聚落类型及其分布规律显著不同。

首先，从生存环境、地形水文差异来看，中部方言区山势山形、水系情况总体上与东部差异明显，丘陵山体十分连续且绝对高度、坡度均大于湘西苗地，山顶横向虽也常有切割但获得的台地较少。如高原、山地、丘陵、坝子及河谷阶地等地形要素分布十分密集且复杂多样，沟谷及地表径流繁多，还有大量岩溶暗河，密织的水网交错作用，属典型可塑性侵蚀地貌及各种喀斯特地形，水土极易流失。因此该区域村寨形态与建筑接地策略都与东部方言区有着较大不同，干栏、半干栏、一楼一底的平座屋等建筑类型大体依雷公山腹地地势依次向外展开，但这也使得聚落布局策略在地理分布上具有较强的多样性，与东部方言区聚落类型的“区域典型性”分布迥异，总体上表现出各种类型的聚集密度较为“均匀化”，这事实上可以理解为村寨对山形、水体具有更强的依存度。从聚落的形态呈现来看，更具隐蔽性。

其次，从聚落功能类型来看，历史上因东部、中部两大苗区与中央政权接触的深度与方式、官厅的设置情况等不尽相同，加之山体水系作用差异显著，中部苗区被“熟化”区域沿“清水江”“都柳江”等水系线性展开在苗区边缘，非东部苗区靠近“土家族”“汉族”聚居地的“溪谷低山区”这样低海拔的成片区域。因此，以雷公山为核心的大片中部苗区主要还是以田亩耕作作为根本营生手段，其表达出来的功能面向相对单一，故而本书暂将中部苗区样本聚落分为“依山型”和“滨水型”两大类（图 5-37）。又因为此区域海拔较之东部更高，所居更险，客观原因下的“浅种薄收”使得“居住避让田亩”的倾向更甚东部。聚落布局与建筑择址十分显著地表达了这一倾向，建筑尽量靠近山崖或坡地，以干栏式的方式处理场地高差，将较为平坦之处留给田亩；该区域苗族习惯于将聚落建在田亩上方的山腰或山顶，以至于在黎平县大稼乡一带的苗侗混居区域，侗族在临水平坦

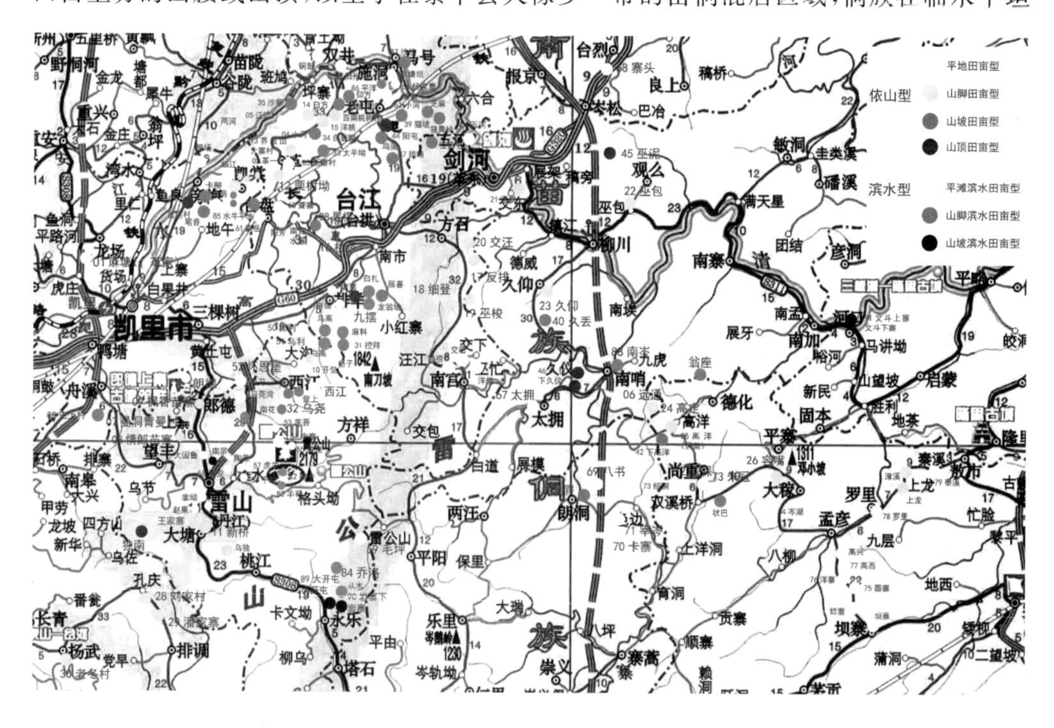

图 5-37　中部方言区苗族传统聚落类型分布示意

之处设寨(如绍洞、岑湖、器寨等),田亩在寨旁或较高处,紧邻的苗寨(如容嘴村)即便因“侗族化”在聚落中设置“萨坛”,但仍坚持传统,将村寨设在田亩之上的高处。

再次从族际关系来讲,该区域聚落类型分布虽呈现与水系、山势密切相关的一面,但仍可适度反映族际差别。比如“深苗”所在的雷公山腹地、台江剑河丘陵山脉地带,因山则为依山型、依水则为滨水型,分布虽较为随机、均匀,却真实反映着自然生境。而在黎平、榕江苗侗混居(侗族为主)区域,以及“熟化”程度较高的清水江台江段两岸,平地田亩型及滨水田亩型村寨占较高比例,这是民族生活文化交融后的结果。

综上所述,可以得到以下结论。苗族传统聚落作为地域文化的物质载体,因地理环境迥异和气候多变,使得聚落类型及其空间分布具有了多样性,但其在自然环境中长期选择得来的因应对策却取得了一种稳定性,从而形成区域特征,这一点在地理分布规律上可得到一定程度的反映。

东部方言区聚落类型分布较具规律性,大体呈现“中山台地区”与“平坝河谷区”分别对应“依山田亩型”与“滨水田亩型”这样的片状分区。而在腊尔山台地区域、“编户齐民”驻屯厅处,因商贸通道、战争屯防等战略目的形成多功能面向聚落。在水系和中间山地丘陵带交织处,苗寨类型较为多样化。另外,苗族聚落类型及规划策略与土家族显著不同,这与“民族边界”“生熟界”划分可能存在一定的重合关系。

苗语中部方言区的聚落类型及地理分布情况较为迥异。一是自然环境影响下的多样性村寨更显地理分布上的“均匀化”,体现了更强的山水依存度。二是聚落功能面向较为单一,主要以田亩耕作为根本生存手段,“居住避让田亩”的倾向更为明显。三是聚落类型分布与族际边界也存在一定的契合关系,对“田亩”与“山体水系”的关系处理策略,具有一定的民族识别性。

第6章　苗族传统建筑谱系类型与基质构成

6.1　苗族穿斗构架匠作术语解析

苗族民居多为穿斗构架，因适应生活演进，在不同区域常产生构架增减的情况，也反映出其结构体系自由灵活的特征。同时，各地工匠做法不一，构件长短、位置与关系等常常体现出较强的在地适应性。建筑各部分或各构件的术语名称也并无统一规范，成为一种工匠传承的“地域文化”，学界更无统一约定，比如李先逵仅列“五柱四瓜带夹柱”吊脚楼这一特定规格的纵向构件名称①，乔迅翔主要列举黔东南郎德上寨标准穿斗架构件名称②。其他学者则大多直接援引上述资料，存在一定局限性，无法涵盖实际的大多数情况。因此，在展开论述苗族传统民居特征之前，需要厘清苗居各部位、各构架的术语名词或命名规则，以方便指称和理解。

本章以各地工匠调查访谈成果为主要依据，再结合李先逵、乔迅翔、柳肃、杨慎初以及刘致平等人的调查与研究，作为佐证参考和补充，尝试对各地差异较大的苗居各部位、结构类型、构件名词含义及命名规则等方面进行统一解析与介绍（图6-1—图6-3）。需要说明的是，本节旨在较为全面地解析苗居结构体系构成逻辑，帮助理解、掌握苗居建筑概况，并非强调某一特定区域实际称谓的对错。

6.1.1　平面空间

1. 间架与步深

苗族民居正屋多为三间，五间也较常见。当地苗民和工匠多称中心一间为“堂屋”“中堂”“中间”，两侧为“卧房”“厨房”“两头”等。本书统一为：中间一间为明间，左右为次间（或左一右一），再外为稍间（或左二、右二）。有时也会出现二、四、六等偶数开间的情况，但仍会强调堂屋或火塘间的概念，因此以主入口正对火塘或中堂神龛的一间为明间；若出现楼上楼下中堂错位的情况，则应以生活层的主次关系结合开间尺寸为依据，

---

① 李先逵. 干栏式苗居建筑[M]. 北京：中国建筑工业出版社，2005：72.

② 乔迅翔. 黔东南苗居穿斗架技艺[J]. 建筑史，2014(2)：36.

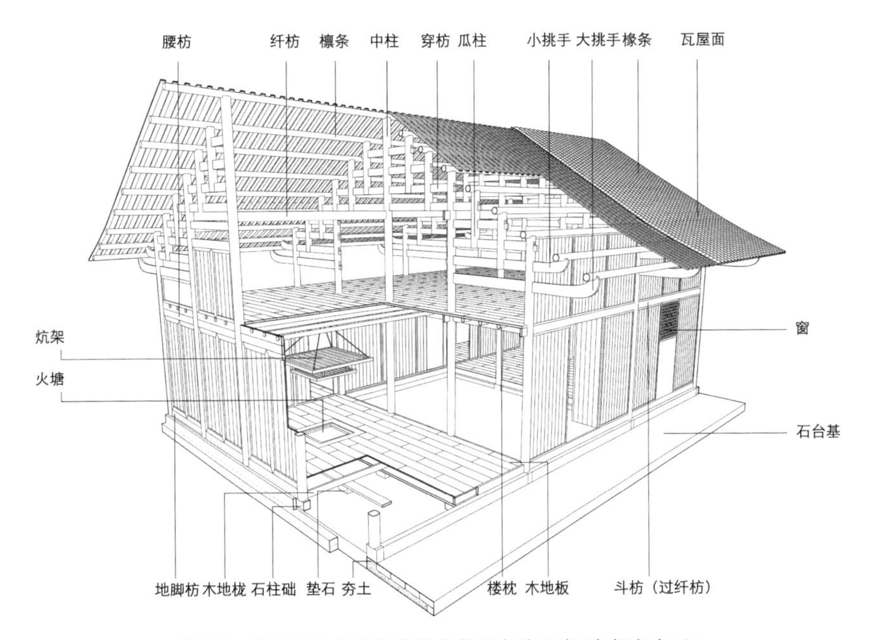

图 6-1　传统苗居各部位各构件典型名称示意(东部方言区)

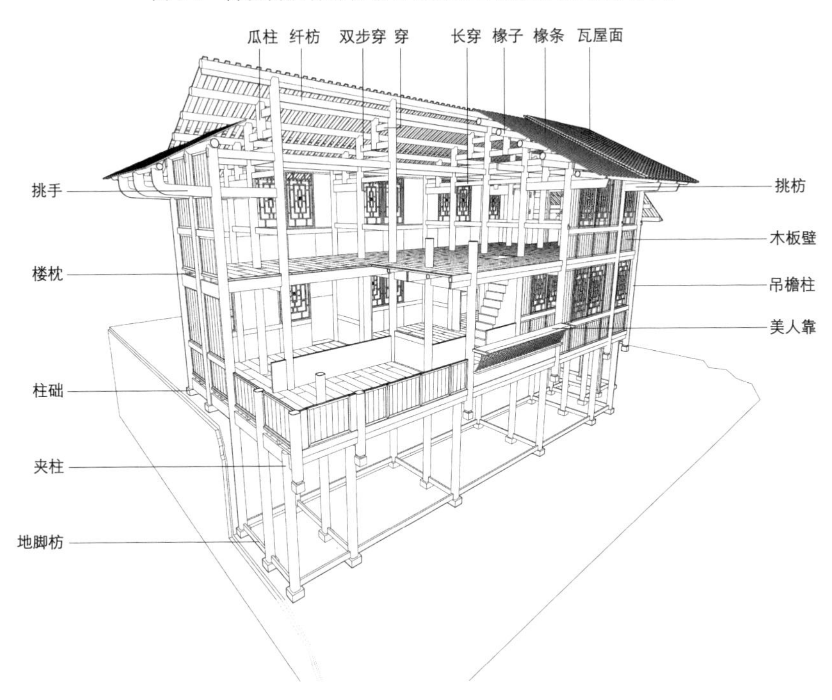

图 6-2　传统苗居各部位各构件典型名称示意(中部方言区)

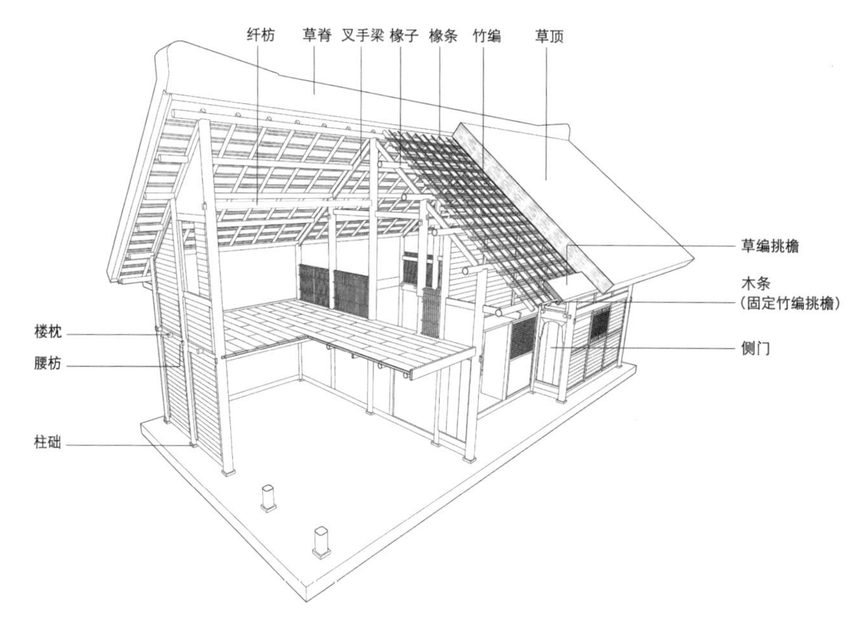

图 6-3　传统苗居各部位各构件典型名称示意(西部方言区)

即主要生活空间有火塘或神龛处及开间尺寸较大者为明间。

在对“架”的概念进行阐释之前,需对平面地盘的立柱名称作分别解释,苗民多将扇架之内的立柱按数字编号,如“一柱、二柱、中柱、四柱、五柱”,工匠则多称“一柱、二柱、中柱、二柱、后檐柱”,也有工匠会用“金柱”“檐柱”的字样,为求一致,按进深方向依次定为“前檐柱、前金柱、中柱、后金柱、后檐柱”(五柱情况)。若为“进深七柱”,则为“前檐柱、二柱、前金柱、中柱、后金柱、后二柱、后檐柱”。其中,若存在檐柱有吊脚的情况,则为“吊檐柱”。

在东部方言区外围区域至中部方言区,大量出现前檐柱与前金柱之间“瓜柱落下成柱”的情况,乔迅翔称之为“加柱”,李先逵将其称为“夹柱”,本书沿用后者说法。通常状况下,“夹柱”与相邻立柱之间距往往等同于“挂行”。

因穿斗构架的瓜柱往往繁多,东部工匠对瓜距(水平距离)已有特定名称,如两柱之间(包括夹柱)上的檩距(水平距离)为一个步深,而不论两柱之间有多少瓜柱。进深方向分别称之为“出檐、檐步、金步、脊步”。而瓜柱与瓜柱之间或瓜柱与立柱之间的距离则称为“挂(瓜)行”,也有称呼为“步尺”“步深”或“步水”的。

2. 水平附属部分

对于苗族民居,功能复合化以及生活现代化的结果就是在正屋基础上向水平各方向增设附属部分,主要用于厨房、灶台、牲畜圈养、厕所、交通等空间。从建造逻辑上讲,分为如下两类。

1）横向扩展

如果附属部分属于房屋主体的一部分，横向构架整体延伸形成稍间，再于其顶部作披檐（类似“厦两头造”）或上盖两坡顶而稍矮主屋（类似“挟屋”），又或出角部挑枋（类似“角梁”）以成歇山顶。苗族工匠一般对这三种情况都称作“偏要”，本书沿用之。

如果房屋主体已成，后期通过插枋和二次立柱搭建的方式，则应称作“偏棚”（piand qangt）。其用材及制作往往粗陋，仅作一般功能使用。

2）纵向扩展

全干栏、半干栏苗居为了增设明间前端入口走廊，或者为了在主屋北侧增设夯土地面上的厨房、厕所，会在主体构架上通过增设、立柱的方式将扇架“延伸”，该延伸部分叫作“拖步”。拖步内柱距或挂行与主体部分往往无直接联系。

6.1.2　侧样构件

1. 竖向支柱

除前文已经阐释过的立柱、夹柱之外，竖向支柱尚有若干其他重要类型。一是位于穿枋或抬瓜枋之上、承托檩子的小短柱（类似童柱、侏儒柱的作用），在南方工匠中有“瓜”“瓜筒”“棋筒”“骑柱”等称谓，在苗区工匠中主要有“瓜”“瓜柱”“瓜子”等名称，其写法有时也被掌墨师傅作“栝”，本书统称其为“瓜柱”。随其位置与长短分别有不同特定称谓，比如延伸至长穿或锁扣枋之上的瓜称为“长瓜”或“跑马瓜”。依其不同位置，每一瓜柱均有独立称谓，主要以“上-下”或“前-后”为命名逻辑，区域不同各工匠称谓也不同，因具有较强地域性和个体性，本书不予统一，因为涉及瓜柱问题，应适用当地习惯为佳。形容穿斗构架规模，民间往往有“几柱几瓜”或“几柱几挂”这样的说法，本书采用前者。二是若主体建筑出现檐柱吊脚，下层有柱顶托脚枋形成檐部局部的“接柱建竖”，则此承托柱为“顶柱”。

2. 穿枋类别

1）屋顶构架部分

在扇架之内，通过“穿”的方式联接各立柱、瓜柱的水平向构件为穿枋。各地苗族工匠对于穿枋的命名逻辑根植于不同的构架类型，并无对错和高下之分，因此不宜作统一约定。但为后文论述方便，本书综合工匠与文献的论述，以黔东南雷山地区控拜苗寨工匠的命名为基础，立足于构件特性，将其分作三个类别。

一是承瓜枋，为承托瓜柱的短枋，许多地方称为“双步穿”“顺枋”“三穿”。在“减枋跑马式”穿斗构架中，此枋两端穿过两头金柱，且为透榫再上销钉，在纵向上也起到承托瓜柱的作用。而且在湘西苗区早期传统民居内，也往往会利用此构件的承托作用，使明间单侧或双侧扇架中柱不落地。

二是瓜穿枋，为穿过中柱连接瓜柱的短枋，自上而下分别为上瓜穿枋、中瓜穿枋（若有）、下瓜穿枋。

三是拿（拉）瓜枋，是通过“插”的方式连接立柱与瓜柱或瓜柱与瓜柱，其上不承受压力的短枋。

2）枋距（竖直距离）的确定

屋架各枋在竖直方向上的距离，在东、中部两个方言区略有不一。在东部方言区，除了挂行具有标准化的模数意义之外，某些工匠对枋距的设定也相对固定或尺度均匀。比如松桃自治县世昌乡狗嘴村七组某民居，设计之初即定挂行为二尺、枋距二尺二寸。中部方言区则通常先定房屋通进深和柱距，然后均分柱距得到挂行。而对于枋距，有些工匠确定枋的上皮高度为相邻较高立柱或瓜柱顶部向下一尺，因此枋距在各步深和各挂行不相等的情况下并不一定均匀。较普遍的情况是，工匠会使“挂行、枋距、水分”作为确立屋架设计的三个紧密互动要素，也是屋架得以实施的最基本、最核心的要素。

3）柱枋基本组合类型

苗族穿斗构架在各区域间差异显著，但基于柱、枋关系，屋顶构架部分大致分为四种类型（图 6-4）。

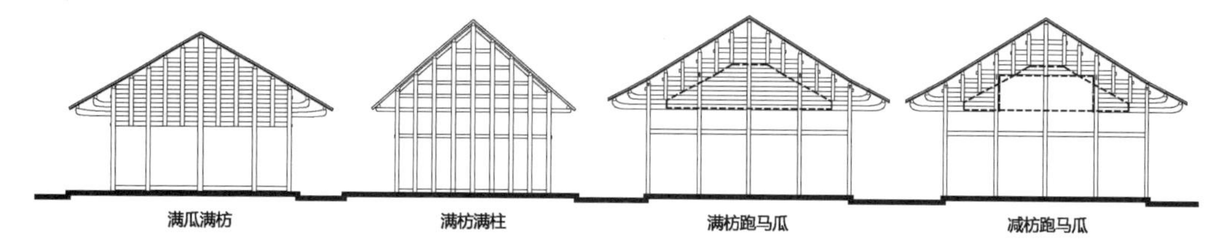

图 6-4　苗族建筑柱枋组合的四种基本类型

（1）满瓜满枋

所有瓜柱全部为长瓜落在长穿或锁扣枋上，所有穿枋都穿过所有瓜柱，基本呈现每檩之下必有一枋的“随檩设枋”的状态，甚至距部分建筑基于屋顶高度与进深长度，为保证枋距均匀，在无檩处还增设一枋。枋间净宽最密之时往往等于枋宽本身，以致于在观感上具有极强的编织感。这样的做法多见于土家族地区，但在接近土家族的酉水流域，苗族构架也渐近此趋势。日本在唐式上架以上发展而来的合式小屋组取代了中国的叠梁式结构，用轻型细料木条密集纵横排列，十分类似满瓜满枋的穿斗构架，表现出极强的编织感。比对中国西南少数民族的穿斗屋架，不难找到东亚木结构体系的建构相通性（图 6-5、图 6-6）。

（2）满枋满柱

随檩设枋的同时，没有瓜柱的存在，全部为落地立柱。此做法在笔者调查的东部、中部方言区并未见到，仅西部方言区梭嘎苗寨有大量的“满柱”做法，加之其使用叉手斜

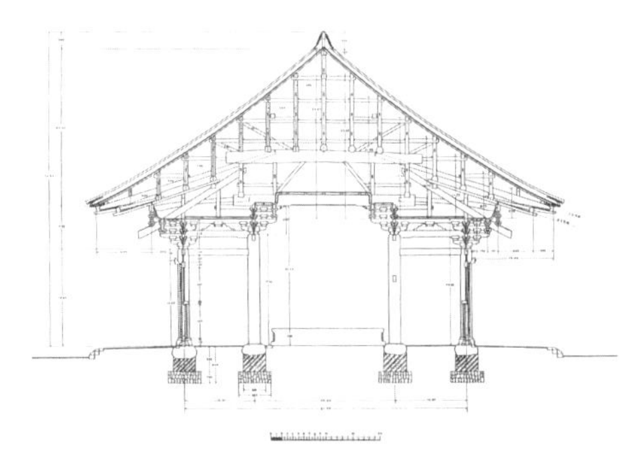

图 6-5　京都东寺讲堂梁架断面

图 6-6　土家族砂土湖村民居:满瓜满枋

梁,因此显得十分古拙。“满枋满柱”的做法也多见于四川至渝东地区。

(3) 满枋跑马瓜

随檩设枋的同时,瓜柱并不全部落在长穿上,而是适当提升至承瓜枋上。多出现在东部方言区苗族地区,并以湘西中下游酉水为界,越往南部苗族聚居地,瓜柱提升的程度越高。

(4) 减枋跑马瓜

在保证结构性能安全的前提下,将长穿缩短成承瓜枋或瓜穿枋,减少不必要的穿枋数量,同时提升瓜柱高度。在苗族民居中,精简的极致化结果是每根瓜柱仅与一根拿瓜枋和一根承瓜枋相连,除屋架最上一根承瓜枋外,再无多余长穿。这样的做法在黔东南雷公山区域的苗族村寨中较为常见,所以其构架挂行常常相对较大。

4) 屋身部分

屋身部分的长穿在各地有不同的命名逻辑,既有表明其结构功能的“串排枋”,也有如侗族那样形象的称谓:“下千斤、中千斤、上千斤”,而苗族地区以雷山控拜和凯里青曼工匠的称谓为代表,从下而上用数字编号:最下为脚枋、其次一穿、二穿、三穿。若楼层较高,需要在各层穿枋上三尺再设一长穿的话,则分别于一、二穿中间设腰枋,二、三穿中间设半腰枋。一穿、二穿等扇架长穿位置往往由楼层高度决定,其上搁置楼枕、楼板枋为纵向空间划分。

3. 斗枋类别

在扇架之间的纵向联系构件统称为“斗枋”,其高度位置往往取决于扇架长穿,其在立柱上的卯口往往相互紧邻或部分重叠。比如扇架上最低长穿为脚枋,在纵向上相同高度的联系枋为地脚枋。其上扇架间的联系枋有多种称呼,比如“过纤枋”“过千枋”“过间枋”“斗枋”,本书采用台江展福村工匠“上-下”逻辑的命名方式,即一穿以上为下间枋、二穿以上为上间枋。如在腰枋之上设间枋则为拦腰(枋)。

另一构件常在雷公山腹地的苗族多层民居中出现,即在丁廊(干栏式苗居常在生活层中堂前设置的长廊）上中堂相对位置设置曲线形靠背休息长凳，即俗称“美人靠”（ghab xil）。而在立扇架的时候，此构件就需设置妥当，工匠称之为坐板。

4. 屋顶与挑檐

1）屋顶出水

工匠有关屋顶的折水技艺，称为“出水”，屋面出水的坡度则称“水成”，以“步水”表示。一般从四分五始（也有少于四分五的情况），有五分（即每步架架高与步长之比乘以十等于五）、五分二、五分五、五分六等常见步水。[①] 而亦有称此为“分水”者，杨慎初解释为民间建筑术语，即屋架高度与下弦一半之比。[②] 根据实地调研，工匠一般都直呼几分水，因此本书沿用之。

2）檩子与随檩枋

苗族立柱与瓜柱之上多为直接承檩，较少用随檩枋或垫板，若有枋，则采用乔迅翔记录的郎德地区苗族称谓，即加檩，挑檐檩下随檩枋为基枋。而檩则称檩子，挑檐末端檩子称为“挑檐檩”。

3）挑檐类型

对于挑檐枋，苗族多称“挑手”，在靠近土家族的东部区域形似大刀，曲度较大，故而也有称作“大刀挑”的，且有上下一小一大两挑，故而称为“小挑手”“大挑手”。而至中部方言区许多建筑往往只有一根挑手出挑，即称为“挑枋”。苗族出檐特色就在于其样式多样但主线清晰，演变序列具有渐进性，并能作为时代与区域文化影响的判断标志之一。可以借用刘致平基于四川民居调研的总结将苗族民居出檐形式分为以下类型（图6-7）。

（1）单挑出檐

即一根挑枋出檐。

（2）双挑出檐

即有大小两根挑枋出檐。适用于出挑深远的情况。一般上为小挑手，出挑一个挂行，下为大挑手，出挑两个挂行。

（3）单挑坐墩

在没有做双挑可能性的情况下，将一棵瓜柱“坐立”在一根挑枋上，也同样能达到出挑深远的目的，即单一挑枋出挑两个挂行，坐墩立在中间挂行处。此种做法极为普遍，松桃苗王城工匠称其为“金瓜”，刘致平在对四川民居穿斗构架进行的调查中称其坐墩，本书因袭之。

---

① 李先逵. 干栏式苗居建筑[M]. 北京：中国建筑工业出版社，2005：75.

② 杨慎初. 湖南传统建筑[M]. 长沙：湖南教育出版社，1993：295.

(a) 单挑出檐（贵州松桃蓼皋镇陆地坪村）

(b) 双挑出檐（湘西保靖县葫芦镇傍海村）

(c) 单挑坐墩（贵州松桃世昌乡狗嘴村七组盘闷村）

(d) 双挑坐墩（湘西吉首寨阳乡庄稼村）

(e) 双挑坐墩（黔东南丹寨县孔庆刘家村）

(f) 单挑吊墩（黔东南台江县方召细登村）

(g) 双挑吊墩（广西融水洞头村岑碑屯）

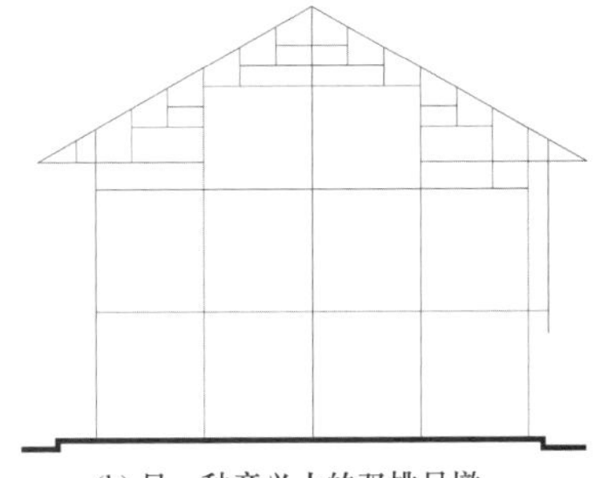

(h) 另一种意义上的双挑吊墩（黔东南黎平大稼乡容嘴苗寨姜森宁）

图 6-7　苗居的几种出挑类型

(4) 双挑坐墩

即出大小两挑，但与双挑出檐不同的是上挑一般出挑两挂行，下挑仅出挑一挂行，坐墩立于下挑端部，向上延伸至檩下。该形式事实上也等同于“板凳挑”。此种情况在东部苗区极为少见，笔者仅在吉首市寨阳乡庄稼村中发现一例，为 20 世纪 70 年代左右修建。而在黔东南则主要出现在丹寨县扬武镇、长青乡、排调镇一带瓜柱密布的新型屋架。

(5) 单挑吊墩、双挑吊墩

即为上述之坐墩以吊柱的方式在挑枋上吊下来，类似于垂花柱或吊脚柱。此两种做法主要见于广西融水洞头乡一带苗居。而黎平县德化乡、尚重镇、大稼乡、坝寨乡一线的苗族、侗族(为主)的穿斗式构架在吊脚柱与出檐构架的组合形式可以理解为吊墩的特殊扩大。

4) 挑枋类型

对于挑枋与中柱的关系，可以分为硬挑与软挑两种。

刘致平的定义比较明确，即一根穿枋穿过前后柱柱心，再伸出头来承托挑檐檩的即为硬挑；而只穿过一根檐柱或廊柱柱心，前端承托挑檐檩，后尾压以梁枋或插入柱中，则为软挑。

苗族民居中挑枋出头往往带有明显曲线，显然不可能是仅有一根长穿组成，应至少为两根相对而穿直到中柱，所以本书将此种看似一根长穿的方式称为“硬挑”，而穿至檐柱或二柱的方式则为“软挑”。前者主要多用于“满瓜满枋”的土家族民居或邻近的湘西北端苗区建筑，后者则非常普遍存在于广大的湘黔苗族区域。

6.1.3 以生活层位置分类的大木架类型

苗族民居生活层在各方言区因应地形的调适而产生差异十分显著的几种接地模式。

1. 平座屋

即所谓“座子屋”“一楼一底”，主要分布在整个东部方言区、中部方言区清水江沿岸，地势相对平缓处也普遍存在。另据调查和文献记录，生活层在地面，将储物、储粮空间置于阁楼之上应该是苗族较为传统的模式。

平座屋在东部方言区的类型复杂化最为突出，有：

(1) 三间一字型。

(2) 左右出挟屋或偏耍、或前后拖步增加空间。

(3) 其高级形态则是利用东西吊脚楼做厢房(苗族地区一般是单边做吊脚楼，下养牲畜，或用作储藏、厕所，上面住人。土家族有的家庭在经济允许的情况下可以做两边吊脚楼，叫作“出双凤”，旧时家运好或身份显贵的人家才能做，经济条件反倒非充分条件）。

(4) 若屋前有晒坪，可垒墙形成院落。

2. 干栏式

干栏式建筑曾广泛分布于我国长江流域以南的广大地区，基于稻作文明的传播而演进。相较于在今天汉族地区的衰退，干栏建筑仍现存于西南各少数民族地区。尤其以壮侗语系干栏式民居为代表，紧密适应于民族生存方式并作为“活化石”保留下来。苗族干栏大致分为以下两种类型。

1) 全干栏

即畜居其下，人居其上的楼居形式。在今天黔东南地区大量存在，但今天许多全干栏楼居将底层也用壁板封装，比如著名的西江苗寨在早期都为下层架空，只是今天由于商业功能扩展的需求，底层纷纷装上板壁，与某些一层半或两层的平座屋外观上几无二致。其区分标准则应取决于生活层是位于地面层还是二层架空层。

2) 半干栏

当山地坡度更陡，以至于解决土方成为现实困难的情况下，半干栏成为了一种呼应地形而寻求生存空间自由度的解决办法。在雷公山腹地山地较陡处，半干栏苗居成为了极具特点的标志，以至于今天谈及苗居，学者们往往聚焦的是半干栏式的吊脚楼。

半干栏房屋也称“半边楼”，但不意味着日常生活受到影响，仅指生活层的一部分位于实体地面，一部分被下层支柱架空，至于架空部分的大小并无硬性规定，可多可少，可为房屋主体整个前端，也可为房屋主体一角，完全根据地形的安排调节。

6.1.4 檐柱处理方式类别与大木构架接地方式

1. 檐柱处理类型

对于二层及以上的苗居，檐柱的处理体现出工匠对于建筑形式的类型认识，与构架类型也并无必然关联。比如所谓吊檐柱（吊脚柱）可以同时出现在平座屋、全干栏或半干栏构架上。檐柱的处理方式大致有如下三种。

1) 通柱

即檐柱自上而下平直落地。上下层范围一致。

2) 吊脚柱

干栏式苗居常出现檐柱并不直接落地的情况，苗族民居常将其放至生活层以下的长穿处，并将其柱头向下垂吊，做成各种花式，类似于垂花柱，然后再用顶柱将长穿托住。这与侗族习惯放至生活层以上的长穿处做吊脚十分不同。

3）承檐柱

即檐柱既不落地、又不吊脚的情况，与生活层下长穿枋直接发生关系。大致有两种节点处理方式：一是檐柱底部开卯口，卡在出头长穿上；二是檐柱底部不开卯口，延伸地楼板或增设垫板置于长穿上，然后再将檐柱搁于其上。

2. 大木构接地方式

在黔东南至广西的中部方言苗区，楼居木构与地的交接关系往往分为三种类型。

1）整柱建竖

即整栋房屋构架的立柱都是完整通长的，具有完整性和立架一次性的特点。

2）接柱建竖

即在山体或地形不平处先利用竖立长短柱的方式取得一个统一高度的"平面"，再用穿枋、斗枋使之框架化、整体化，并铺生活层楼板，以此平面为基面制作主体扇架并施工立屋。此种方式可溯源久远，考古发现河姆渡、楚纪南城等遗址的建筑就曾有这样的做法。

3）半接柱建竖

即房屋构架中的中柱和二柱等整柱直接落地，檐柱仅到最下一根长穿而不落地，再通过顶柱托起长穿，即上述的吊脚柱和承檐柱类型。此种方式在黔东南苗区十分普遍。

6.2 建筑平面原型

6.2.1 东部方言区

1. 平面形式类别调研实录

根据实地调查，东部方言区的苗族传统民居在平面地盘上大体分为四种类型，第一类是全平式，即房屋轮廓没有内凹，板壁平直。第二类是向内进一柱（jid ghel ad del nioux）式，即明间的前壁从檐壁向屋内前二柱（nioux ned）退进一个柱距，此种方式在以腊尔山为中心的苗区十分普遍①。第三类是瓜柱落地式，即利用紧邻檐柱的一根瓜柱落地形成夹柱，壁板退后到此夹柱形成吞口（当地人称入口内凹的形式为"吞口"）。此种类型散布在渝东、湘西、黔东北苗族核心聚居区较外围区域，如重庆酉阳、秀山、贵州松桃、湖南麻阳郭公坪等地，但在更远的中部方言区则成为十分普遍的苗居基本型。第四类是庭堂一体式，即中堂一间与庭院连通一体，其中堂前后无壁板相隔，或壁板退后

① 石如金.苗语房屋住宅的习俗简述[M]//吉首市人民政府民族事务委员会，湖南省社会科学院历史研究所.苗族文化论丛，长沙：湖南大学出版社，1989：208.

至后二柱形成一小间房。此种类型极接近于汉族民居常见的敞堂，分布区域上与瓜柱落地式具有较高的重叠度。

2. 苗语词汇中的平面原型

由于地区差异与历史上“汉化”“土家族化”程度不一，导致湘西苗居平面格局的区域差异显著存在，苗族民居传统布局和部位在其民族语言的传承下却得以清晰起来。苗语东部方言中，有关民居室内各空间、建筑构件均有独立称谓。整理解读民族语言中的建筑与居住相关词汇，应该就能尝试认知住居空间中的民俗及文化特征，窥探与阐释其平面原型，从某个程度来讲，也可借此梳理典型苗居格局演变的层理关系，因此对其进行语言梳理与建筑学解读尤为重要。

苗族对所谓“古式”房屋有专有称谓——“祖辈的屋”，苗语称作“deb bloud roux ghot”。据石如金描述，“古式”屋矮而窄小，屋脊高约 1 丈 5 尺(5 米)，一般为 1 丈 2 尺(4 米)。据今天的实地调查来看，目前湘西苗居高度有了较为明显的升高，一般都在 1 丈 8 尺(6 米)或 1 丈 8 尺 8 寸(约 6.27 米)以上，2 丈 1 尺(7 米)、2 丈 2 尺(约 7.33 米)也不在少数。除尺度外，室内布局与内部结构也很大程度地延续下来。

1) 房屋构架及空间概念

对于房屋构架，苗语称“扇架”为“mleax”，直译有两个意思，一个作量词“排”解释，另一个可作名词解：“一根挨着一根的横排”，单用时在前边加“ghaob”，这正是东部苗语名词的构成方法。而由两个完整“mleax”框定的平面范围，称之为“tangt”，汉译为“樘间”，在苗族生活居室里，“樘间”可能完整，也有可能被分隔成若干小间，但这并不影响苗民对组成空间重要性的认识。苗语对分隔出的小房间称为“led”，直译为量词“个”，也可作形容词“短”解。将“樘间”与“房间”相区分，既有尺度上的“长短”之意，又有苗民将建筑空间与日常生活空间概念相区分的“朦胧”意识。

东部方言区的“古式房屋”常常都是三柱为一排，且三柱二瓜与三柱三瓜(前二后一)居多，柱子统称为“ghaob nioux”，其中“ghaob”多用作名词前缀，无实际意义，中心词为“nioux”，译作“柱”，但每柱名皆不相同，定位及属性取决于后面的词素，如中柱：“nioux dongt”，“dongt”是“顶部，上端，最高处”的意思，这正体现了中柱在全房中的定位，同时，中柱也可称作“minlnioux”，即“母柱”，其中“minl”的词根是“mil”，其意义是“母亲、娘亲”。而作为苗族祖先蚩尤化身的枫树，苗语称作“ndut mix”，从构词同源的角度来看，中柱应该还有母性及祖先崇拜的神性意义。如现在部分苗区建屋，举行仪式砍伐枫树作为中柱依然存在。

前檐柱(nioux doux)、后檐柱(nioux xheit)，两者也可通称为“nioux ghuns”。“doux”可直译作“棍子”或“木棒”，“xheit”译作“后面”，可见前柱的苗语是在形容其形状或材质，后柱则是直呼其方位，而通称名词“ghuns”似无实意，但西部方言苗语称“边柱"即"檐柱"为"njex ghouk",发音上看应该是"nioux ghuns"的同源词,也有可能是汉语"棍"的音译(表 6-1)。

表 6-1　三个方言区对各柱的苗语称谓

各柱汉语	东部方言区	中部方言区	西部方言区
前檐柱	nioux doux	dongt nix bax(又称亮柱,指房子最外边的柱子)	njex ghouk(直译为"边柱")
前二柱	nioux ned(为许多苗人前后二柱的泛指)	dongt nix zab(房子中柱和亮柱之间的柱子)	
中柱	nioux dongt; minlnioux(直译为"母柱")	dongt	njex drod
后二柱	nioux ned(当被赋予神性意义时,仅特指明间火塘一侧的后二柱)	dongt nix zab(推测)	
后檐柱	nioux xheit(也可以与前檐柱一起称作"nioux ghuns")	dongt nix bax(推测)	njex ghouk

注:填充色块的为可能的同源词。

当明间扇架是五柱时,前后二柱均常被泛称为"nioux ned",但在部分苗居内,往往只有靠近火塘一侧的后二柱具有神性意义,甚至此时的"nioux ned"仅仅只是特指此柱。因为早期苗族室内的祭祀方向为东西横向,所以在一些现存的清代苗居内,中柱常不落地,后二柱便取代了中柱的作用,比如需由枫树制成,在房屋营造时要被先制作和发墨。我们在词源的辨析中或可予以论证:作为"nioux ned"的修饰词,"ned"也是含有母性、雌性意义的词根,其苗语原意就是"雌,母;动物的雌性"。如母子(ned deb),亲娘(ned ghot),伯母(ned gox),叔母、婶娘、姨母(ned nil)、傩母、女的傩神(ned nux)等。可见此二柱也同中柱一样,具有母性崇拜、祖先祭祀的意义(图 6-8、图 6-9)。

至于房屋构架(图 6-10),值得注意的是瓜柱统称为"dab mlanb bloud","dab"是动物名词的词头,与后面的词素"mlanb"结合才能表意为"猴子","bloud"则为"房屋",连在一起就是"房屋里的猴子"之意。这无疑是一种十分形象地形容瓜柱所在屋架中的状态,生动形象,似乎间接比拟了苗民心中的房屋、扇架与树木之间的对应关系,有巢居的隐喻。

苗族传统民居室内各方位基本都有专属名称,且对于不同的地盘类型,部分建筑装置和方位词汇也不同。从词源学的角度来看,都有其特殊含义。

2) 堂屋、火塘间与民族性

目前苗族传统民居的主屋往往都是三开间,正中为堂屋,东部苗语为"mongx blenx",其中"blenx"为中心词"堂屋","mongx"则有"心脏、中心"之意。而火塘间苗语为"hangd ghot",其中"hangd"为"谷、方位","ghot"为"老、老人"。连起来就是"祖先的方位",也特指火塘间山墙中柱下 1.5 米范围之内的家先位,因此火塘间位为全屋最神

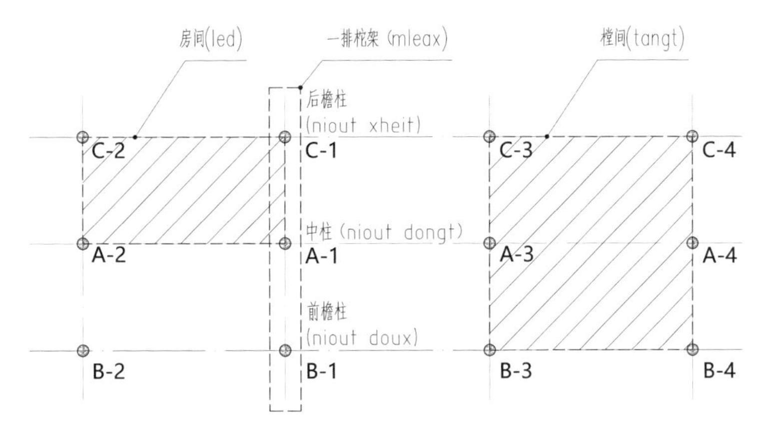

注：当房屋扇架仅有三根立柱时，前后檐柱也常被当地匠人称作“前柱”“后柱”。

图 6-8　三柱四排框架各柱苗语称谓（花垣县略坝村新建尺寸）

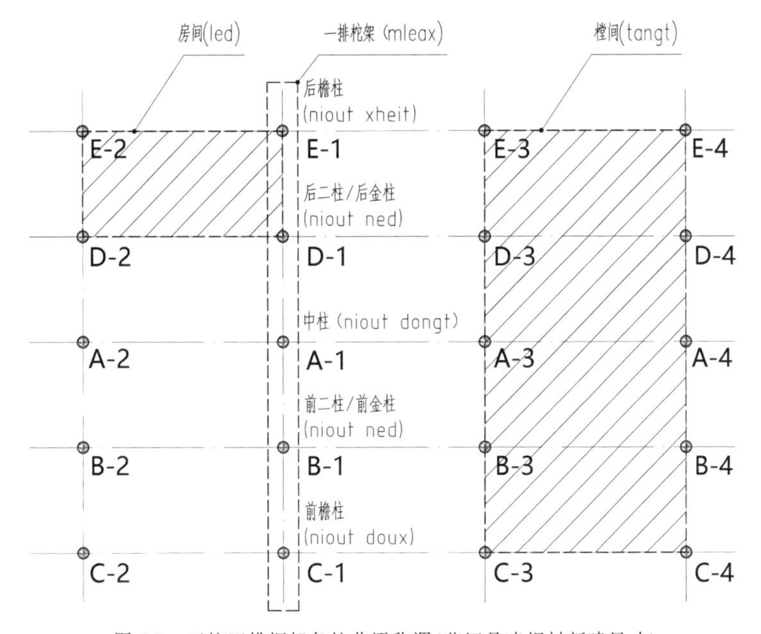

图 6-9　五柱四排框架各柱苗语称谓（花垣县略坝村新建尺寸）

圣的地方。以词源解析来看，堂屋的意义之于苗族，只是强调方位与空间的正中概念，理应是从汉族舶来，而火塘间则表明苗族父系家族传承的重要性。由此调研中发现早期“纯苗”的房屋内如果火塘间山墙中柱下有祭祀位，则堂屋往往没有祭祀功能；反之堂屋如果有了较为完整的“汉族祭祀”方式（神龛书有天地君亲师等），则中柱下的家先祭祀功能已经退化。由此，通过中堂和火塘间的完善程度，从某种意义上可以判断苗族民居的民族性强弱。

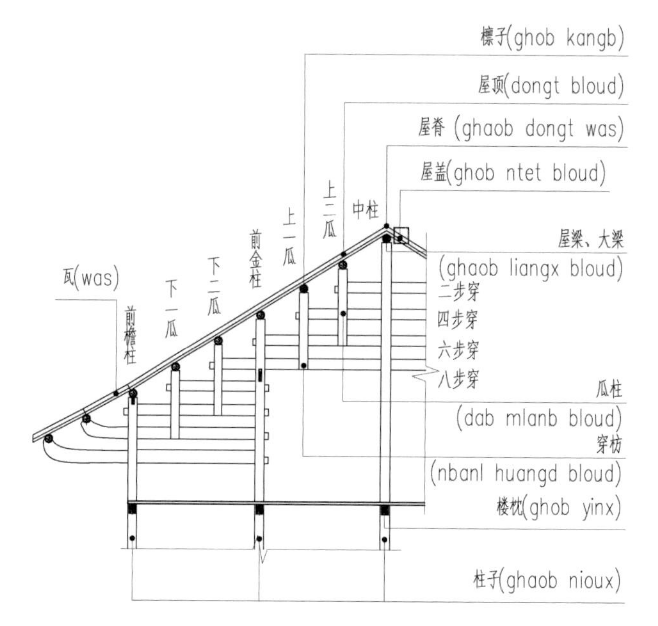

注:汉语名称以松桃苗王城上寨工匠为准。

图 6-10 屋架主要构件苗语称谓

3）家先位的功能锁定

除腊尔山深处部分地区苗寨外,多数苗居都会在火塘间铺上木地板(有的仅铺火塘间,有的对间也同时铺)。此情况下的火塘间也可称为“jib zongx”(jib,火;zongx,地楼板)。以火塘为中心,四个方位均有特定称谓。山墙中柱南北 1.5 米之内范围即为家先位,除了放置灯具照明,还会放置三个碗以示祖先在此。如果由于分家等原因产生某户家中有两处家先位的,则另一处为老祖先的家先位,设置于火塘一侧扇架前二柱与檐柱间的地方,也会设有祭坛并置三个碗。平日会有箩筐背篓等杂物放置,提示他人不得在此就坐。

而前二柱为中心的范围叫“hangd wanl”,是放置鼎锅和碗筷的地方。条件稍好的人家会在此放置碗柜,或介于放置鼎锅碗筷处与家先位之间向室外伸出一个小空间作为碗柜。有的在此边的前檐柱北端设置可以通向室外的推拉门,高1.5 米左右,宽 0.8 米,苗人称其为“面积、体积小”的门(deb deb zhux),其中“zhux”为门,“deb deb”指“小孩、儿童”。

4）门的设置与室内外其余区域

对于全平式的民居,大门一般为六合门,即中间、左、右各两扇,其尺寸完全一致。中间为大门(mil zhux),夯公一侧两扇门(zhut nob),门后区域为火塘间客位南端(jib bul)。另一侧两扇门(zhut zeit),门后区域苗人称其为“吉酿”(jib niangd)。

如果是“向后推进一柱”这样的吞口屋，入户门的设置大体有两种方式，除中门外，其余两门发音略有不同。吞口形成的是入户晒坪(deb deb banx deis，直译为“小小的室外”)，其正面往往为庭院晒坪(pat nes doux 或 ghaob zhans)。

本书将各方言区有关日常生活的，特别是建筑类的苗语词汇进行比对研究，发现某些区域或室内装置的称谓仍存在同源关系，有些则明显不同，甚至是汉语借音。由此，可以从词源构成的角度，侧面理解苗族建筑文化构成要素里哪些是通行时间较长、较为稳定的，哪些是衍化或消亡速度较快的(图 6-11、图 6-12)。

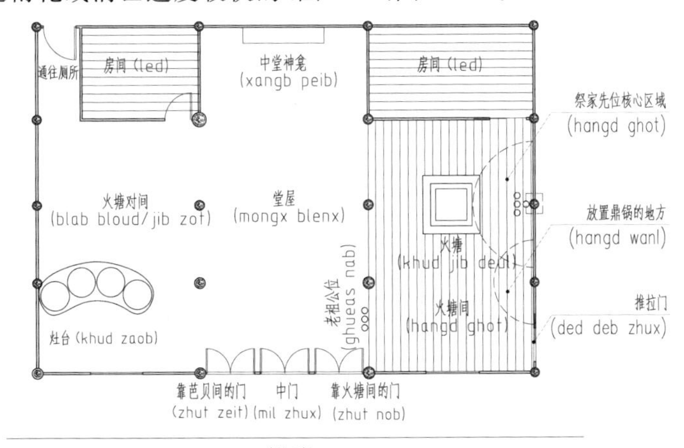

图 6-11　典型全平式平面苗语称谓(火塘间朝东)

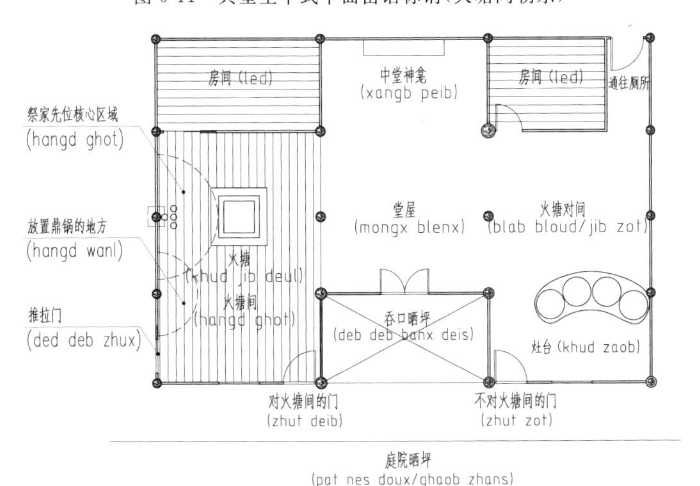

图 6-12　向内进一柱式平面苗语称谓(火塘间朝西)

3. 平面类型的分布特征

1）全平式

以永顺灵溪镇和区域匠作中心砂土湖村为核心，沿猛洞河及酉水流域的土家族民居地盘大致都表达出全平式的统一性，其室内中堂的祭祀功能体现得比较充分，也没有对吞口所谓晒坪及空间缓冲的功能性需求。而沿花垣河—酉水—沅江五强溪—酉溪河流域一线的苗族，或与土家族、瓦乡人混居的村寨，也都以全平式为主，可见该区域土家族民居这种对全平式的一致性在苗居研究中具有“标杆”的参照作用。

巧合的是，上述水系不光是土家族-苗族聚居区的大致分界线，也正是此地族群祭祀香脚——八部大神-蚩尤-盘瓠崇拜散播的分界线。西部花垣河以南，“古苗疆”腊尔山腹地的苗族一直遵循着蚩尤为祖的习俗，将火塘与中柱等作为室内民族信仰的空间表达。东段沅江至上游辰水、锦江则连通了盘瓠文化发祥地的泸溪与以盘瓠文化闻名的麻阳[1]。正如明代成化年间沈瓒在《五溪蛮图志》的序首所说：“五溪在辰之西北，悉盘瓠子孙所居。”以至于今天在麻阳地区，苗族建筑内普遍没有火塘的存在。尽管学界对盘瓠信仰区域分布有不同看法，但已足见水系作为既阻隔又连通的要素，使得不同族群之间的文化交流既有延迟，又有递变，而体现在建筑上则呈现出较为规律的一面（图6-13）。

2）向内进一柱式

严格来讲，向内进一柱是“籽蹬屋”的其中一种主要类型，东到沱江、北到峒河武水以及环腊尔山的“生苗”区域，是该类型聚集的范围。大致上与宋代称之“生界”，严如熤所谓“苗疆”区域的西南部相吻合，即以腊尔山台地为中心的凤凰、吉首、花垣和贵州松桃部分地区的“红苗”支系聚居区。

至于在吉首市矮寨镇、寨阳乡出现的一些沿峒河流域的村寨也使用该方式，但其围护材料主要是杉木板或“竹木涂泥”，与在腊尔山“生苗”地区普遍使用的夯土砖石差异较大。在该区域内，这些村寨与“全平式”村落交织一起，是建筑样式过渡转变区域。

再往东走，如著名的工匠聚集地保靖夯沙乡夯沙村、夯吉村，也都在不同程度上同时运用了全平式和向内进一柱式两种方式建屋。沿酉溪流域的泸溪村寨如芭蕉坪、桌子潭、红岩排等瓦乡人聚居区，也有使用向内进一柱式吞口，只是程度不一，且与“全平式村寨”交织在一起。

由此可见，平面形式的地理分布与民族聚居情况具有一定的耦合度（图6-14）。

---

[1] 在《风俗通义》《搜神记》《后汉书·南蛮西南夷列传》等许多古籍中都有完整关于盘瓠神话的记载，而且至今在同属苗瑶语族的苗、瑶、畲等少数民族中广泛流传，并作为始祖或重要的图腾崇拜。《后汉书·南蛮西南夷列传》、清代《一统志》《辰州府志》《泸溪县志》等均记载着盘瓠文化的发祥地为湖南泸溪。在瓦乡人聚居区沅水流域的泸溪、沅陵、麻阳至今还流传着盘瓠神话。

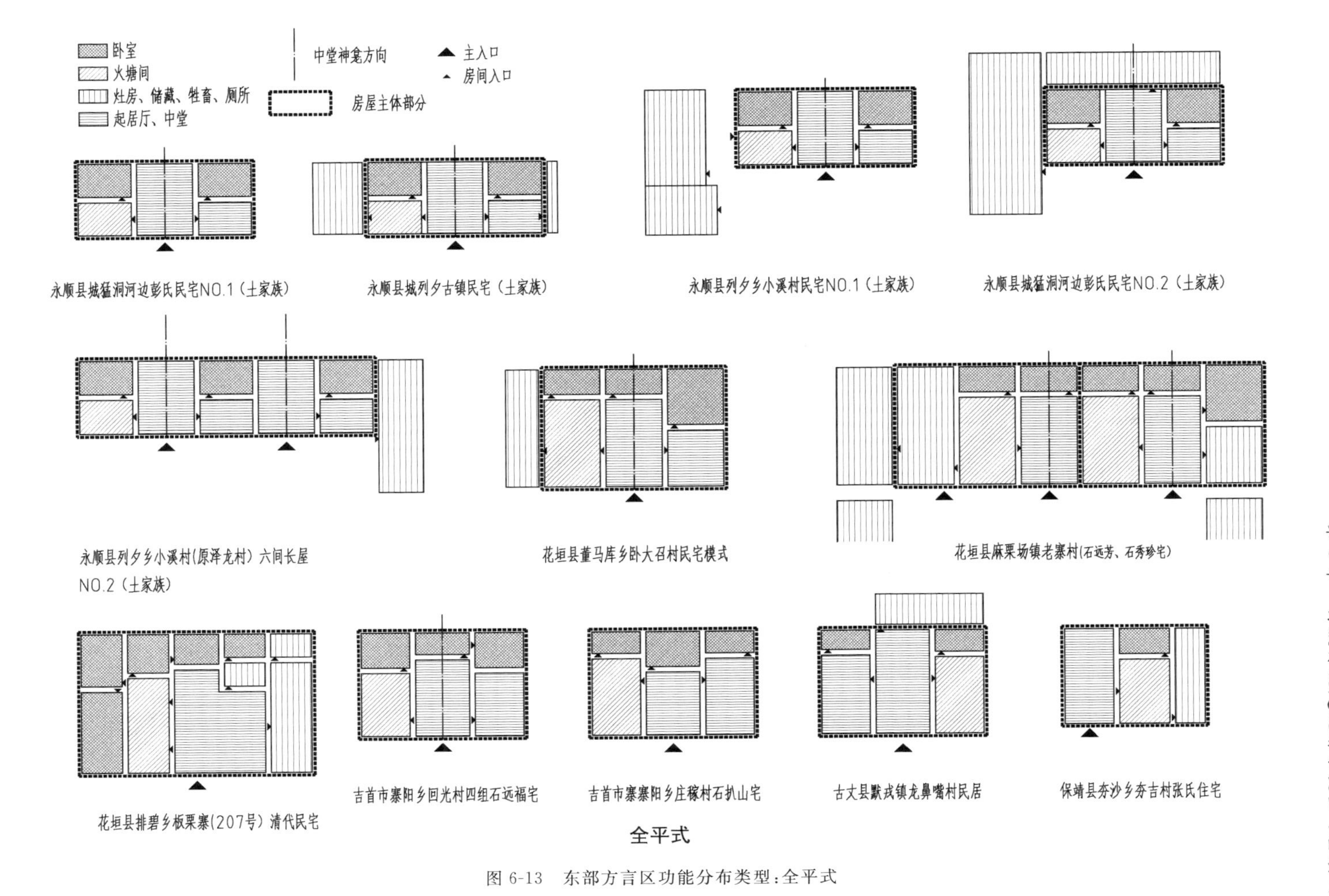

图 6-13　东部方言区功能分布类型：全平式

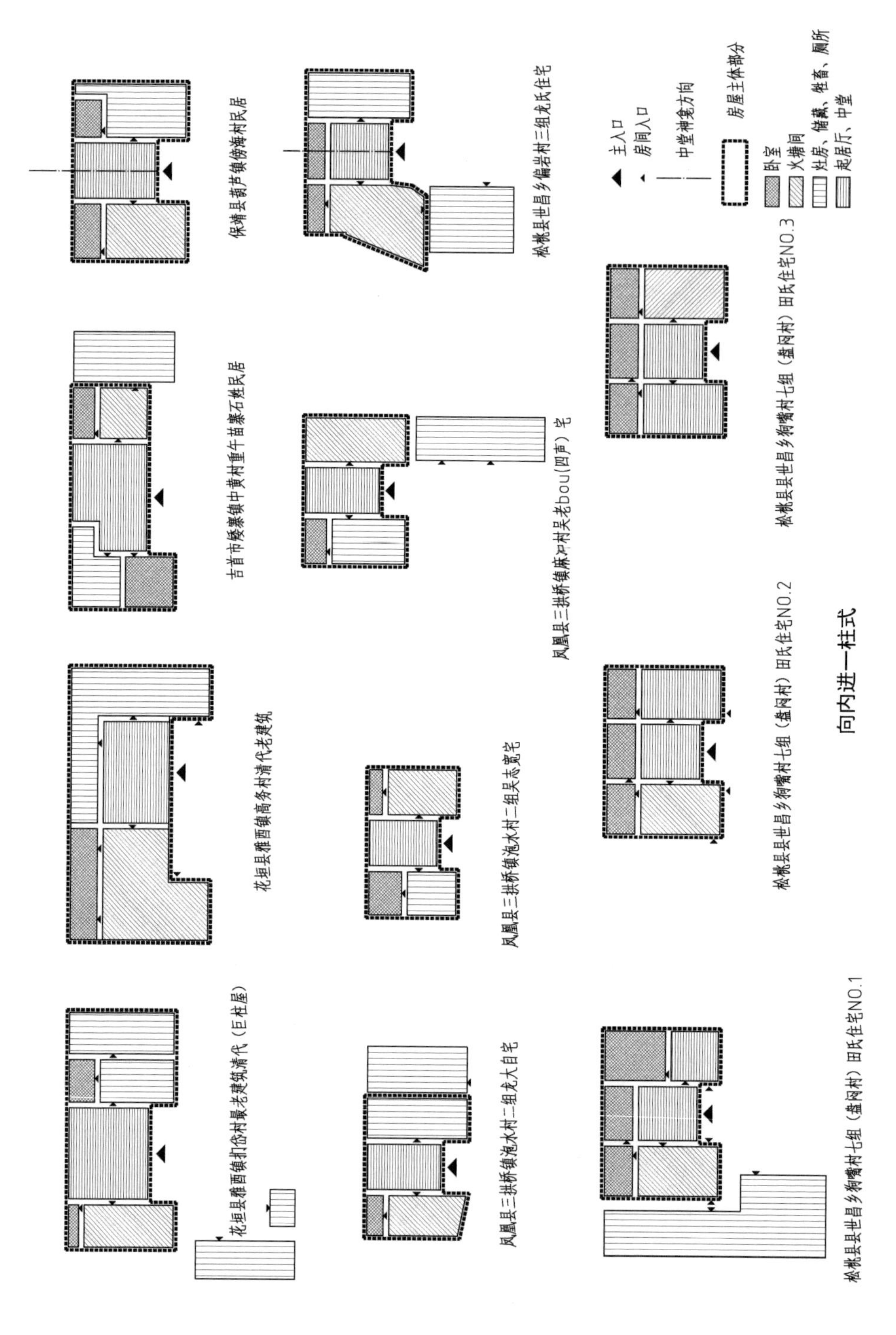
保靖县葫芦镇傍海村民居
松桃县世昌乡偏岩村三组龙氏住宅
主入口
房间入口
中堂神龛方向
房屋主体部分
卧室
火塘间
灶房、储藏、牲畜、厕所
起居厅、中堂
吉首市矮寨镇中黄村重午苗寨石姓民居
凤凰县三拱桥镇麻冲村吴老bou(四声)宅
松桃县世昌乡狗嘴村七组（盘冈村）田氏住宅NO.3
花垣县雅酉镇高务村清代老建筑
凤凰县三拱桥镇泡水村一组吴志宽宅
松桃县世昌乡狗嘴村七组（盘冈村）田氏住宅NO.2
向内进一柱式
花垣县雅酉镇扒岱村最老建筑清代（巨柱屋）
凤凰县三拱桥镇泡水村二组龙大自宅
松桃县世昌乡狗嘴村七组（盘冈村）田氏住宅NO.1

图 6-14　东部方言区功能分布类型：向内进一柱式

3）瓜柱落地式

这种方式在东部方言区的分布，主要在松桃正大乡（图6-15、图6-16）、麻阳郭公坪乡等苗疆外围区域。据松桃苗王城上寨工匠龙胜高介绍，当地一般选择五柱七挂（前三后四）这样的不对称屋架，可以让正面采光更充分，房屋也显得更为气派。在这些区域，村寨地势相对平坦，正屋前多有合院或较大晒坪，故而对吞口作为晒坪的功能需求较小，不必做很大的吞口。但"做吞口"似乎又是一种区域"惯性"，故而从第一根瓜柱落地处做起即可，这种不对称的屋架也成为"瓜柱落地"式的可行性前提，并在明间形成1/2柱距深度的吞口，应该算是向内进一柱式的地域性适应。然而在中部方言区所见，此种地盘模式却构成了大多数黔东南苗居的基础结构，类型的形成、影响与扩展机制有待于进一步研究。

图6-15　松桃正大乡苗王城下寨建筑

4）庭堂一体式

此种类型在苗区的分布区域与瓜柱落地式的有较大的重合，主要在与土家、汉族的混居区域，如松桃东北部的梵净山脉，属于腊尔山台地延伸带，区域内的苗族、汉族村落多用这种方式。另一分布区在腊尔山南麓平地的麻阳郭公坪（图6-17），该区域苗族的民族特征已经较少。另外，原为苗寨的松桃寨英古镇与远在永顺的土家族列夕古镇，都是区域性盐铁、茶叶、桐油商路上的商业重镇，也都大量出现"敞堂"的方式，这也许可以说明敞堂是基于商业外向性、交通便利性的需求，当然住居的舒适度与生活习惯有着决定性的影响。在中部方言区大量出现的干栏式苗居，因二层长廊的设置，往往中堂也不设门，实际也是一种"敞堂"（图6-18）。详细的建筑平面类型分布见图6-19。

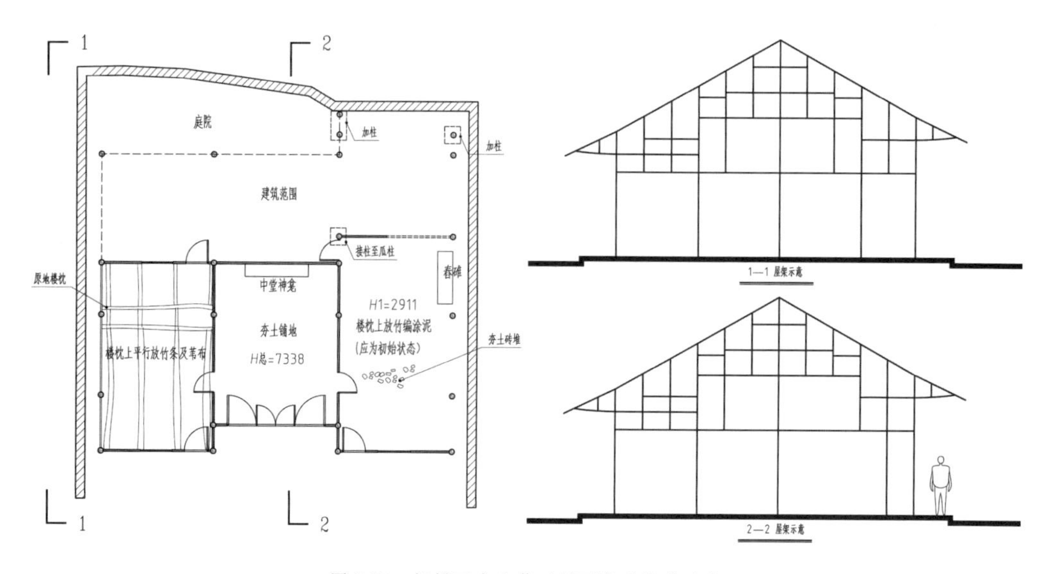

图 6-16　松桃正大乡苗王城下寨瓜柱落地式

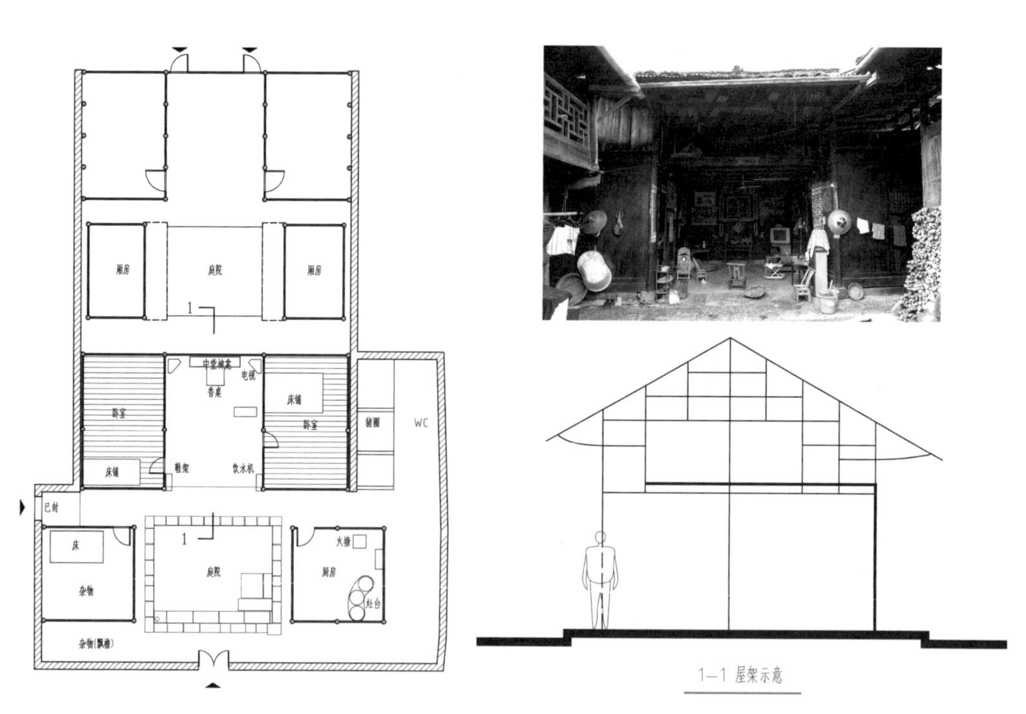

图 6-17　麻阳郭公坪乡溪口湾里苗寨庭堂一体式

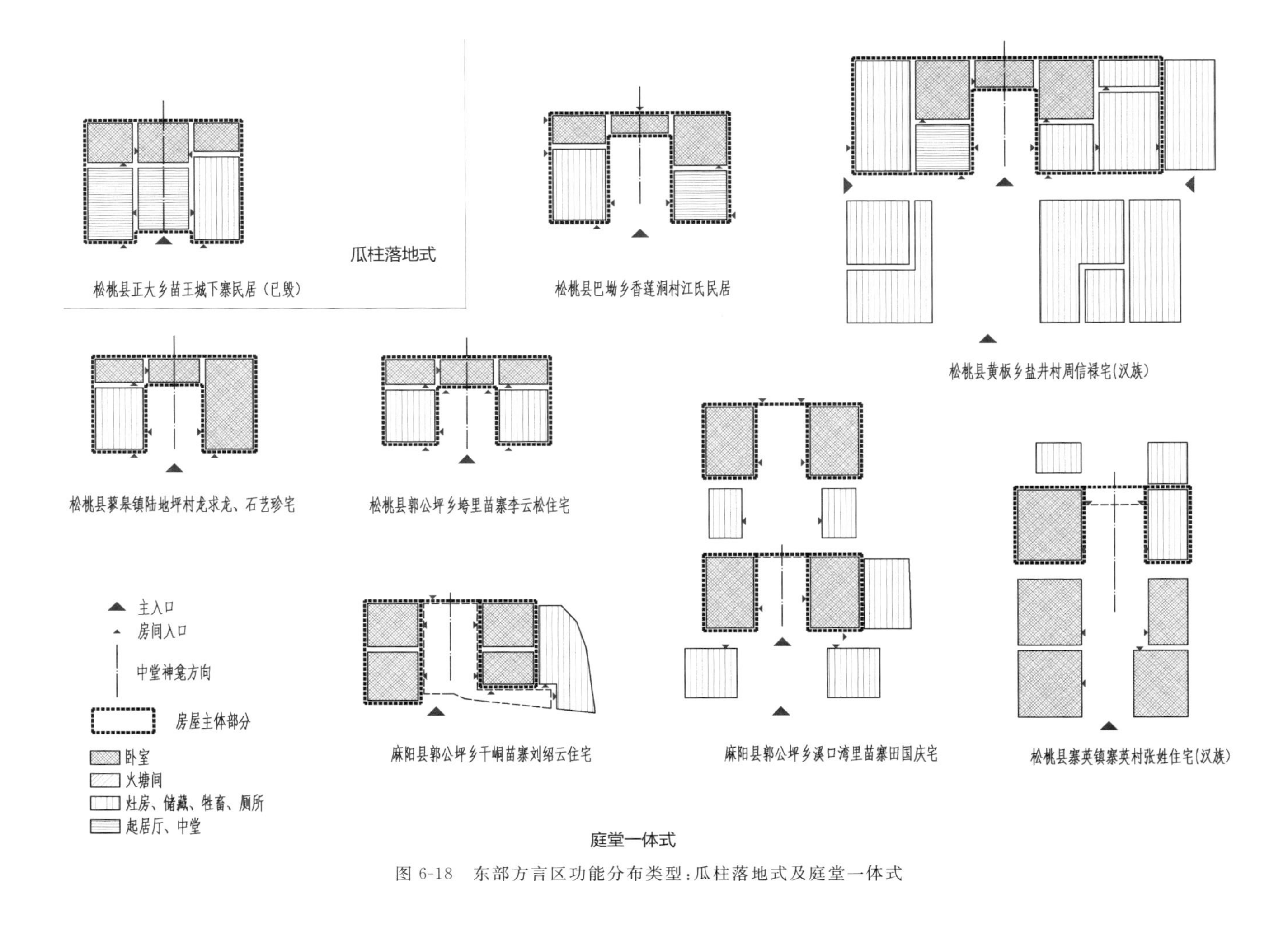

图 6-18　东部方言区功能分布类型：瓜柱落地式及庭堂一体式

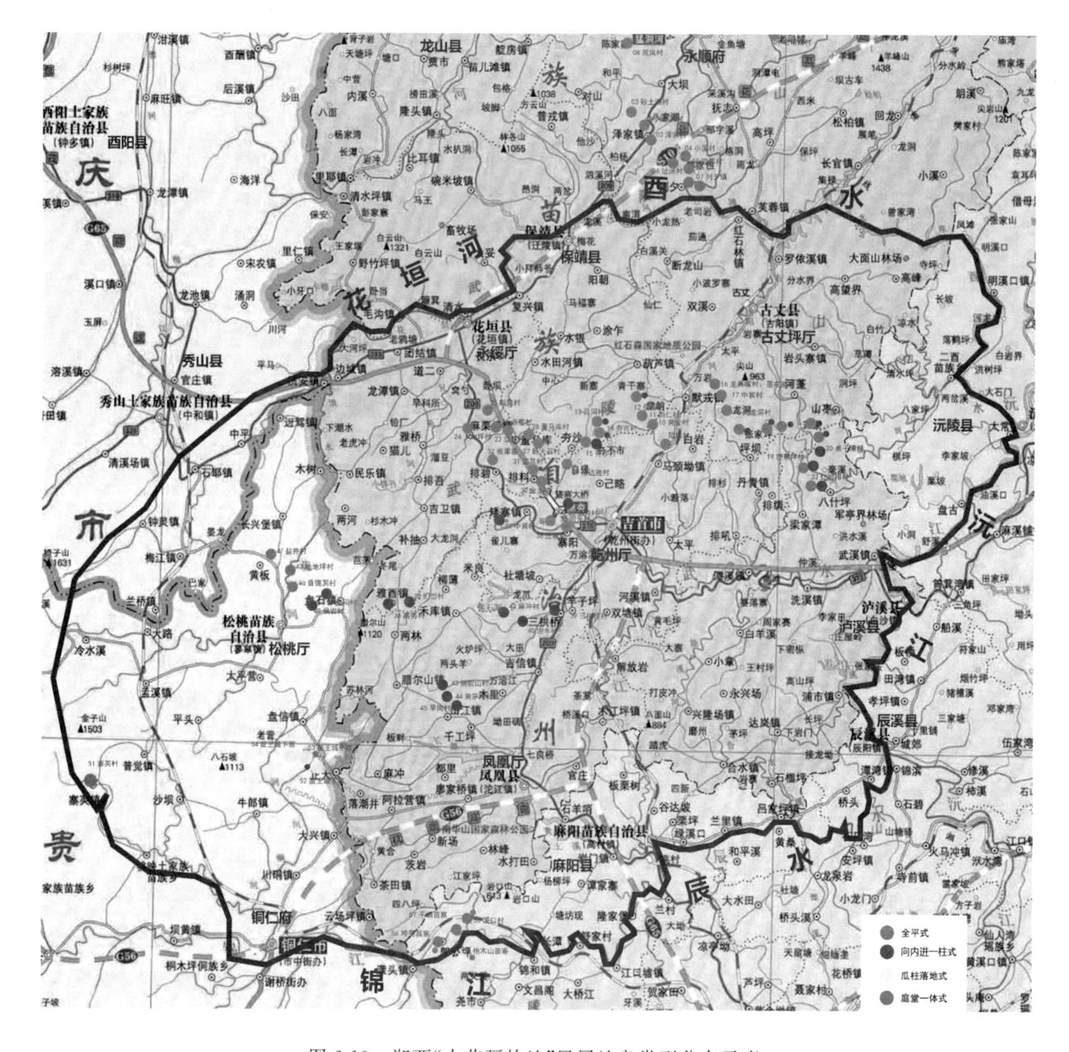

图 6-19　湘西“古苗疆故地”民居地盘类型分布示意

另外，结合该区域的地理地质情况、气候日照条件、民族生活形态以及湘西苗疆设立史实，可得出全平式与向内进一柱式平面在地理上的分布情况，与“熟苗－生苗”“低山溪谷－中山台地”“苗疆屯防外－内”分布范围相契合的结论。而瓜柱落地式与庭堂一体式都为衍化类型，成为判断苗居民族性与地域性的间接“尺码”。篇幅所限，不予详述。

6.2.2　中部方言区

1. 平面形式与空间类别:立足于交通组织的调查分类

中部方言区的苗居层数多有变化,又为应对山形与地理条件使得接地方式、入户位置等情况多有不一。因此其类型划分,不能按东部方言区这样全按“平座屋”的地盘原型分类,否则会有失偏颇。

交通空间的引入,表达了该地区苗民基于环境客观制约条件对生存空间进行的扩展与转化,在纵向和水平两方向均连通了外部环境与功能实体,并组织连通了内部各生活空间。事实上,中部方言区苗居建筑的多样性往往就体现在对交通空间的组织手段上,比如苗居主体四周常用披檐、挟屋、偏棚等不同方式搭建楼梯间;用增设拖步或夹柱、吊檐柱、承檐柱等挑出空间设置走廊空间;用偏要(灶房为主)或木桥连通预留进入生活层的入口空间。因此厘清交通空间的展开类型及与主体空间、外部环境之间的关系模式,才能深切理解该区域苗居建筑的建构组织核心,这也正是中部方言区苗族建筑的特征所在。

首先,基于生活层不同位置可将苗居建筑分成三个大类:平座屋、全干栏、半干栏,考察基本空间构成与扩展方式,并比较各类别之间存在的演变关系。再根据每一大类里存在的多种不同入户、交通组织方式分成若干小类(图 6-20、图 6-21)。

1) 平座屋入户及交通模式(P 型)

(1) 明间直入型(南进)(P-1 型)

东部方言苗区因房屋前常有晒坪和入户吞口,因此基本都是此种方式入户。中部方言区以平座屋为主的村寨,入户方式及室内空间的展开也大都是此种类型,与东部几无二致。两者最大区别在于中部苗区对功能空间的划分更为细致,步入各房间层次略显复杂。

(2) 偏要侧进型(北进)(P-2 型)

(3) 丁廊侧进型(东进)(P-3 型)

在中部许多地方由于用地局限,使得平座屋处于山地高差处,屋前不能预留足够的入户空间,因此导致了以上两种入户方式的产生。又由于景观朝向使然,产生了 P-2 型与 P-3 型的分化,前者通常为保证朝向合理,兼顾景观,将平座屋通常之入口处改设为“美人靠”,房屋入口则从侧面次间或偏棚(多为灶房)处折向进入。而后者设置原因类似,但仍保留其入口位置及功能,只是结合丁廊合做交通入户空间。

此两种方式在平座屋类型中并不常见,因其必须应对用地上先决的限制条件,但从处理手法来说,又与很多全干栏、半干栏建筑入户方式相通,事实上这都是对地形限制的一种适应。

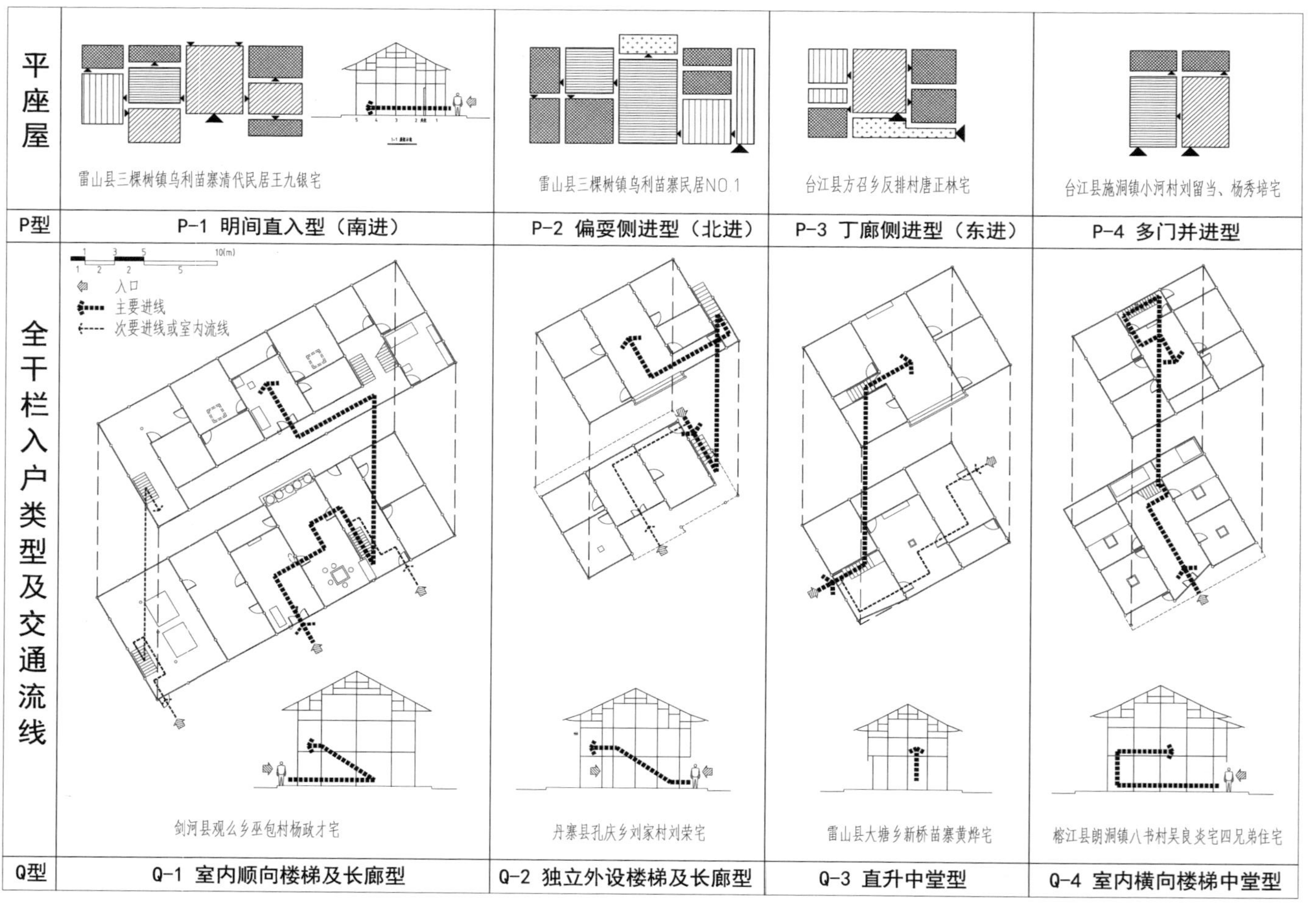

图 6-20　中部方言区平座屋及全干栏入户类型及交通组织流线

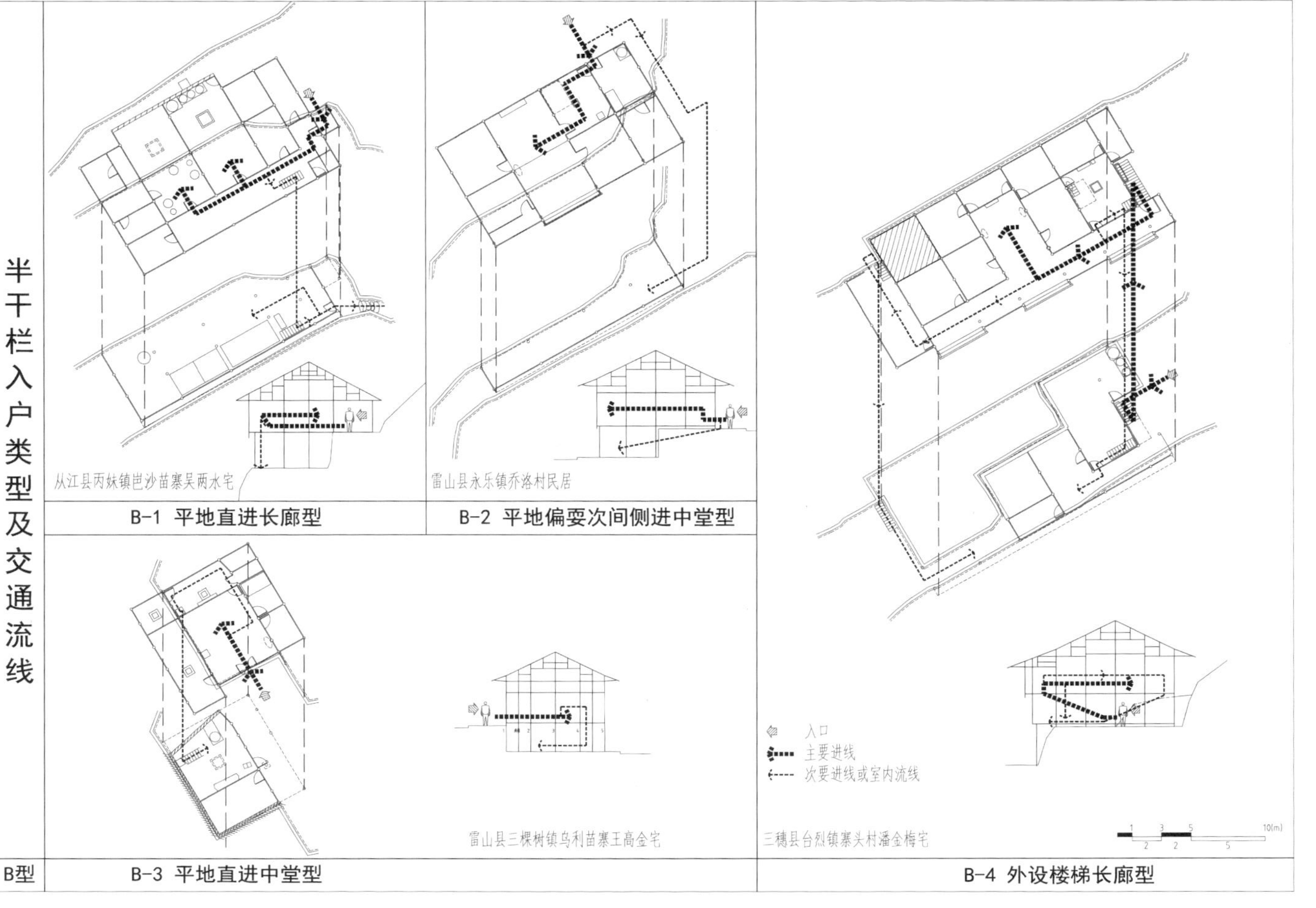

图 6-21　中部方言区半干栏入户类型及交通组织流线

(4) 多门并进型(P-4 型)

在某些历史悠久,保留较多苗族特色的平座屋中,若是两开间,虽仍有火塘间与卧室之别,但每间都会设置独立出入口,保留前后的空间主次关系。

2) 全干栏主要入户及交通模式(Q 型)

(1) 室内顺向楼梯及长廊型(Q-1 型)

部分间数超过三间的苗居会将其中面阔较小的某间设置成为室内楼梯间,部分三间苗居会另设端头偏要作为单独楼梯间,与生活层通廊连为一体。

(2) 独立外设楼梯及长廊型(Q-2 型)

此方式在广大中部苗区甚为普遍,多为三间住居,多在主体外另设外挂楼梯通向生活层长廊,上面一般也会设置披檐防雨。

(3) 直升中堂型(Q-3 型)

这种利用一层室内楼梯直通二层中堂的方式所见较少,往往存在于室内功能经过改设的房间内。苗居干栏较为普遍的还是利用楼梯连通二层廊道的模式。

(4) 室内横向楼梯中堂型(Q-4 型)

这种将上下楼层的交通部分置于中堂后部的方式具有地区性和民族性特征。大致在榕江、黎平两县交界的朗洞镇、尚重镇苗族、侗族混居带,此种方式较为普及,并且更偏近侗族空间的交通方式。而与此模式相同的苗居(如朗洞镇八书村)室内基本与邻近侗族无异,即首层已得到充分的使用,会设置区域特有的火铺,以及安排卧室、灶房(因其神龛在二层中堂,代表生活层在二层,故而仍归入全干栏式)。其他地点的苗居大多将楼梯顺向设置于建筑主体外侧,很少像这样纵向放置在中堂北端。

3) 半干栏主要入户及交通模式(B 型)

(1) 平地直进长廊型(B-1 型)

(2) 平地偏要次间侧进中堂型(B-2 型)

(3) 平地直进中堂型(B-3 型)

此三种方式都设置于入户处室外地面标高接近建筑生活层时,其区别仅在于对场地限制的回应上。前两种大体维护了建筑功能的主体格局,保留了中堂板壁完整性。B-1 型通过长廊连通至建筑主体前端挑空部分,B-2 型则通过偏要或穿过次间从实地后段曲折进入中堂,一前一后,各具优劣,在苗区十分普遍。而 B-3 型往往需要牺牲中堂壁板之一部分,开门进入(台江反排),或者索性跌落的部分与非跌落部分不是前后关系,而是左右关系(雷山乌利王高金宅),明间主入口仍能设置于平地上。

(4) 外设楼梯长廊型(B-4 型)

相较于前三种方式,此种是因入户地面标高大大低于生活层,故需要从楼侧(绝大多数是东侧)实地上外设楼梯爬升到二楼主体前端的架空长廊处,再连通到中堂及各房间。据调查来看，此种方式往往适用于吊脚架空悬挑范围并不太大的构架，若架空部分太多将室外边侧楼梯引至前端长廊，会存在不小的安全隐患。

2. 平面形制与空间构成：主体与附属

诚如前文所言，中部苗居的空间构成如同东部苗区，仍可视作以三间（少量五间）单一主体为核心的基本单元，与通过偏要、偏棚、拖步等手段扩展出的次要附加空间相叠加。只是在山地地形的作用下，该区域苗居加入了对交通体系、接地方式的考量，形成了“祭祀居所主体空间”“灶务储畜次要空间”以及“交通组织空间”相结合的主次复合空间。三者的组合与排列，结合接地方式的不同种类，取得了丰富的多样性的空间表达（图 6-22—图 6-24）。

1）功能核心：祭祀居所空间

在此核心单元里，凝练着该区域苗族人最基本的生活模式与要素，随着时代演进或增或减，但其核心要素莫过于“信仰祭祀”与“居住生活”，前者基于精神需求，后者源于生存需要，虽都为居俗文化之体现，但演变进化的速度并不一致，这在中部方言区苗居中的空间表现尤为明显。

（1）中堂祭祀与火塘神性的二元对立或混同

受汉人住居模式影响，今日苗居平面往往也以明间中堂为中心，呈发散状联通四周房间，但这也作为一些学者将其与侗族平面相区分的要点之一（有学者认为侗族住屋为前后联通方式）。该地区苗人对中堂的重视程度，远超东部苗区，不仅限于起到交通枢纽作用，丧葬祭祀礼俗、会客聚集活动今日多在中堂举行。室内中堂神龛虽繁简不一，但基本上家家都有，或至少放有神祇画像、香火搁板等。需要指出的是，笔者调查时在黔东南一些一二百年的老宅内或广西融水苗居中，仍看到在明间正中、对正中柱或偏后一些设有火塘，并留有在其一角插香烧纸祭拜先祖的习俗。往往这样的民居内中堂不设神龛，尤其若在中柱附近放置牛角柱，则更不会有中堂祭祀的习俗。可见火塘在明间与中柱一道构成通祖的信仰体系，表达民族意志，应该是苗族传统做法。

但今日大多数苗居内的火塘神性已经被逐渐忘却，众多苗民表示逢年过节会面向中堂神龛祭祖，火塘则从中堂移至右后间（此种情况居多），或是结合偏棚灶房与灶台一起设置，不再拥有类似东部方言区那样与中柱的耦合关系，仅保留其使用价值而已。大致呈现出“火塘神性-中堂祭祀”二元对立的普遍状况。

当然也有火塘与神龛同时在中堂并置的情况，但此时火塘的神性多数已经被剥离，主要在家庭成员聚集时起到取暖的作用。少数尚有混搭的情况，如黔东南凯里市三棵树镇乌利苗寨王九银清代民居（图 6-25）内，明间中堂神龛做工考究，与中柱相对应的火塘边也分明有烧香纸的痕迹，说明两者共同起到祭祀节点的作用，可见在苗民信仰意识里，这两种元素并非必然具有相互“排斥性”。火塘从中堂消失的原因，恐怕主要还是基

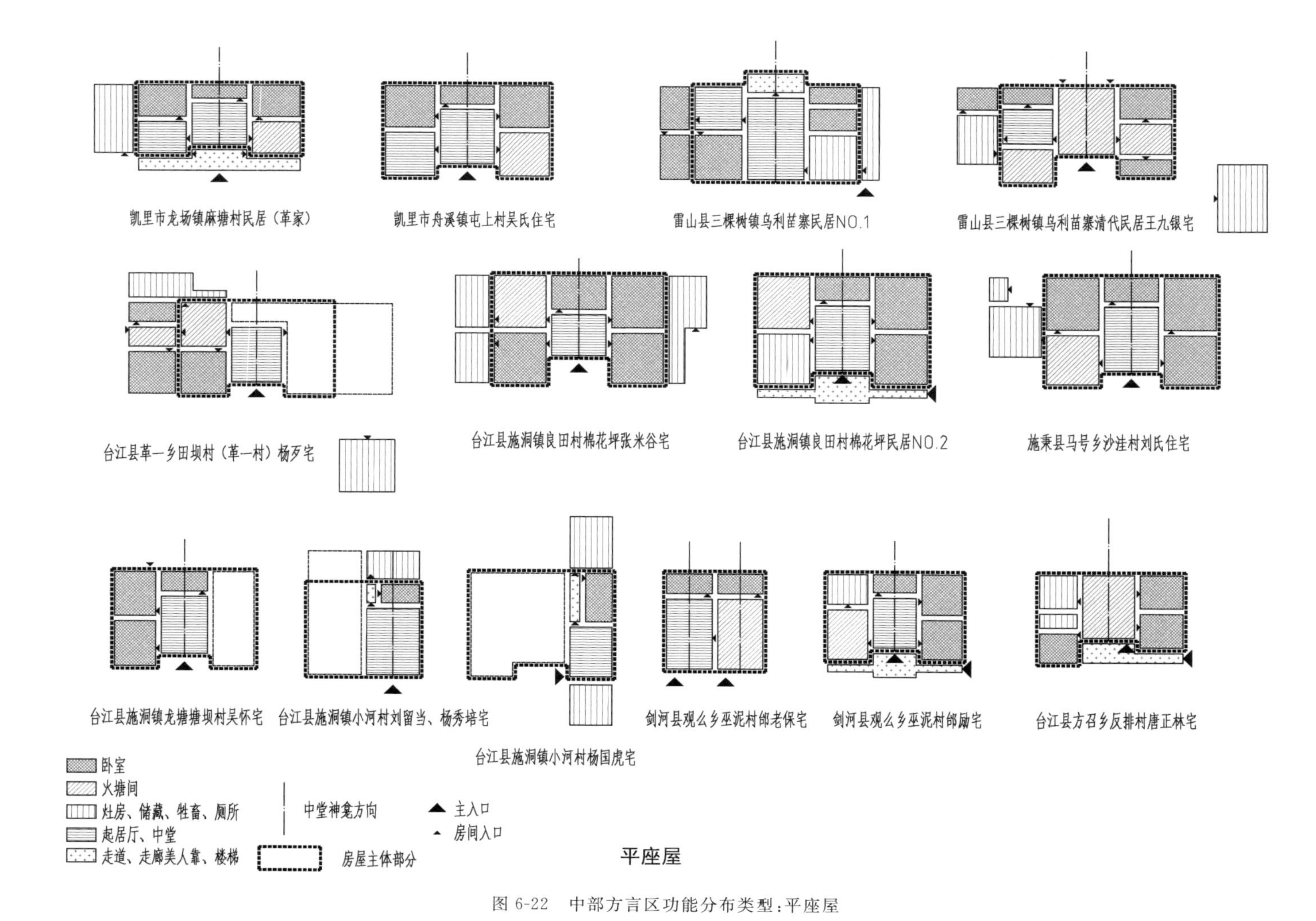

图 6-22　中部方言区功能分布类型：平座屋

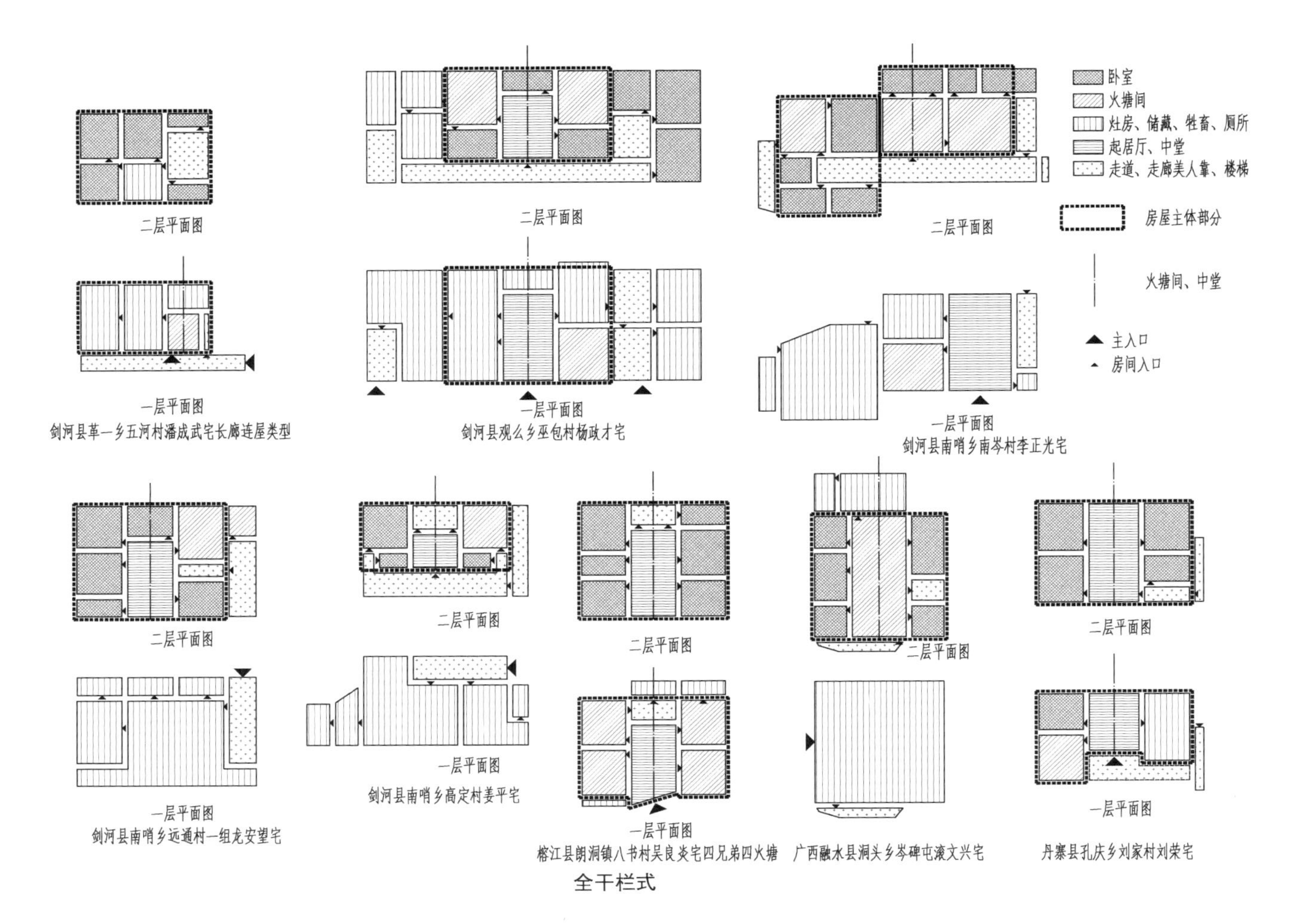

图 6-23　中部方言区功能分布类型：全干栏式

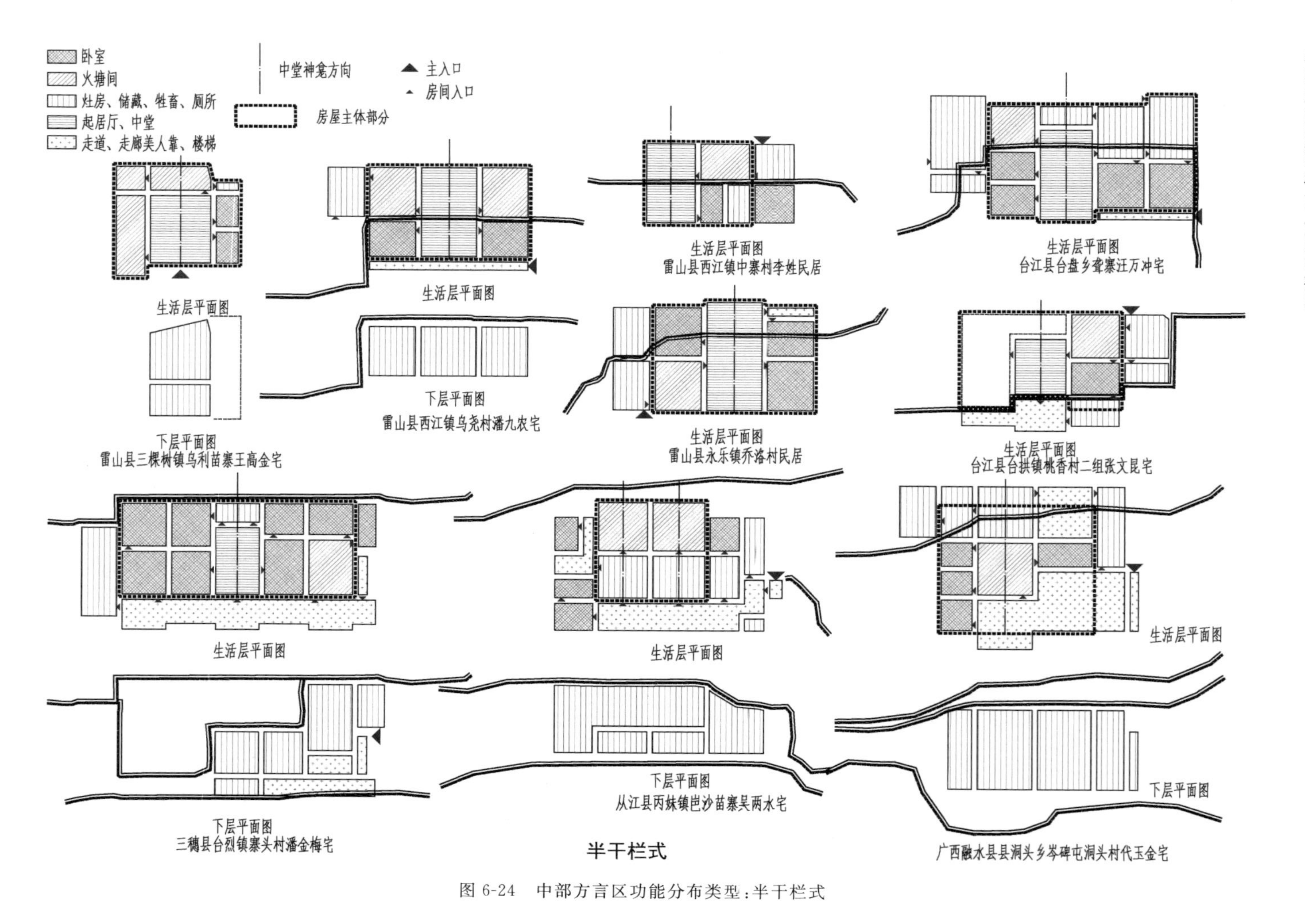

图 6-24　中部方言区功能分布类型：半干栏式

图6-25　乌利苗寨王九银清代民居中堂神龛与火塘

于餐饮日渐复杂化和居住舒适性的需求，其逐渐被搬移至卧房或灶房，开始被移动式火盒取代，还有一些家庭的火塘也出现被填的情况。

但是，苗民堂屋“设桥”“吃新告祖”“保命竹”设立等民族祭祀祈福活动仍在生活层中堂举行。在此空间，形成苗汉多种祭祀文化的混同。

(2)“间”的概念强化

中部许多苗居的中堂两侧，往往各分两间，共四间。右后间(部分家庭在左后间)多为火塘及配套碗柜(一般存在贴角落的三角形碗柜和独立碗柜，前者更具地域性并具一定民族识别性特征(图6-26—图6-28)，如各种食物半成品、厨具，柴木等，绝大多数情况位于夯土泥地(今多为水泥地)上。有的家庭会在此间靠南一小部分另辟木板搁粮食以防潮，旁边还会有舂碓。可以说此间是整个家庭厨务餐饮制作的集中空间。而在剑河南哨乡、榕江朗洞镇、黎平德化、大稼、尚重一线的苗侗混居区，苗族会在此间或左后间保留半边火铺做镶嵌式火塘，将采暖、家庭活动与饭食制作更集约化地放在一起(图6-29—图6-31)。

图6-26　火塘间三角碗柜(雷山县中寨)

图6-27　火塘间独立碗柜(台江细登)

图 6-28　火塘间镶壁式碗柜(三穗寨头)

图 6-29　火塘间半边抬高(台江反排)

图 6-30　火塘间半间火铺(榕江八书)

图 6-31　披挂与实地做火塘间与灶间(从江岜沙)

不论是平座屋还是半干栏(往往后半部着地)式苗居,以上做法颇为通行,一般都将厨务空间置于与地相接的部位。对于全干栏或挑出部位较多的半干栏,则通过拖步、搭建向实地争取面积设置厨务空间,又或者索性将厨房设置在生活层以下与地相接处。总之,苗族的灶台与火塘功能相剥离之后就存在较大的灵活性,虽常常两者并置,却无一定之规。

其余三间多为卧室,个数依据家庭成员数量而定,至于具体哪间如何使用,全凭主人定立。苗民往往以柱为界隔墙分间,或每间都对中堂开门,或左右两边仅各开一门形成套间,增加入户层次。但无论怎样,都说明“间”的概念得到了肯定与强化,这与东部方言区仍有强调“樘间”的情况有较大区别。

2)次要辅助:灶务储畜

左右后间(右边可能性较大)往往会向外搭出偏棚、偏耍甚至独立棚屋,作为厨务的延伸,柴、杂物的储存以及猪、鸡鸭畜养。旨在与祭祀住居主体空间保持一定的生活距离。苗居阁楼层往往作为粮食晾干与储存之用。今日调查,常闲置或堆杂物而已。

3)联接纽带:交通组织空间

前文已述中部方言区苗居各种类型的入户方式及交通组织。连接各功能空间的合理性及与地形关系处理的考虑,是构成多样性的主要因素。

6.3 建筑木作构架类型研究

苗族穿斗构架生成逻辑的特殊性在于其模式化,即在单一或相邻若干村落构成的小区域内,具有普遍性。因此通过扇架类别即可反映建筑的空间尺度和功能布局,这正是穿斗构架特点所在,也成为区域性特征。研究分析穿斗构架的类型与分布特点,虽然工作繁重,但意义重大,也可借此理解随地域分布的构架生成规律性。

苗族穿斗构架技术源头应当与相邻民族的交流密不可分,在长期适应本民族生存模式的进程中取得了一种动态平衡,至今仍在继续演进和技术创新,完全可将其视作"持续更新的区域民族建筑史"的代表。对穿斗构架的研究不能以研究抬梁体系的方法进行,要从理解其构成类型与生成模式入手。

笔者在苗区调研时,发现了一些问题,归结起来大致为:一是区域间的确存在相对渐进的、差异化的穿斗构架模式;二是这种区域差异化相对稳定的大前提下,某些"主力模式""侵占"速度极快,在新一轮乡村"新陈代谢"进程中轻易取代原先的固有模式,比如在黔东南台江的许多村寨,原有传统老屋均为"五柱四瓜"加一夹柱的平座屋,但失火之后大多数都会请雷山、石阡等地的工匠建成二层半干栏或三层通柱全干栏楼居,苗民生活模式也早已变化,以至于今日再次调研,面目已非昔日。

因此,在调查基础上忠实记录、分类今天苗族聚居区的穿斗构架意义重大,同时从其生成逻辑和演进规律能大致判断其生活模式演进及技术更新方式。

6.3.1 两个方言区实存民居的构架类别及其演进规律

1. 东部方言区构架类别及其演进规律

东部方言苗区的穿斗构架类型在地理分布上规律性明显,本书选取了各小区域的代表性构架,主要依据两个标准将其分成若干类别进行研究:一是基于瓜柱与穿枋关系分成满瓜满枋、减枋跑马。永顺土家族民居通用的满瓜满枋虽编织感极强,设计简单,但更费工费时,穿扇难度较大,应可视作对结构体系的"不自信"体现。以此为参照和基础,苗居穿斗构架出现减枋跑马的程度变化不一的现象,并在空间上呈规律分布,直到较为精简、适用、可靠的集约状态,作为基型大量推广使用。可以说从空间上能扁平化地看到构架演变序列和穿斗技术的发展。二是观察其挑檐形式,反映了对于出挑工艺逻辑的工匠思考，具有较强的地域识别性。在某些区域通过前后出挑方式不同，还标示了民居的方向性。因此本书以“双挑-单挑坐墩-混合出挑-单挑”序列结合分类，另一个隐含的演变逻辑就是扇架前后是否对称，因其基于生活需要或场地限制决定了设计施工的复杂性，应该是一种抛开结构困扰的高级形态。

基于以上考虑，本书先以满瓜满枋、双挑减枋跑马、单挑坐墩减枋跑马、混合出挑减枋跑马、单挑减枋跑马作为具有演进逻辑的序列大类。再对每一大类内分小类依“减枋跑马程度、是否对称、构架复杂程度”等标准顺次排列。

1）满瓜满枋

根据在湘西永顺酉水流域北侧的土家族近十个村落的调查来看，民居普遍采用满瓜满枋的方式，多以三柱四瓜、三柱六瓜、五柱六瓜、五柱八瓜等构架为主，柱距较大但挂行较小，很多情况下并不限于“随檩设枋”，在枋间较大处还增设一根穿枋以求均衡，枋间净距往往等于枋宽，凸显“密织”感。不光山墙扇架，明间两边也基本一致，并未因人需要穿过二层空间而减枋，说明了该区域土家族人对二层阁楼的使用并不重视，也侧面反映了其储粮、晒粮并不完全依靠阁楼。

出挑往往为双挑且全为硬挑，在该区域民居中十分普及。

2）双挑减枋跑马

以土家族双挑满瓜满枋的基本类型为参照，酉水中下游南岸的苗族民居进行了渐进性的调适。首先是大小挑枋由硬挑变为软挑，同时将相应的瓜柱升高。比如默戎镇龙鼻嘴村某些民居，只将小挑手变为软挑，瓜柱升高两个枋距，对满瓜满枋的改动非常细微。这种非常接近土家族满瓜满枋的做法，遍布于龙鼻河—河蓬河—丹青河等流域，即古丈、泸溪等酉水中下游溪谷区，也是与土家族、瓦乡人常有混居之处，可见此类型应受地域、民族影响，且越接近土家族，满瓜满枋的程度越高。

从溪谷区逐渐往苗族核心区域的花垣、吉首方向，减枋程度逐渐加大，瓜柱也不断升高，但仍能看见有长瓜落长穿及长穿上无瓜柱的情况，应该是一种减枋跑马并不完全的状态。而且越往腊尔山台地区，减枋程度越高。

3）单挑坐墩减枋跑马与混合出挑减枋跑马

房屋前后全双挑的情况大致可从土家族聚居地一直扩散到湘西花垣县麻栗场一带，再往南则逐渐变为屋前用双挑或单挑、屋后为单挑或单挑坐墩的混合状态。一般情况下，苗居若出两挑，则小挑出一挂行、大挑出两挂行，即 4 尺至 4 尺 4 寸(约 1.33 米至 1.47 米)的情况居多。在此区域渐用坐墩，在刘致平有关四川民居的调查报告中有较一致做法，其出挑距离一般也是一挂行，事实上起到了小挑枋的作用，但更为简洁省料，也有可能是在此区域，枋距因屋顶构架的改变有了细微变化，不再适合设置小挑枋的缘故。在集中使用单挑坐墩的花垣县麻栗场、董马库乡一带，以及松桃自治县，上百年的清代住屋已大量使用坐墩，而且有着不同样式，如葫芦、宝塔形。松桃工匠称坐墩为金瓜，百姓也多有称其为鱼、猴子(dab mlanb bloud)等。

在前后都为坐墩或混合式的情况时，穿斗构架的减枋程度是在进一步增强的，即长穿变成短枋更为显著，但是扇架前后变得逐渐不对称。这表明了穿斗式构架开始变得不再“拘谨”，在技术相对成熟的情况下取得了某种自由，相较室内功能的布置，穿斗扇架作为结构支撑的技术性变得“自信”起来。然而，当笔者同酉水上、中、下游各地的土家族工匠交谈时，他们依然对满瓜满枋的结构形式充满优越感，并对南部工匠的减枋跑马不以为然，觉得如果这样做，房屋会不稳。

4) 单挑减枋跑马

这种方式在苗区的分布范围较广，大致在花垣县麻栗场镇附近区域就已被广泛使用。若再往南走，尤其在花垣县南端和凤凰县的台地区，更可以说是唯一的出挑方式。这可能与多种因素有关，比如房屋高度、进深尺寸的变化，多使用土坯墙、砖墙而轻木构，或雨量气温的变化导致出檐不必过于深远等。

另外，此类苗居减枋的程度更大，穿枋瓜柱基本上都到了十分精简的程度。尤其在松桃自治县，还产生了穿瓜枋长度缩短、分成不同高度的若干段，成为拉瓜枋的变化，虽然构架整体性减弱却显得灵活性增加。麻阳自治县则更加灵活地表达出对构架“实用”的理解，为了阁楼的使用或开窗、过人以及居室布置，除前后瓜数、柱数未必一致，索性连前后扇架的穿枋逻辑都可不一致。

总体来看，东部方言苗区的扇架穿斗构架类型表现出较为强烈的规律性，从与土家族人混居的区域并受其影响的满瓜满枋，这一充满编织感、拘谨感的整体性构架，逐渐在花垣县中部—保靖县南部—吉首市一线产生显著的减枋跑马，但仍有并不完全的状态。往南到凤凰县有了较为简约或是“简陋”倾向的穿斗构架(在早期贫苦之家还可见大叉手斜梁承檩)，再往南到麻阳自治县则彻底成为自由灵活的“实用”结果。而往西至松桃自治县，在维持穿斗构架完整性的前提下，因实际需求而大量采用“五柱七瓜”的不对称模式，长瓜穿变成若干短瓜枋的组合，既有相对整体性，也不失几分灵活，从而称为另一种发展方向，并保持与黔东南苗居构架基础的逻辑联系(图6-32)。

2. 中部方言区构架类别及其演进规律

对于中部方言区穿斗构架，为免遗漏或逻辑性缺失，本书以其三种大木架种类结合其檐柱处理进行分类。因为大木架种类平座屋、全干栏、半干栏概括了该地区苗民生活模式的全部面貌且呈现一定的地域分布规律，体现了应对立屋场地地形的生存策略而对檐柱的处理具有强烈的地域标识性，甚至有一部分具有民族识别性。对檐柱收头的构造处理以及整个屋架与基地之间的支撑方式，则在一定程度上可以反映该区域穿斗构架演变分化过程(图6-33、图6-34)。

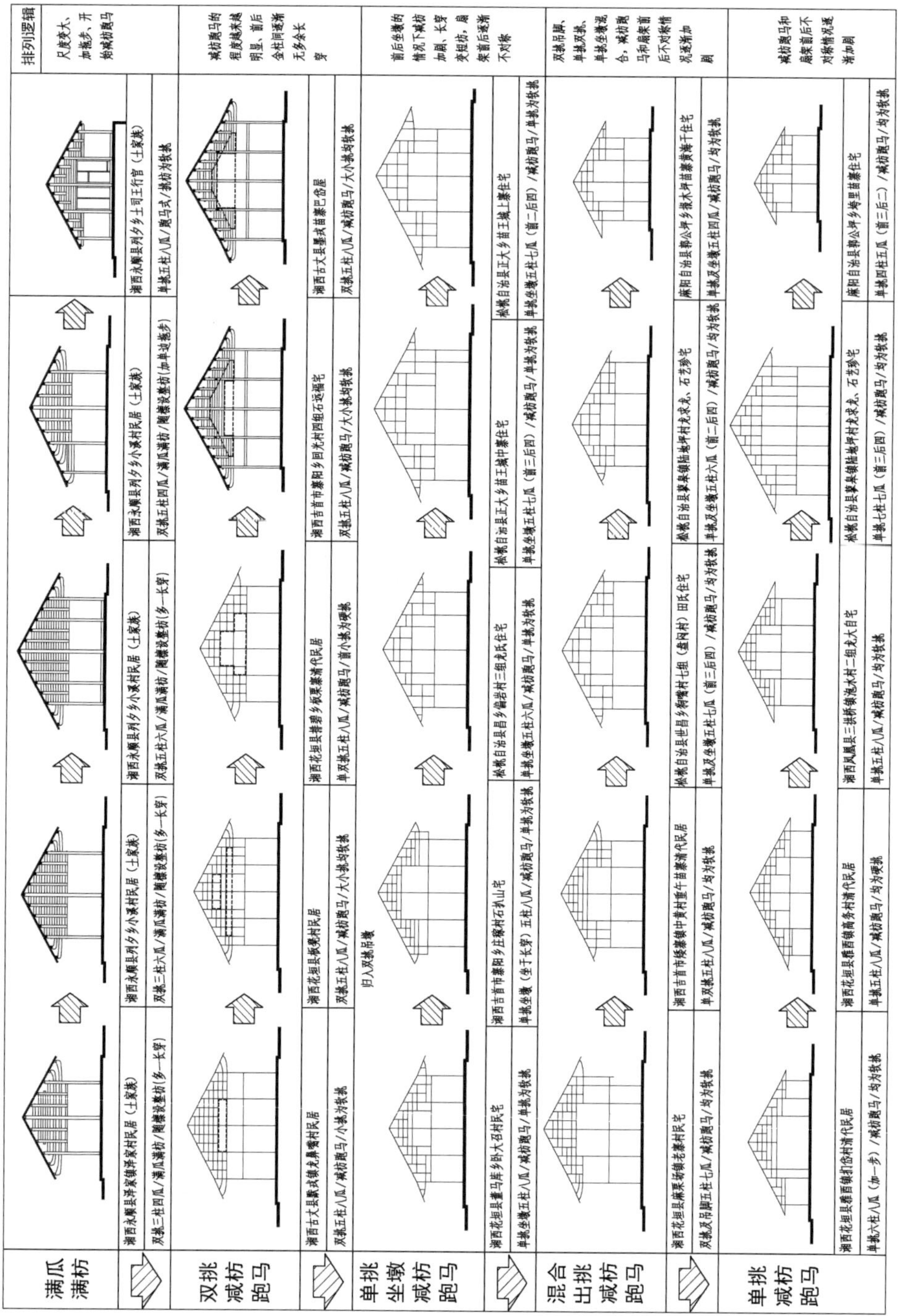

图 6-32 东部方言区大木构架类型

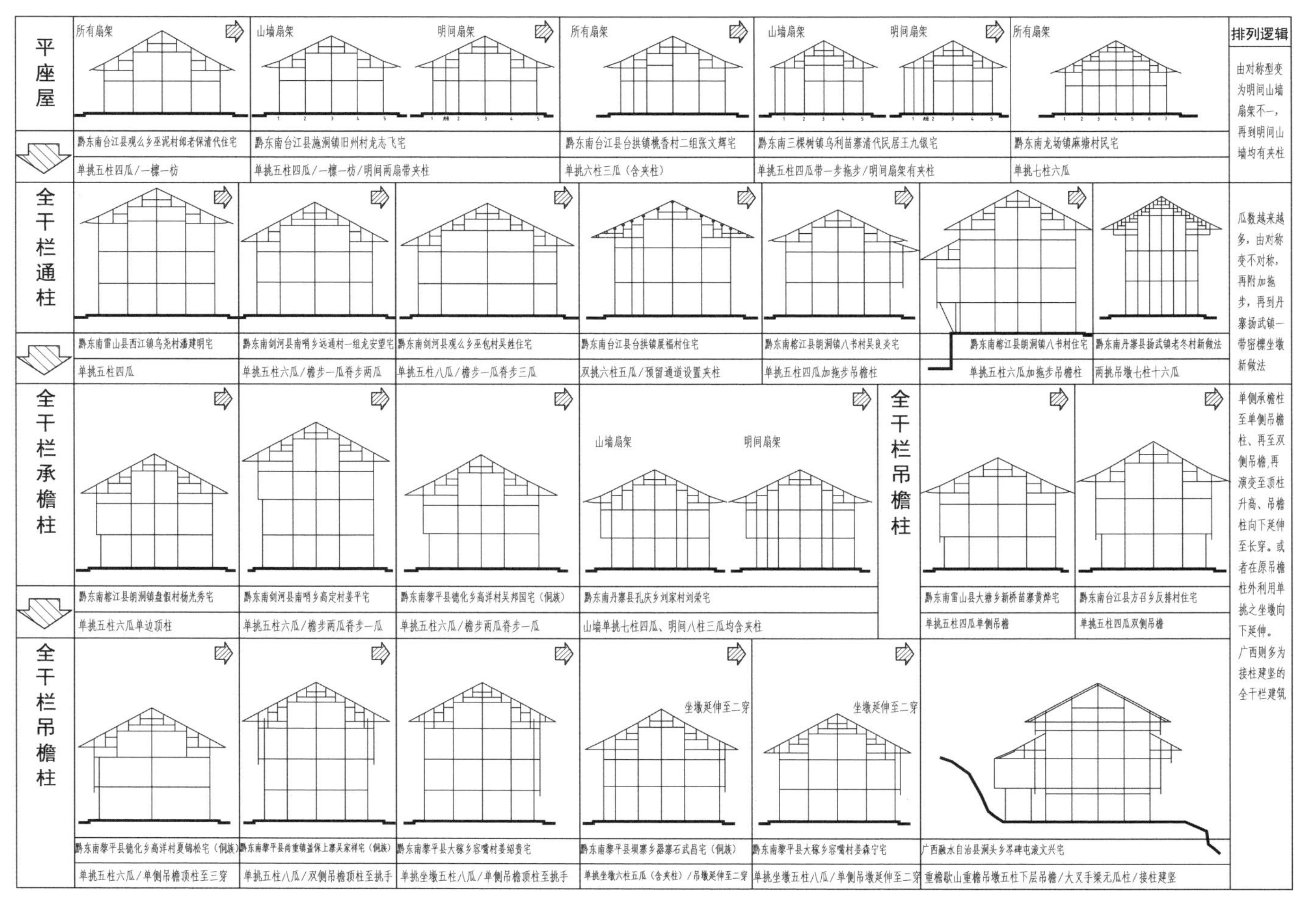

图 6-33　中部方言区平座屋及全干栏木构架类型分布与演变示意

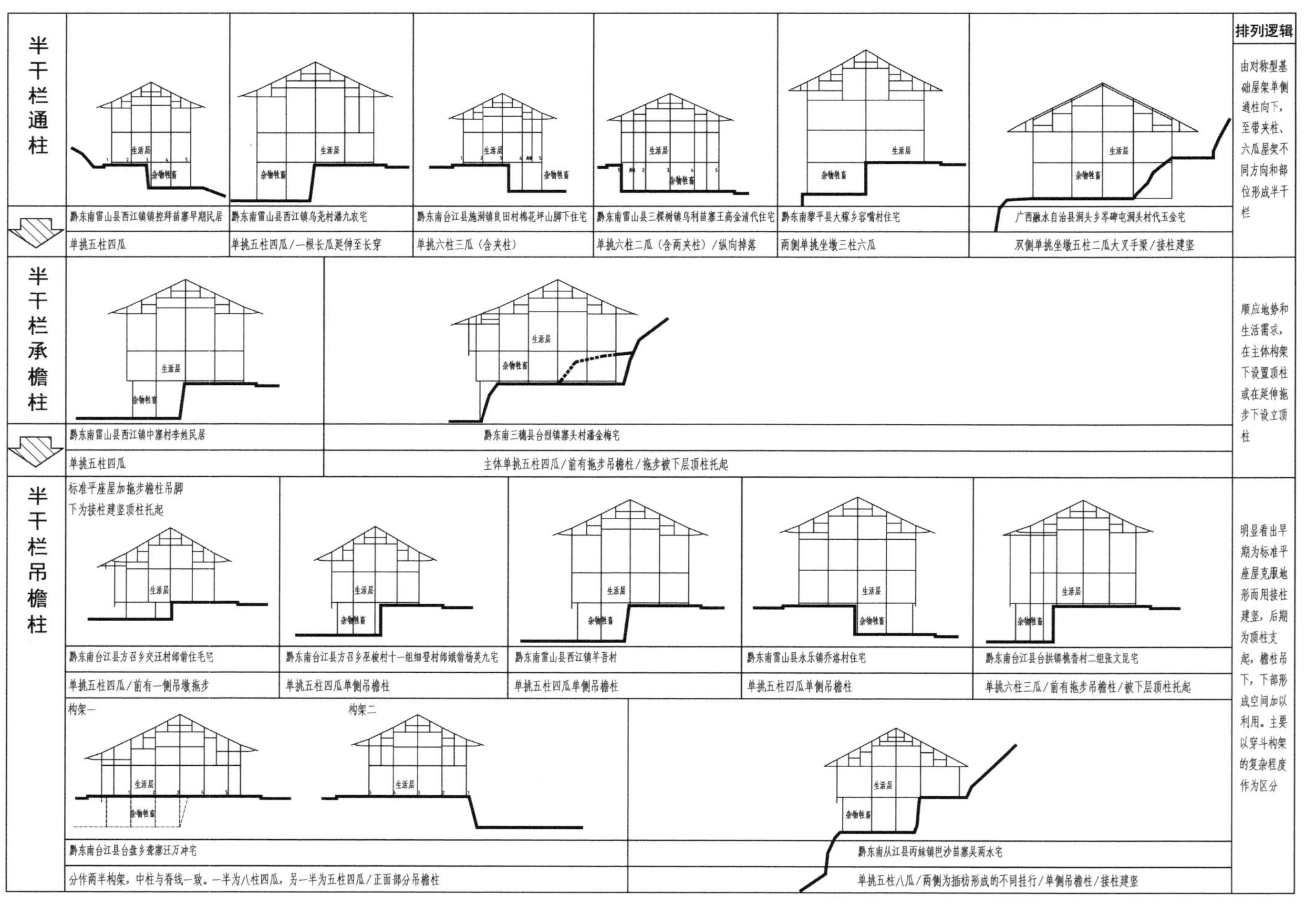

图 6-34　中部方言区半干栏木构架类型分布与演变示意

1）平座屋

在黔东南清水江流域以及台江、剑河等广大苗区，曾广泛散布着平座屋这样的“传统老屋”，只是近一二十年（村民也多说是改革开放之后）每遇火灾，则基本更新为“雷公山模式”，即平地上起全干栏通柱房屋。

相较东部方言区，中部方言区的木构架精简程度十分显著，基本上可实现单位距离间瓜柱数、穿枋数最为集约。在柱距稍微压缩的情况下增大挂行，目的是将“五柱四瓜”这一最简约构架作为原型模式进行广泛使用。

“五柱四瓜”在整个中部区域的使用，大致分为三种情况（图 6-35）。一是三间屋的四榀均为“五柱四瓜”，但在调查时所见极少。二是两个山墙扇架为“五柱四瓜”，明间为了设门，将下一瓜延伸至地称为“夹柱”，从而成为“六柱三瓜”构架。三是三间屋的四榀扇架全为“六柱三瓜”。其中第二种数量最多，与第三种方式一道可以视作“五柱四瓜”的衍化类型，并作为整个苗区平座屋的主要构架。

中部方言区平座屋构架类型较为单一，其他式样的建筑往往多在此基础上增设附属功能而已。

2）全干栏通柱/全干栏承檐柱/全干栏吊檐柱

全干栏通柱可以理解为基于苗民生活功能的纵向扩展需求，将平座屋的层数变多，但区别在于其生活层设置在二层。该类型在苗区的使用也十分广泛。由于建筑高度的增加，其进深亦有增加，“五柱四瓜”的基础构架难以满足，故而在雷公山外围区域多为“五柱八瓜”的基本构架，也有少量“五柱六瓜”。在与侗族开始混居的榕江、黎平、剑河交界处，“五柱六瓜”的使用明显增加。

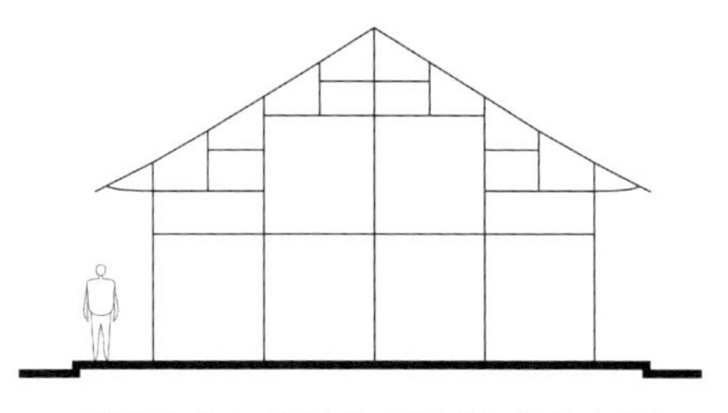

(a) 四榀屋架全为五柱四瓜：剑河观么巫泥郃老保宅

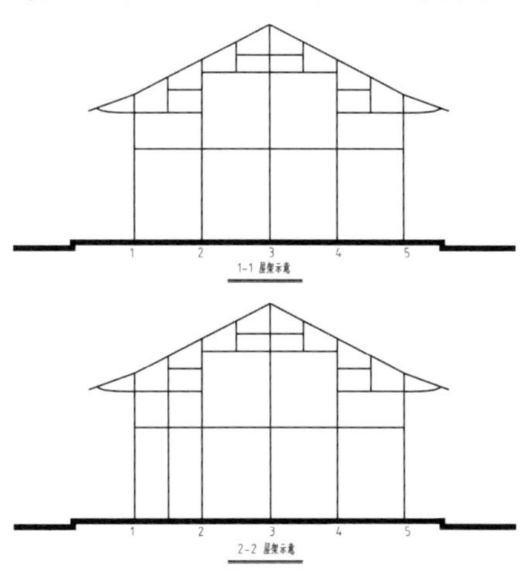

(b) 明间屋架全为六柱三瓜、山间为五柱四瓜：
台江施洞镇龙塘塘坝村吴通恒宅

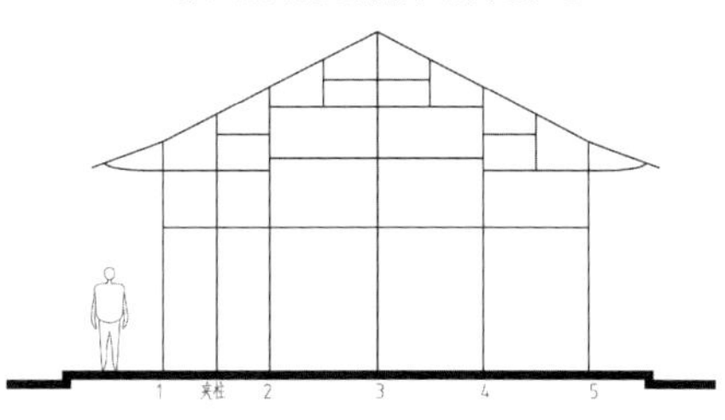

(c) 四榀全为六柱三瓜：台江革一田坝杨歹宅

图 6-35　平座屋主要构架三种类型

(1)“五柱六瓜”构架的民族性

“五柱六瓜”的构架分布大致分两种情形：在台江、剑河等苗族聚居区腹地，基本上都是脊步两瓜、檐部一瓜，即内柱距大、外柱距小；而至剑河南哨、榕江朗洞、黎平大稼等区域，越至侗族区域越为内柱距小、外柱距大，即檐部二瓜、脊步一瓜，直至完全等同于坝寨方向的侗族民居。究其原因，应当还是受侗族生活方式的影响(比如中堂后置楼梯或前置宽廊)，室内布置基本趋同的情况下，构架自然也会一致(图 6-36)。

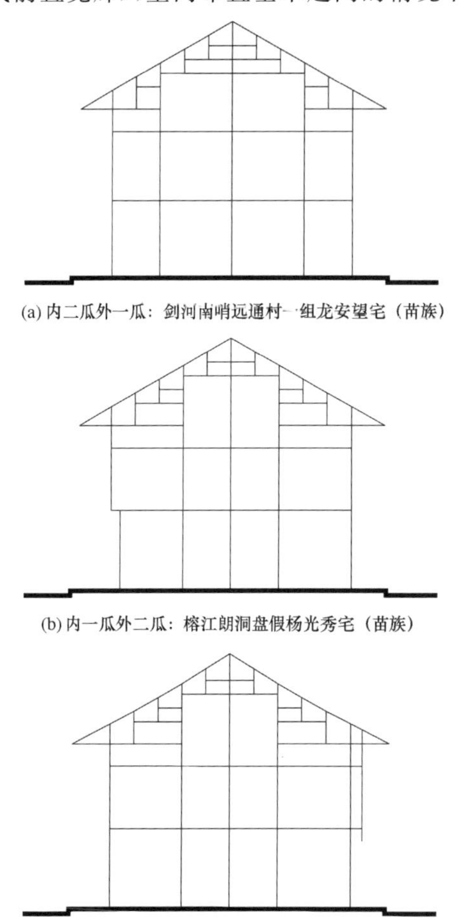

(a) 内二瓜外一瓜：剑河南哨远通村一组龙安望宅（苗族）

(b) 内一瓜外二瓜：榕江朗洞盘假杨光秀宅（苗族）

(c) 内一瓜外二瓜：黎平坝寨器寨石武昌清代住宅（侗族）

图 6-36　五柱六瓜构架的民族性与区域性

(a) 丹寨县长青乡丹寨排调镇孔庆村新建民居

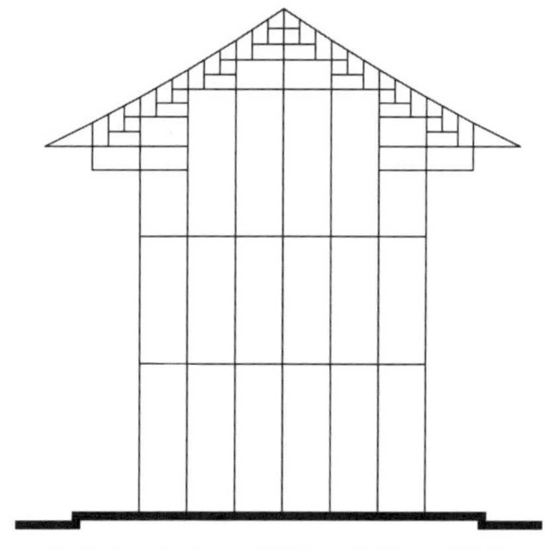

(b) 丹寨县长青乡—扬武镇一带典型民居扇架

图 6-37　丹寨县长青乡—扬武镇一带新做法

(2) 新式密檩屋架的地方性更新

在黔东南丹寨县长青乡—扬武镇一带流行着一种密檩的屋架新做法(图 6-37)，在柱距保持较小距离(工匠所言：2 尺 5，约 0.83 米)的情况下，仍将瓜柱尺寸减小，甚至每柱距设置二瓜，檐部为二挑坐墩(实则板凳挑)，也有做吊墩的，上面还会雕花彩绘，檩下及山墙密密麻麻，少了几分古拙质朴，却多了些繁琐世俗。笔者未能溯其源头，通过对工匠的访谈，只了解到其侧样设计方法。工匠认为此地瓦片垒法较密，若用“五柱四瓜”等疏檩恐不能负重，故而加大瓜柱密度。笔者认为这是出于结构功能的实用需求从而做出的构架机能组织调整，但也是一种新的地域性样式取代固有样式的“新陈代谢”。在此区域尚能发现新老构架层叠的状况，但若干时日之后，恐怕会形成新的类型“垄断”。这也许正是风土研究中所需面临、却常常难理清脉络的种种困局所在。由此可以想见，风土样式的研究须理清其脉络，仅从样式入手尤不可靠，还需从结构机能、生活模式、文化、民族性影响多因素考量，既弄清新样式的产生机制，更需明白老样式衰退的本质原因。风土特征的研究应秉持多角度、多方法融合并持续变化的动态观念。

(3) 檐柱上升的地域性和民族性

至于檐柱处理成承檐还是吊脚，往往于屋架结构并无影响，仅仅是檐柱底部与水平脚枋或长穿的交接构造有别，但从某种角度来说，其体现的是不同的接地思维。

檐柱上升参与屋架构成的的区域正与前文所提“五柱六瓜内小外大”区域基本吻合。此处部分苗族村寨与侗族做法一致，对吊脚柱的处理有另一种方式：即一层檐柱升起到挑枋甚至到檩下而不仅是作为顶柱，生活层(二层)檐柱则全靠被长穿(一穿、二穿)插入从而形成悬挑(图 6-38)。这种吊檐柱的生成方式与雷公山附近苗寨不一样，是在主体原型构架之外“添加”出来的，夸张一点甚至可将其理解为挑手上的单挑坐墩或双挑坐墩。多数苗族民居则是保证上层的完整性，仅在下面“退后”加顶柱。这一区别十分重要，体现了不同民族的建造逻辑差异，也可能间接反映了民族生存境况之影响。雷公山苗族难以找到平地建屋，多用顶柱满足基底范围，但首要需确保生活层面积。侗族区域这一做法体现了平地为主，较为从容地向外扩展空间的思路，受此影响的邻近苗族则沿用侗族做法。

(4) 屋架的苗侗差别

从穿斗类型来看，苗侗构架逻辑类似，似无法分辨，但除前述要点之外，仍有区别。

一般侗族喜做三层通柱，则吊檐柱在三层，若苗族做三层，吊脚却在二层。这可能是苗族长期仍以二层房屋为主要生活层，对此所加的某种形象强调。

另外侗族因多用“五柱六瓜”或“八瓜”等瓜数较多的屋架，挂行较苗族要小，且拉瓜枋距离瓜柱头应明显小于 1 尺(约 0.33 米，苗族聚居区多为 1 尺)，所以层层累积的结果是檐部穿枋位置显得比较高，这意味着屋架部分占比降低，与下部生活层的关系较疏离。侗族瓜柱、穿枋尺寸较小，在此屋架中则显得较密。这与广大苗区腹地住居差异明显，与雷公山地区甚至 3 尺(1 米)挂行的“五柱四瓜”来比更是差别巨大。

3) 半干栏通柱/半干栏承檐柱/半干栏吊檐柱

从调研结果来看，半干栏屋架部分的类型和规律与全干栏基本一致，所要关注的主

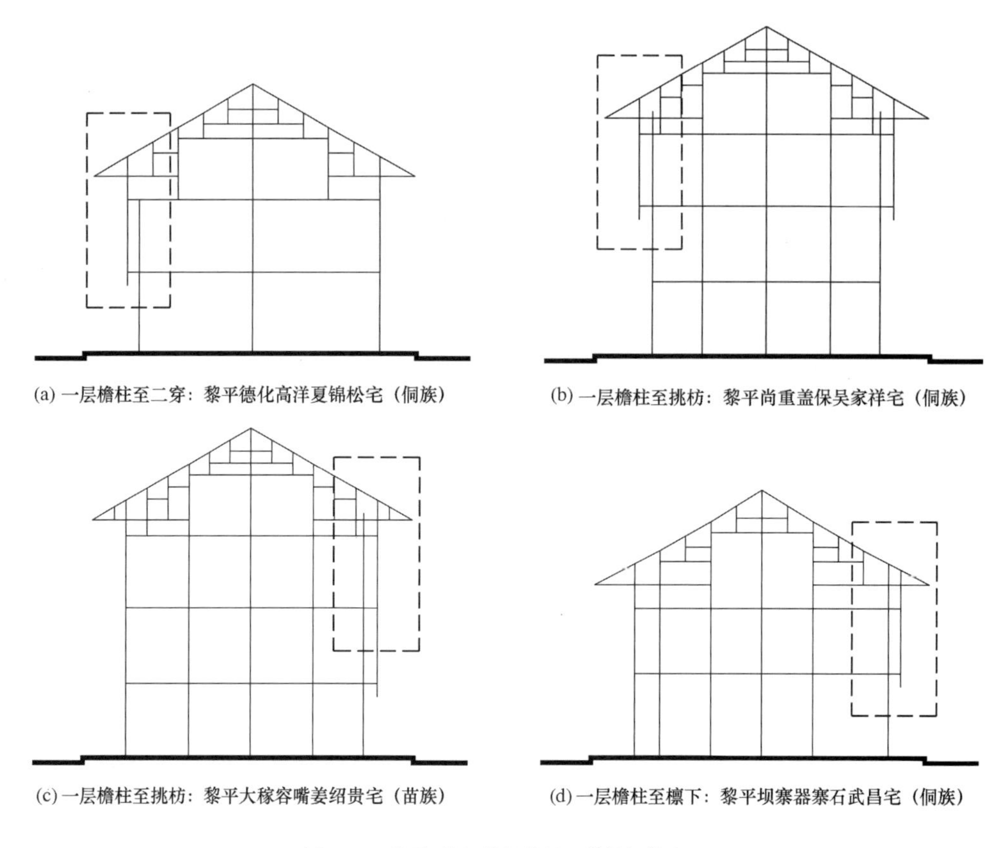

(a) 一层檐柱至二穿：黎平德化高洋夏锦松宅（侗族）

(b) 一层檐柱至挑枋：黎平尚重盖保吴家祥宅（侗族）

(c) 一层檐柱至挑枋：黎平大稼容嘴姜绍贵宅（苗族）

(d) 一层檐柱至檩下：黎平坝寨器寨石武昌宅（侗族）

图 6-38　黎平、榕江苗侗混居一带檐部做法

要为两个要点：一是跌落架空的范围，二是接地状态与构造处理，这两点都能通过檐部的处理方式进行观察，也是构成苗居吊脚楼多样性的要点，但并不属于明显的地域特征，在苗乡完全服从于地形与生活需求。

（1）跌落架空范围

苗族半干栏式建筑对于架空范围并没有一定之规，完全是一种对地形的考量与调适。但在特定区域多数案例趋同：比如常以中堂中柱为界，前半段架空，后半段位于地面，且多将灶房及火塘置于后半段实地之上。另一种方式也很常见，即山体跌落多少，房屋构架就架空多少，相应的立柱或直接连通地面，或用接柱层层顶托，十分自由。除此两种，还有横向架空的例子，不过数量极少，笔者调研只见一例，即明间和左次间均被整体架空，只有右次间置于实地。

（2）接柱建竖和整柱建竖

干栏式苗居接地方式主要分作接柱建竖和整柱建竖两种，前者零星见于台江等“苗疆”腹地有较久历史的平座屋(如黔东南台江县方召乡交汪村几处清代老宅),与山体之间挑空部分用短柱架起主体下脚枋。与上层立柱并无关系。而至从江县如岜沙苗寨,接柱建竖的方式则甚为普遍,且一直延续到广西融水自治县苗居(图 6-39)。

图 6-39　接柱建竖:从江岜沙苗寨住宅

图 6-40　整柱建竖:雷山控拜苗寨新屋

整柱建竖的情况在中部方言区苗区内非常普遍,即便檐柱既有落于脚枋的抬柱或向下称吊柱,都只有下层顶柱算是一根接柱,其余各柱往往都是从上层整根直通下来(图 6-40)。

(3) 两种思维模式

这两种方式从支柱立屋的思维上是具有明显差异的(图 6-41)。

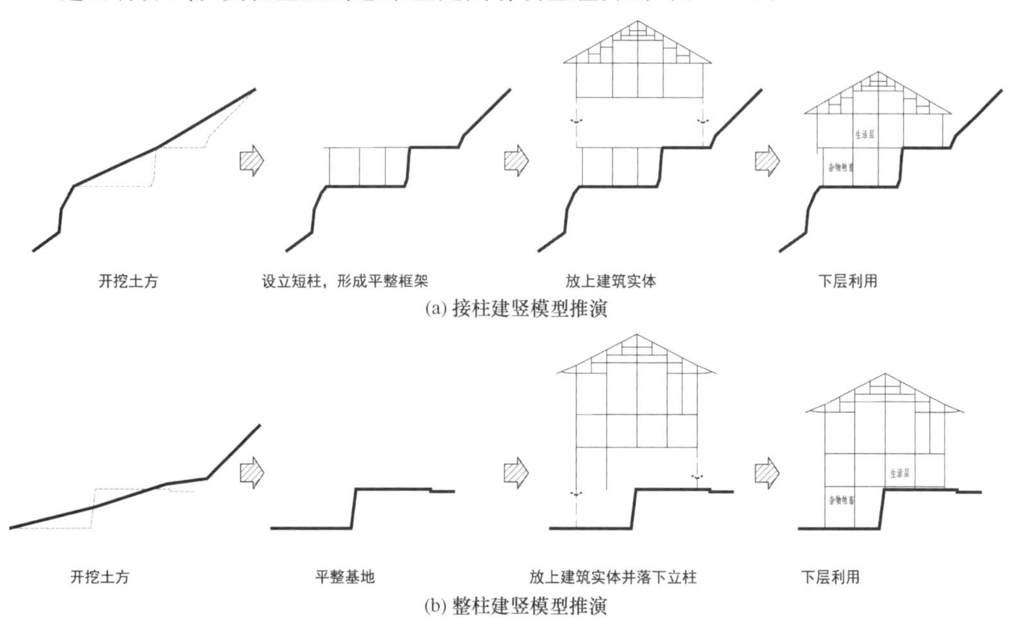

图 6-41　两种苗居接地模式推演

黔东南从江、广西地区苗居的接柱做法常常是先在地基上立支柱，使其柱头处于同一高度，用联系梁枋将其围成一个整体，其后用粗梁搁在开过卯口的柱头上，使梁皮与柱头上皮一致，再用楼枕的做法将横木搁在联系梁枋上，并铺上木板，即成新房屋基。因此下层接柱体系构件往往都十分巨大，颇具古风。上部屋架立柱一般与下层支柱仍保持一定关系，或至少位于联系梁枋上。

整柱建竖是穿斗技术成熟之后将接柱解决高差的办法进行简化并统一融入穿斗构架之中，只需预先设定好高差值，通过延长通柱或现场加顶柱的办法解决。

从对苗民迁徙路径的研究以及考古资料来看，接柱建竖的方式显然更具古风。早在河姆渡遗址第一期文化遗存的4A、4B层中大量发现干栏建筑遗迹及排桩（图6-42），"主要是排列成行、打入泥土中的桩木，以及桩木上横卧的地栿（即干栏的基础支座）……应是长条形干栏式长屋"。[①] 另外，据楚纪南古城遗址的发掘来看，有关南垣水门的记录如下："四排木柱南北成行，东西不成列。四排成行的木柱顶部修削成尖锥状，其高度基本上是在同一水平上，这就有可能在其上架设纵梁……在纵梁上再架立柱，在立柱上再架设纵梁，再在纵梁上铺横梁，就构成了水门的第一层底座"[②]（图6-43），显然这两者均是"接柱建竖"的做法。而贵州赫章可乐出土的住家形汉代明器（图6-44）更说明了接柱建竖应当是早期干栏的通常形态。二层住家空间的下方架空处，还有用于粮食加工的舂碓，这一设置在今日不少苗族民宅内仍可见到。而对东南亚及台湾地区原住民早期干栏式建筑的发现与研究，也可以佐证这一点。[③]

以上所论，足可推测苗族干栏式建筑可能的发展脉络。

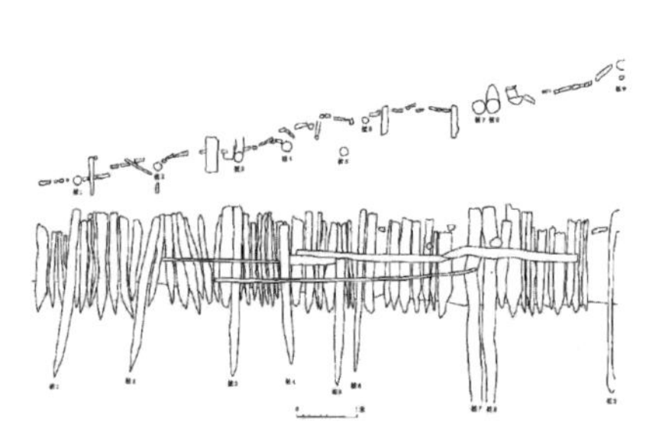

图6-42　河姆渡第一期文化4B层干栏建筑第12排排桩平侧面

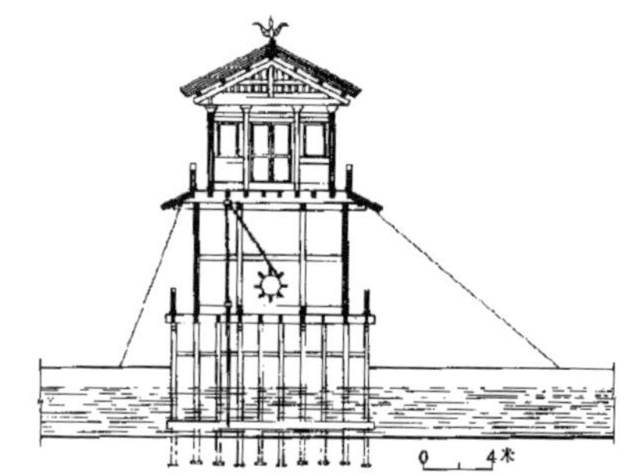

图6-43　楚都纪南古城南垣水门复原：接柱建竖

① 浙江省文物考古研究所.河姆渡：新石器时代遗址考古发掘报告[M].北京：文物出版社，2003：362.

② 郭德维.楚都纪南古城复原研究[M].北京：文物出版社，1999：120.

③ 台湾地区干栏式民居研究参见：黄兰翔.台湾建筑史之研究[M].台北：南天书局，2013：131-198.有关西南少数民族干栏的研究也可参见：张良皋.干栏——平摆着的中国建筑史[J].重庆建筑大学学报（社科版），2000，1(4)：1-3.

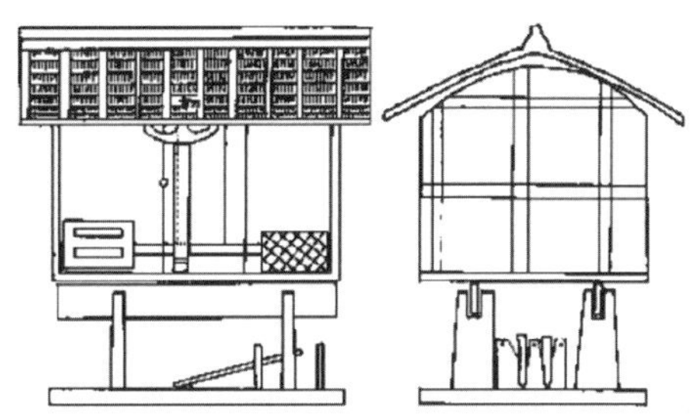

图 6-44　赫章可乐东汉宅形明器(1978)

3. 两个方言区构架类别之关系

苗族传统木构架可以根据方言区域划分为两个大的体系,在其边缘或稍有一些联系,主要体现在两个方面:一是木构架中夹柱的沿用,二是面阔、挂行等尺寸的演变规律上。两个方言区的构架在功能构成上有所类似,但具体做法差异显著,分别从属各自的生活模式和平面功能划分。

6.3.2　大木构架挑檐类别

1. 挑手

1)溯源

在刘致平对四川民居的记录中,可以看到四川民居中大量出现大刀挑,其根源类似汉画砖中之曲栾,又似向外出一跳华拱。即类似土家族、苗族使用的曲线挑枋。由此可见,这种出挑形式可能本是一种地域性特征,但逐渐至黔东南地区主要多见于苗族民族,反倒似乎又成了民族特征。也许可以预料东部方言区与中部方言区之间是存在匠作交流的。但该区域的挑手源头恐在四川一带,有待进一步研究。

2)苗区演变规律:曲度

在从北至南的两个方言苗区内,住居挑手的曲度均十分明显。以湘西土家族为参照,某些住宅角部甚至有向上近 90°反撑曲线挑枋。苗语东部方言区北部毗邻地区应受土家族影响,所以曲线也十分明显,有些甚至将挑枋分两次裁锯拼接以求曲度向上方便挑檩。一路向南,挑枋曲度渐缓,出挑个数从大小二挑逐渐减为双挑坐墩、单挑坐墩、单挑。至东部外围的松桃与麻阳也在使用挑手,但其曲度明显减缓。

到中部方言区,曲线挑枋仍一直沿用,但曲度较之减缓,平座屋更为明显,楼居仅保留其挑手意象,直到侗族区域则基本成为直挑。这可能是根据屋架水分设计,侗族挑枋所处水平位置足够高,穿枋做直即可承檩。苗族屋架挑枋位置较低,距檐口处竖向距离较大,因此需要用曲线挑枋。

可见挑手形式可以作为连通东部、中部方言苗区建筑的要点之一，从其曲度也可见地域差异(图 6-45)。

(a) 砂土湖村（土家族）

(b) 保靖傍海村曲线双挑

(c) 花垣卜如坪村曲线双挑

(d) 花垣老寨村单挑坐墩

(e) 凤凰泡水村二组单挑

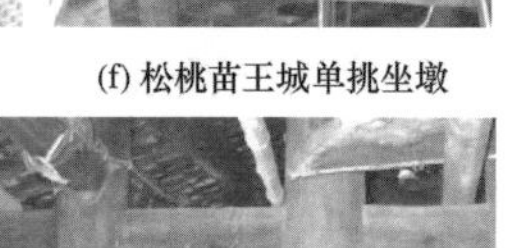
(f) 松桃苗王城单挑坐墩

(g) 三穗寨头村拖步单挑

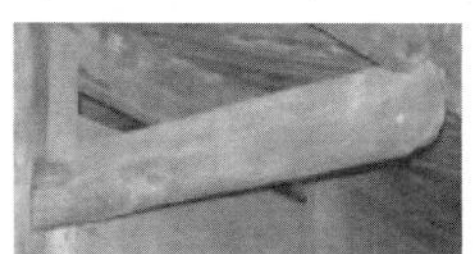
(h) 剑河巫泥村单挑

(i) 台江展福村双挑

(j) 雷山郎德村单挑

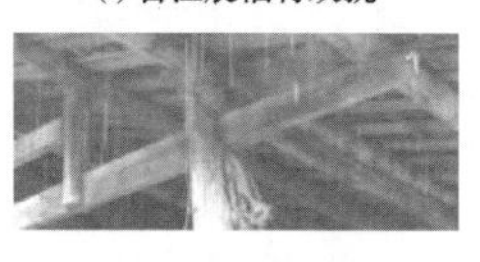
(k) 剑河远通村单挑

(l) 从江岜沙苗寨单挑坐墩

(m) 融水岑湖村单挑挑墩

图 6-45　苗族居民挑枋样式
（a～f 为东部方言区、g～m 为中部方言区）

(a) 长葫芦鱼尾式（花垣卧大召）

(b) 垂花柱式（花垣老寨村）

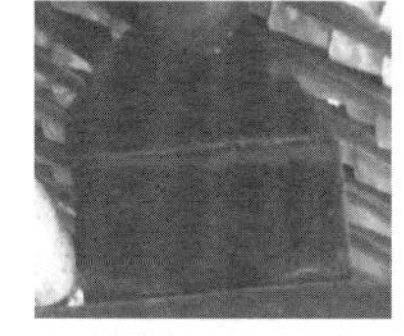
(c) 方葫芦式（花垣老寨村）

(d) 葫芦式（花垣板凳村）

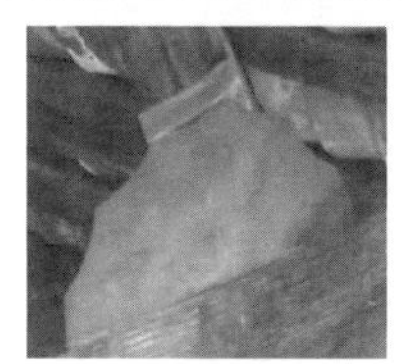
(e) 驼峰式（花垣卧大召）

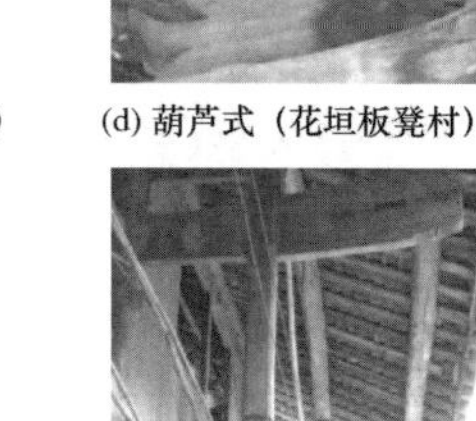
(f) 双挑镂花坐墩（吉首庄稼村）

(g) 宝塔式（花垣卧大召）

(h) 方塔式（花垣卧大召）

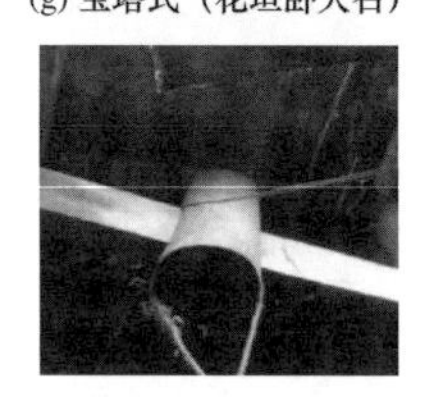
(i) 单挑吊墩（台江细登村）

(j) 双挑彩绘坐墩（丹寨老东村）

图 6-46　东、中两个方言区坐墩样式
（主要集中在东部方言区湘西花垣县）

2. 坐墩

东部与中部方言区亦都有坐墩，但在东部方言区的使用更为频繁，主要集中在花垣县附近，对坐墩有着不同式样的设计。中部基本上为瓜柱模样(图 6-46)。

在黔东南苗侗混居的南哨至尚重镇一带，檐部的挑墩与抬脚檐柱的受力原理是一致的，同时在丹寨扬武镇附近，一种彩绘的小尺度坐墩随着其新式构架正被广泛使用。

6.3.3 建筑围护材料选择

东部方言区的北部溪谷地区直到凤凰县三拱桥以北，基本上为木板做正面，山面为竹编涂泥，或竹编牛粪(据笔者现场访谈，一个房屋需六头牛三四个月的量)铺瓦的建筑围护形式。如古丈接近泸溪县的溪谷中部分土壤较多区域，也用土坯砖砌立面，因其耕泥偏红，土坯也呈红色。

凤凰三拱桥以南至麻阳、以西至松桃，均大面积使用土坯。麻冲村吴老 bou(苗语发音)说土坯均采自当地农田，首先需将土置于木范中并压实拍紧削平，然后待晾得稍干拍出，码齐放在平地。最后等彻底晒干晾干便可使用。条件稍好的人家则集中烧结成砖。

对于土坯砖做墙面带来的防水问题，当地本有广泛之法，即用茅草编织如“蓑衣”状，挂在山间屋架上以防雨水浸湿土坯。今日仅在麻阳郭公坪乡尚能见到(图 6-47)。

(a) 木板壁（保靖傍海村）

(b) 竹编涂泥（牛粪）（花垣卜如坪）

(c) 石材及土坯砖（花垣扪岱）

(d) 土坯砖（凤凰泡水村）

(e) 土坯及烧结砖（麻阳报木坪）　(f) 草编防雨（麻阳报木坪）

(g) 杉树皮铺顶（台江细登）　(h) 木板、石砌、竹编涂泥（台江小河）

(i) 烧结灰砖（剑河五河）　(j) 夯土墙（台江展福）

图 6-47　两个方言区围护材料概览

中部方言区在用材上较为单一，建筑水平围护材料基本上都为杉木板，屋顶早期会用到杉树皮，而后才主要用瓦片。为防鸟类进入阁楼吃谷，山墙扇架镂空处多用木板或杉木皮封住。

第7章　苗族传统民居中的空间习俗要素

7.1　祖灵共居的世俗居所：火塘

7.1.1　关于苗族火塘

早期人类走出洪荒，利用并控制火种成为关键。由火赋予的更强生存能力和因火烧毁一切的威慑力，使人类对火的神秘力量一直处于既崇拜又畏惧的矛盾中。从早期文明的考古发掘来看，火塘处于居住空间中心的情形十分常见。如半坡遗址F3、F1(图7-1)，尽管火塘只是简单的土坑，但位于正中，一是保证了与屋盖的最大距离①，二是可以有更多的寝卧和取暖空间。

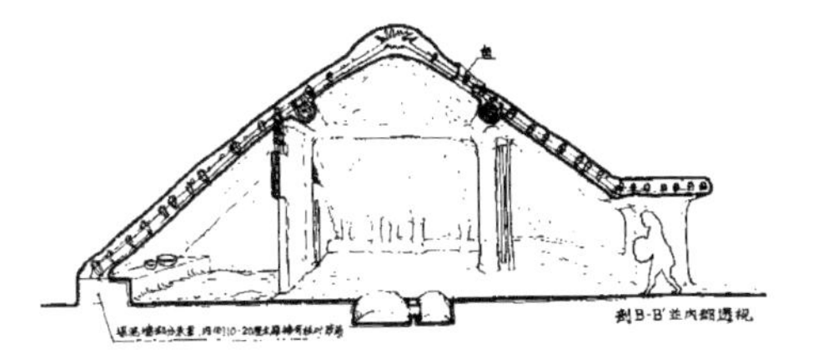

图7-1　半坡F1(火池)复原图剖透视

直至今日，包括苗族在内的中国西南甚至东南亚许多少数民族民居内，火塘依然占据了日常生活中非常重要的位置，形成了家庭的空间秩序。东、中、西部三个方言区苗语对“火塘”的称谓分别是：“khud jib deul”“ghab jib dul”“khaod job”，在苗语分化十分严重的今天依然是同源词，说明火塘对苗族生活具有核心作用，使用历史至少可追溯至其支系分化前。“大散居，小聚居”的苗族民居类型差异显著，自身特色逐渐丧失，建筑风貌呈现出在湘西似土家、黔东南似南侗的混同现象，那么苗族民居中异于他族的身份标识，随时代变迁却一直延续的“恒常特征”是否存在？火塘是其中之一吗？

有关苗族火塘的记载，早期见于明清以来苗区汉族官员或传教士的著作、修编及地方志，但多在描述房屋生活整体情况时一带而过。第二阶段自鸟居龙藏始，芮逸夫、凌纯声、苗族学者石启贵以及费孝通、白鸟芳郎等展开苗族实地调查，此阶段的调查报告以记实为主，涉及火塘而无专篇，未有深入的研究分析。第三阶段以苗族学者石如金、麻勇斌、吴一文等为代表，从各自领域介绍火塘与苗族生活习俗的关系；李先逵、罗德

① 杨鸿勋.建筑考古学论文集[M].北京：文物出版社，1987：29-30.

启、柳肃等多从建筑学的视角探讨火塘生活机能对平面布局、空间组织的影响，但缺乏对火塘从功能性到社会性、文化性多重意义的梳理解读，也无法全面回应有关苗族民居“恒常特征”的问题。因此，结合实地调研来整理贯穿苗族日常生活的火塘文化，明确其多重意义即为“恒常特征”之一正是本书目的。

随着居住空间拓展和技术革新，西南各少数民族（包括东南亚）火塘开始出现分化，既有平面上主次火塘之分（如云南永宁摩梭人及部分普米人①），又有纵向上的“高火塘”与“平火塘”之分（黔东南侗族）。从某种程度上说，早期建筑存在的意义集中在如何保存火种上，如同放大的火之容器。而后以火塘为生活重心，并解决了火在远离地面使用的技术问题（平摆式、悬挂式、支撑式），成为丰富而多形态的居所空间。但许多民族在更新火塘营建技术的同时也逐渐失去了其文化特征。

7.1.2 苗族各区域火塘设置

苗族火塘位置和类型出现分化，大致经历了夯土地面到1层火铺平摆，再到2楼平摆最后到半干栏悬挂的过程②。但调研所见，将火塘设置在地面层仍是主流传统，如黔东南雷公山苗居广泛使用半干栏式结构，也是将火塘后移到接地处。以湘西东部方言区苗居为例，多为“一楼一底”房屋，苗族“火塘文化”保存得也相对完整。就构造、材料与尺寸而言，夯土地面上的火塘做法简陋，往往用不规则的若干砖石或石板围成一个火坑，苗语为“khud”，内部净宽仅0.5米左右。而地楼板上的火塘一般在最外用四片木板围合，再用石板或耐火砖拼成内圈，做工精陋不一，净长度为600～900毫米（图7-2），单边刚好舒适坐一人，人多时角部还可增座。今天苗族新居仍多保留火塘设置，但已用水泥砌筑，故平滑规整，尺寸却与旧有火塘接近，说明传统尺寸是苗人日常生活长期适应的结果③。

---

① 云南省宁蒗县永宁乡聚居的摩梭人于1990年10月1日正式颁布实施《宁蒗彝族自治县自治条例》之后才明确其族属归为纳西族的一支，其语言属于汉藏语系藏缅语族彝语支的一种独立语言，即纳西语东部方言。普米族的语言是普米语，属于汉藏语系藏缅语族的羌语支，永宁乡普米人操北部方言。

② 此发展过程先后顺序并无实质证据，仅为说明不同类型可能出现的发展逻辑。从实际调研结果来看，这几种类型在地理分布上较有规律，但时间上很有可能同时并存。有关“平摆”及“悬挂”的构造做法，参见：杨昌鸣. 东南亚与中国西南少数民族建筑文化探析[M]. 天津：天津大学出版社，2004：51.

③ 至于黔东南南哨乡至尚重镇区域出现的平摆火铺中火塘尺寸基本为0.9～1米见方，广西融水安太乡苗族民居内出现的大致1.6～1.7米见方的大尺寸悬挂火塘应都是当地生活适应的自然选择，此处不予详述。

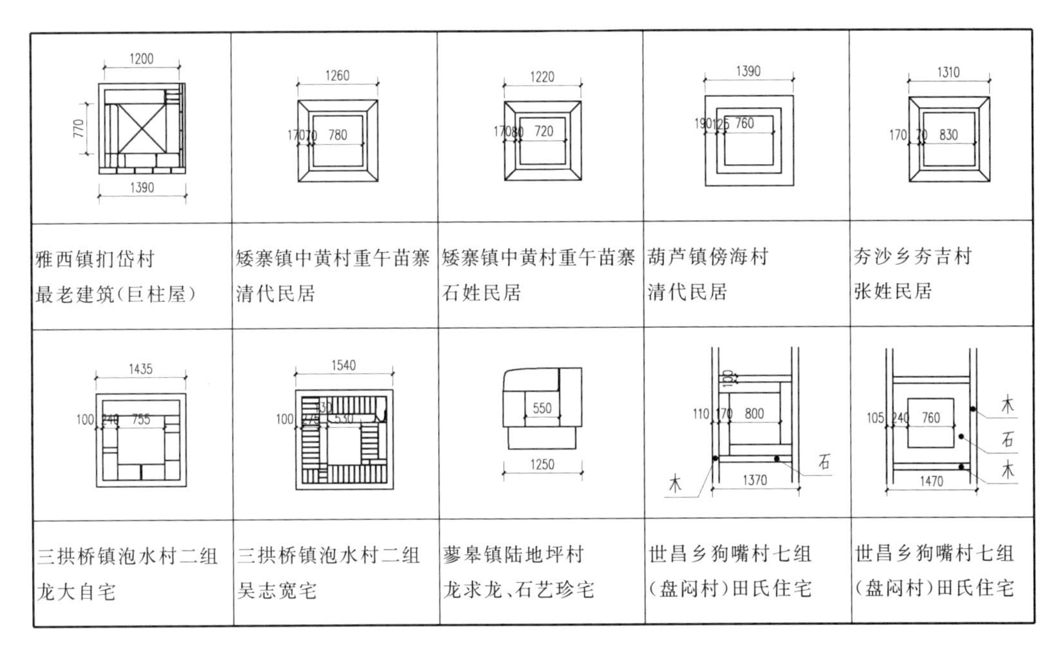

雅西镇扪岱村
最老建筑(巨柱屋)
矮寨镇中黄村重午苗寨
清代民居
矮寨镇中黄村重午苗寨
石姓民居
葫芦镇傍海村
清代民居
夯沙乡夯吉村
张姓民居
三拱桥镇泡水村二组
龙大自宅
三拱桥镇泡水村二组
吴志宽宅
蓼皋镇陆地坪村
龙求龙、石艺珍宅
世昌乡狗嘴村七组
(盘闷村)田氏住宅
世昌乡狗嘴村七组
(盘闷村)田氏住宅
木
石
木
石
木

图 7-2　东部方言区苗居调研火塘统计

在苗族不同区域,火塘的位置与做法不尽相同,如在东部方言区由北向南观察,靠近土家族的泸溪、古丈、保靖一带左右两间多做地楼板,其中一间设置火床;花垣、吉首靠近腊尔山的区域则逐渐开始仅在火塘间设置地楼板;而再至凤凰县,许多民居室内并不设置地楼板,仅在夯土地面上设置火坑;至最南端的麻阳地区,苗居则干脆连火塘也取消了。可见火塘类型在地理分布上呈现出一定的规律性。

在中部方言区,台江、剑河苗区的火塘仍设置在地面夯土上,传统老屋将其置于中堂,新居则移至右边(或左边)厨务次间,即便是在半干栏式建筑里,火塘位置也常设置在靠近夯土地面的后半段;再向南部来看,开始出现火塘移至生活层中堂处进行悬挂处理(剑河五河、台江细登等);而至南哨—尚重一线的苗侗混居区域,则开始出现与侗族相似的二层火铺间镶嵌式火坑类型(图 7-3);再向南至贵州从江县等苗语南部土语区域,又出现"火坑位于中堂靠后夯土部位"的情况。但今天雷公山附近的雷山县、凯里市巴拉河沿岸的不少新居里,传统火塘方式已经不在,大量改用移动式火盆。值得一提的是,在广西融水地区的部分苗居里,火塘尺度明显增大,边长近 1.6 米。且位于中堂对正中柱的悬挂位置,与黔东南、湘西地区的早期类型一致,应代表了早期的苗居特征。该地区火塘的设计与建筑技术的演进紧密适配,从下至上分作几个层次,既能生活取暖烹煮,又可利用垂直烟熏在阁楼烘烤桐油籽,可谓设计巧妙(图 7-4)。

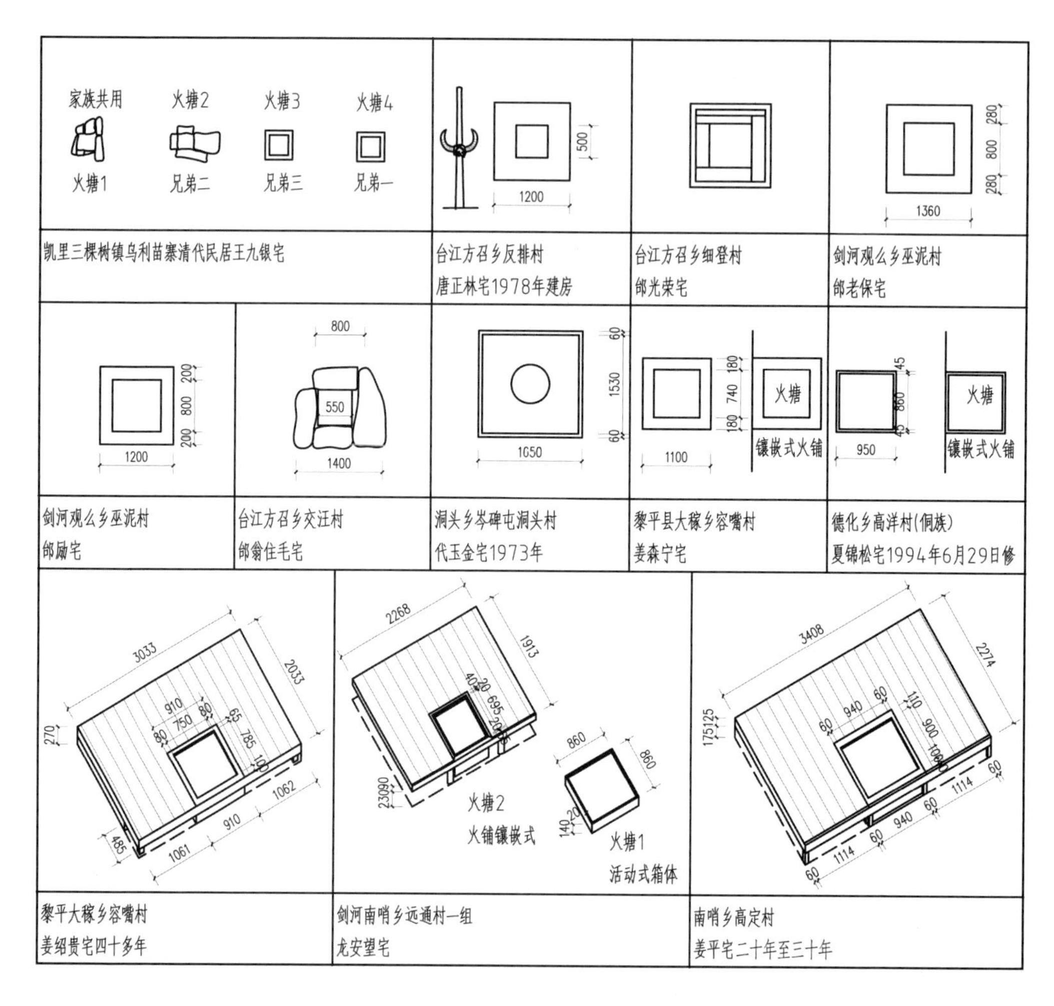

图 7-3　中部方言区苗居调研火塘统计

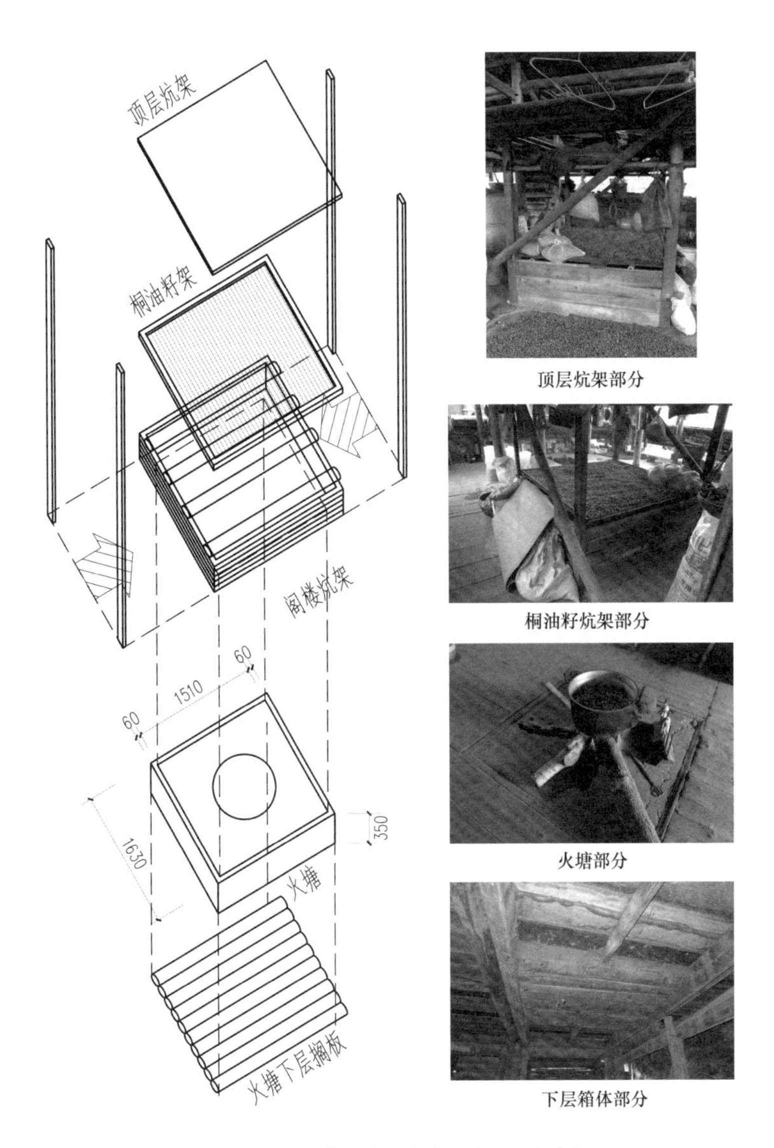

图 7-4　广西融水洞头乡岑碑屯滚文兴宅火塘

7.1.3 复合的居所意义

如同其他“火塘体系”[①]的民族一样，苗族的火塘除了是日常基本生活核心之外，还具有血缘分宗、社会交往与祭祀仪式中标示方向的节点功能，可以说是联结日常生活、社交活动、祭祖仪式之间的关系纽带。因此在苗居特征日渐衰退的今天，本小节试图以“人的居所”“社会的居所”“祖灵的居所”三个自下而上的层面解析苗族火塘的多重意义，从而构建残存在苗族文化内核中的“特征原型”。

1. 人的居所

1）饮食模式

关于传统饮食类型，《凤凰厅志》(1824 年)记录了湘西苗族“杂谷栽培型刀耕火种”[②]，正如佐佐木高明的推论[③]，照叶林带的人们在前农耕阶段对薏米种子淀粉粘性的嗜好，催生了对糯种作物的偏爱。而这一点，对火塘的整套设置有着决定性作用，如民国学者陈国钧在《生苗的食俗》中谈到：“少数糯稻，悬放屋内的梁上，只因稻草的胶粘性极强，与谷粒不容易脱落，非一再使之干透，谷与草是不易分离的。”[④]过去生苗家庭不存储隔夜舂好的米，部分地区至今每天仅食两顿，因此需由家中女子从仓内提前取每日所食份量的糯稻放置在火塘上方的禾炕[⑤]上烘烤，禾炕离火塘约三四尺距离，故火力微弱，不能多烘。然后将烘好的糯稻放入船形石臼内，用杆臼舂米，是为舂碓，每到饭时，寨内舂米之声此起彼伏。这充分说明苗族火塘与禾炕的设置方式及间距都与传统饮食模式长期适应(图 7-5)。陈氏所言虽为黔东南苗

图 7-5　湘西苗族火塘及禾炕

① 杨昌鸣在《东南亚与中国西南少数民族建筑文化探析》中以用火方式将我国居住生活体系分为：“暖炕体系”“炉灶体系”“火塘体系”，本书此处沿用了这种说法。

② 记录的大致内容是“苗乡山多田少，几乎不产稻谷，山坡上种杂谷，其中包谷最多，其次是粟、紫黑稗子、荞麦和高粱，再次是麻、豆和薏米”。

③ 佐佐木高明. 照叶树林文化之路[M]. 昆明：云南大学出版社，1998：61-115.

④ 吴泽霖，陈国钧. 贵州苗夷社会研究[M]. 北京：民族出版社，2004：129.

⑤ 禾炕的苗语东部方言为“blab gies”，中部方言为“yex zeb”，指吊在火炕上面的竹或木炕架，以放置谷物或其他需要保暖防潮之物，蚕纸也常置其上。

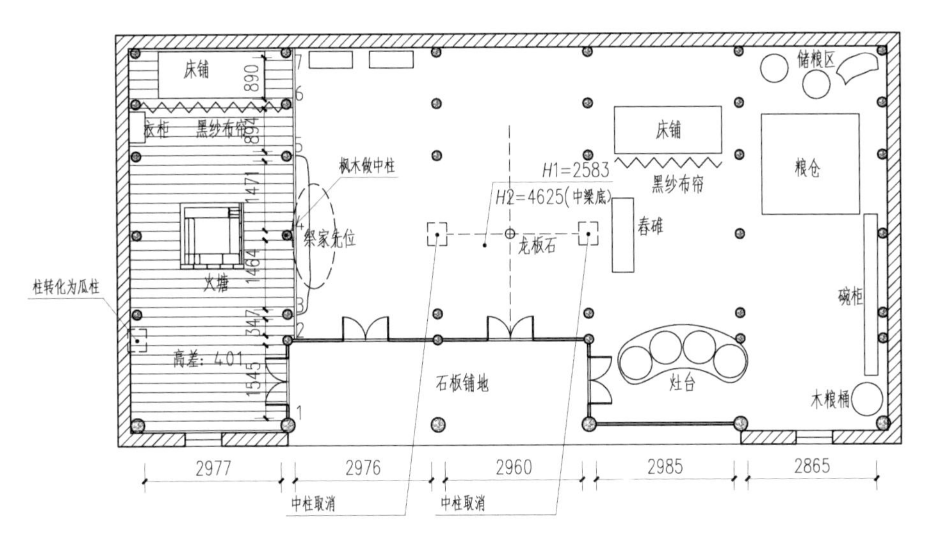

图 7-6　花垣县雅酉镇扪岱村清代民居

居，但笔者调研所见年代久远的湘西苗居，情形基本一致：火塘相对一间，往往有粮仓、米缸、舂碓、碗柜等一应之物放置，且位置已成定式（图 7-6）。如段汝霖《楚南苗志》描述："……床前（笔者注：火床前）蓄牛、马，粪秽堆积，臭气熏蒸不为嫌。左旁安碓，为舂杵之所。并置灶，为煮酒及客至烹宰之用。盖历来相沿，千家一辙也。"[①]这也进一步证明苗民传统饮食模式决定下的火塘——禾炕装置对室内布置具有标杆作用。

陈氏所记民国时生苗火塘取火仍用火镰[②]，用时要互向各家讨要，苗人用一种木制圆桶形炊具煮饭[③]，仅适用于蒸煮。食肉、菜及用盐近于"茹毛饮血"[④]，这些描述虽然略带对少数民族的偏见，却反映了当时铁器的使用对于苗人而言是近乎奢侈的，也说明了苗人的传统饮食制作无需翻炒烹饪。因此基于饮食模式的火塘原初需求是容易取火、长期续火，能容纳以蒸煮为主的容器。将火塘放置在中柱对正的空间里，可争取与屋盖间的最大距离，方便禾炕安放及避免失火，而各家互从火塘取火无意中成为构成社群关系的最初纽带。

随饮食模式演进与多元化，湘西苗族始增灶台或厨房（图 7-7），苗语作"ghob zob"，

① 段汝霖，谢华. 楚南苗志・湘西土司辑略[M]. 伍新福，点校. 长沙：岳麓书社，2008：166.

② 石启贵《湘西苗族实地调查报告》中记为"火链"，是铁匠用钢数两炼成椭圆形之物，生火时将其与火石上下相击擦即可。参见：石启贵. 湘西苗族实地调查报告[M]. 长沙：湖南人民出版社，2002：115.

③ 此物苗语为"naf"，即气盆，下端敞口放在锅上，上端封闭，中心开一孔，甑子盖住后，蒸汽从孔中冲上甑子蒸熟饭。

④ 陈氏所记彼时苗人不常吃肉，仅在敬客和敬鬼时吃些半生半熟的肉，或是因肉稀少，将肉熏制挂于禾炕下，常受火熏。且盐和蔬菜在生苗区极少，只拾些树枝烧成灰，再用水沉淀，饮水以代盐，蔬菜又不懂如何耕种，只有由女子和小孩采食野菜佐餐，抛入锅中待煮沸就食。

与土家族读音“夯砠”极为相似，都应为汉语“灶”的借音，说明厨房间和灶台的设置时间相对较晚。从调研情况来看，厨房的设置与家庭条件有关：条件好的在正屋一侧另辟挟屋作厨房；或者一侧有吊脚楼的，往往放在正屋与吊脚楼结合的部位；条件再差一点的，则放置在火塘那一间，紧邻火塘放置，可以说是火塘厨务功能的补充，位置较为随机，基本上应该都是随着苗民生活模式演进，在近十年或几十年设置的。有的家庭条件较差，或者老迈独居，甚至都不设置灶台。从某种意义上说，对于一个传统苗居，可以没有厨房，但不能没有火塘。土家族人对火塘的发音是“鉌塘”，与火塘的苗语发音“khud jib deul”差别明显，且一般设置在“座子屋”的前半部，左右位置或个数都没有严格限制，与姓氏也没有形成锁定，在空间上与柱子也没有对应关系，这与苗族是有着相当区别的。不可否认的是，改土归流和土司制对土家族民居的改变程度更为明显，生活模式演进和本民族传统记忆衰退程度更高。

图 7-7　湘西苗居内的灶台

2）睡卧模式

在早期建筑中，设置火塘首要考虑还是睡卧时的采暖御寒。苗族古歌言：“酬它一块大石板，石板供它作睡簟”[①]，中部方言中“席子”的发音“dinl”，可能正是古汉语“簟”的关系词，《礼记》中“君以簟席，大夫以蒲席”。“簟”指用芦苇编制的席，而席居正是楚人在以干栏为主的建筑形式下形成的睡卧模式：如《东皇太一》之“瑶席兮玉瑱”，因此楚地苗民席居，应自有其历史渊源。

《楚南苗志》有关清乾隆年间苗族睡卧情形的描写：“……右设火床，床中安一火炉，饮爨饮食，及冬月男女环坐，烘火御寒。夜即举家卧其上。虽翁婿亦无间。惟令夫妇共被，以示区别耳……”[②]这也正是某些少数民族（包括东南亚）家庭生活的真实写照。有关火床尺寸与格局，民国元年（1912）《湖南民情风俗报告书》记录：“内设塌一，高四五尺，冬月陈火炉于其中，曰火床。家人男女坐卧杂处；夫妇同被，女长则别设一床于右，习与共处，不以为怪。人处其上，牛马鸡犬处其下，盖防盗也。”[③]“榻高四五尺”，目前在湘西调研时确实未见实例，但笔者在贵州西部方言区六枝梭嘎苗寨及周边发现有模式及尺度与文献描述极相似的情况（图 7-8），床榻距中堂地面约高 1.4～1.6 米，与“四五尺”接近，人上畜下的模式颇为传统。

① 吴一文，今旦．苗族史诗通解[M]．贵阳：贵州人民出版社，2014：166.

② 段汝霖，谢华．楚南苗志・湘西土司辑略[M]．伍新福，点校．长沙：岳麓书社，2008：166.

③ 柳肃．湘西民居[M]．北京：中国建筑工业出版社，2008：37.

如麻勇斌所言："中部方言区苗族的建筑，完整地保持了这种空间划分规则（人上畜下）……东部方言区苗族如今采用的房屋形制已经没有了这样的划分，但可以从那些古老的房屋的空间结构里看出，也是曾经使用过这种划分规则的。"[①]《苗防备览》也有对湘西火床的相同描述："右设一榻，高四五尺，中设火炉，饮爨坐卧其上，曰'火床'……牛马鸡犬之属皆居其下，相见莫知其秽。"[②]可见文献所描述类似梭嘎苗寨这种类型的火床，也是极有可能出现在早期湘西苗族民居里的，尤其当各方言区苗族未分化时。"……床前（笔者注：火床前）蓄牛、马，粪秽堆积，臭气熏蒸不为嫌。"[③]有可能就是一种演变状态。

图7-8　梭嘎苗寨室内上人下畜

另有《五溪蛮图志》也记载到："……四牌三檷。其中之两牌，中柱不着地，皆以抬梁抬之。周围装壁，而不铺地板。其左或右，为火床。惟火床，铺以地板为之。高约二三尺，长宽不一。有一平方丈余者，有二平方丈余者。床中央，皆留有方穴。每约一十六个平方尺许大，中置撑架为炉，早晚饮爨于兹，冬腊围炉烤火亦于兹。火床中柱下，相传为其祖先所在地，为人所不能坐者。室内无间壁，虽翁姑、子妇、兄弟、妯娌共居一室，不相避。"[④]

"其中两牌之中柱不着地""中柱下为祖先所在"这两个关键信息是早期苗族民居的特征，文中所提到的几个数据：火床地楼板距地高度二三尺，合0.67～1米；火床大小一或二平方丈余，合11.1平方米或22.2平方米；火塘面积：1.78平方米（以1尺＝1/3米计算[⑤]）。与笔者调研成果对照（表7-1），实存苗居的火塘面积、火塘间净生活面积（除开火塘北侧卧室或床铺之外的地楼板面积）基本与文献记载相符，变化较大的是火床距地高差远不及文献所载的"二三尺"[⑥]，这可能是席居模式逐渐消退，床居变得更为普及

---

① 麻勇斌.贵州苗族建筑文化活体解析[M].贵阳：贵州人民出版社，2005：156.

② 严如熤，罗康隆，张振兴.《苗防备览·风俗考》研究[M].贵阳：贵州人民出版社，2011：66.

③ 段汝霖，谢华.楚南苗志·湘西土司辑略[M].伍新福，点校.长沙：岳麓书社，2008：166.

④ 沈瓒.五溪蛮图志[M].李涌，重编.陈心传，补编.伍新福，校点.长沙：岳麓书社，2012：70-71.

⑤ 民国四年（1915），北洋政府颁布《权度法》，规定采用米制，但并未废除原有的营造尺库平制，此时的1营造尺＝0.32米，1丈合3.2米。直至民国十七年（1928）才由南京政府颁布《中华民国权度标准方案》，民国十八年（1929）颁布《度量衡法》，此时1丈＝10/3米。陈心传补编《五溪蛮图志》是基于他民国十九年至二十六年（1930—1937）前后的苗区调研，因此此处1尺取值1/3米。

⑥ 笔者于黔东南调研时了解到剑河久仰乡、柳川镇附近民居火铺高度就曾到1米左右，与文献相符，侧面说明湘西苗居火床高度也很有可能曾经达"二三尺"。

的缘故，因此地楼板高度自然不需太高。各地火塘占净生活面积比趋于稳定，基本在8%左右，说明在火塘间北端设置床铺或卧室作为一种睡卧补充空间的持续时间较长，可以认为目前绝大多数苗居呈现出来的私隐空间分隔方式，都基于睡卧模式从席居到床居的演进。但苗居新设住房尊卑依然取决于火塘，比如火塘北侧那间卧室就是长辈居所，长辈去世之后就是主人卧室。

表 7-1　湘西苗居调研火塘相关统计数据

序号	县域	村落宅名	铺装情况	火床距地高差（毫米）	火塘面积（平方米）	樘间面积（平方米）	占地比（%）	净生活面积（平方米）	占地比（%）
1	花垣县	雅西镇扪岱村最老建筑	地楼板	401	1.93	25.76	7.49	22.19	8.70
2	吉首市	寨阳乡回光村四组石远福宅	地楼板		1.31	30.03	4.36	18.82	6.96
3	吉首市	矮寨镇中黄村重午苗寨清代民居	地楼板	298	1.59	18.58	8.56	12.17	13.06
4	吉首市	矮寨镇中黄村重午苗寨石姓民居	地楼板	352	1.49	28.63	5.20	21.47	6.94
5	保靖县	葫芦镇傍海村清代民居	地楼板	416	1.93	33.44	5.77	24.45	7.89
6	保靖县	夯沙乡夯吉村张姓住宅	地楼板		1.72	28.36	6.06	19.6	8.78
7	凤凰县	三拱桥镇泡水镇二组龙大自宅	地楼板	383	2.06	21.00	9.81	21.00	9.81
8	凤凰县	三拱桥镇泡水镇二组吴志宽宅	地楼板	384	2.37	21.98	10.78	17.58	13.48
9	凤凰县	三拱桥镇麻冲村吴老bou宅	地楼板	454					
9	松桃县	蓼皋镇陆地坪村龙求龙、石艺珍宅	夯土地面		1.56	25.2	6.19	17.6	8.86
10	松桃县	世昌乡狗嘴村七组（盘闷村）田氏住宅1	地楼板	213	1.84	30.88	5.96	22.14	8.31
11	松桃县	世昌乡狗嘴村七组（盘闷村）田氏住宅2	地楼板		2.12	37.74	5.62	27.2	7.79

2. 社会的居所

1）待客议事、座次尊卑

苗人待客议事、区分座次尊卑往往仍以火塘为中心，火塘间靠山墙一侧中柱下半径1.5 米范围内为家先位的核心区域，故此范围除放置灯座以照明外，还放置三个碗标示祖先所在，此方位专属老人和长辈，年轻人甚至母辈都不能坐。若客中老辈在此偶有失误，要自动离去或移到火塘南、北端，否则极为失礼。火塘北面为尊贵客人座位（renx bul），南面为一般客人座位，近中堂方向为主人家座位及活动区域（bleid zongx），是主人家座位及活动区域[①]。

湘西苗族姓氏分宗，导致火塘间在不同姓氏家庭内既有在左又有在右的可能性，则家先位和主人位的位置也随之对调，但相对火塘和山墙中柱的关系不变。似乎湘西苗族座次主客尊卑之分并不与东西向有直接关系，而仅以火塘的位置作为标示。但通过研究，发现情况可能并非如此，早期苗族的火塘方位与座次都继承了《礼・曲礼》所言“席南乡北乡，以西方为上；东乡西乡，以南方为上”的要求，应该是一种古制的残存。张良皋在其著述里就有关座次问题引用了两个例子：一是《史记・项羽本纪》中鸿门宴的座次[②]：“项王项伯东向坐，亚父南向坐，沛公北向坐，张良西向待。”二是《左传・襄公二十三年》中有关季武子行“乡饮酒”礼[③]：“季氏饮大夫酒，臧纥为客。既献，臧孙命北面重席，新尊絜之。召悼之，降，逆之。大夫皆起。及旅，而召公鉏，使与之齿，季孙失色。”都说明传统席居方位尊卑之别，以面东为尊或主家面西为主（图 7-9）。

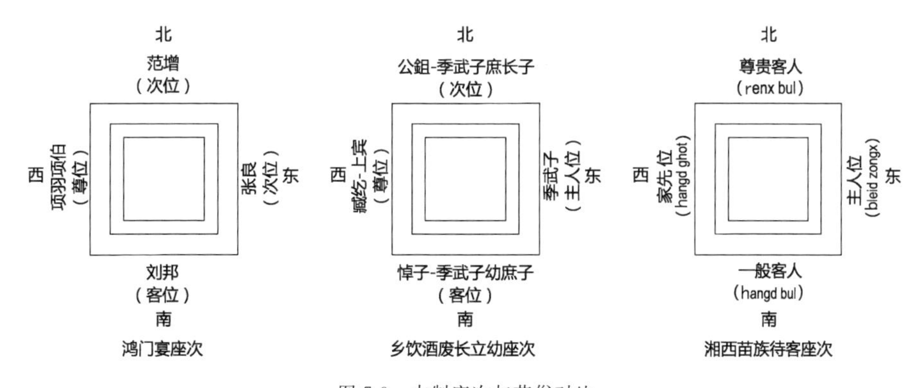

图 7-9　古制座次与苗俗对比

---

① 笔者在花垣县董马库卧大召苗寨进一步了解到当地习俗：若有客至，主人会邀请客人坐在家先位的位置上，但客人得坚持拒绝，一定要求坐在一般客人的位置以示谦虚，最后主人也不会勉强。

② 张良皋．关于云梦陶楼的几点讨论[J]．新建筑，1983(1)：81-82.

③ 张良皋．匠学七说[M]．北京：中国建筑工业出版社，2002：4.

流传湘西的《湘西苗族古老歌话》有这样的记载："石家老祖坐大田，谢甲巴标是子孙。兄弟不和才生气，谢甲他才去土排不回身。巴标倒装地楼板，地楼向左表区分。"[①]这句话对苗居研究具有重要价值，明确表明湘西苗居火塘方向不一的原因，也揭示了其最初形态。谢甲是弟弟，当地姓氏代指为"小石"，包括部分吴、石、胡、时、罗、施、洪等姓，火塘置于右边，应为苗族最传统的方式，刚好"面东而尊"；巴标为兄，姓氏代指为"大石"，有吴、龙、石、麻、张、欧、秧、杨等姓，火塘换置于左间以示区别，意味着"东西失序"是姓氏分离之后的事情。

当然，面东而尊与家先位为尊在苗族意识里何者为先在今天已无明确证据辨别，但各方言区苗族共同崇东之集体记忆，比如制中柱砍枫树必使之向东倒下，贵州榕江、长顺、都匀等多处苗族集体洞葬均是"东向横埋"[②]，台江反排鼓社祭砍杀祭牛之后要将牛头全部朝东摆好等，都是魂归东方故里的集体崇东意识。因此有理由相信苗族的崇东理念植入得更彻底、更广泛，家先位是基于此而设置的。

2）分灶——方位与姓氏锁定、父子连名制

《湘西苗族古老歌话·苗族祖先·七十一兄，八十二弟》一节里有这么一段话："八十二个老兄，这才定居农耕。七十一个老弟，这才安身劳作……八十二张大叶[③]，七十一个大窝。八十二口大灶，七十一个大塘。"[④]

此段描述苗族祖先"剖力剖尤"（应该就是蚩尤）的七十一个老弟、八十二个老兄从天上来到凡间定居的文字中，清晰说明苗人对划分居住空间或家庭单位的直接标准：分灶。"大叶、大窝、大灶、大塘（火塘）"均是人均一个，并不存在"吃大锅饭"的情况。分家标志并非一定需要建筑空间分离，若经济条件限制，可以"分灶"方式来宣示权属分开，因火塘在日常生活起到核心作用外，更提供祭祖、重大节日活动中的精神依托和空间方向定位，某种程度上也起到父系姓氏传承的标签作用，除前文提及"大石"姓氏倒换火塘形成传承关系之外，湘西苗区因兄弟分灶、后辈另辟新屋会普遍存在火塘方向与近祖习惯锁定的情况。因此，湘西苗族十二个支系，共一百四十八个姓氏，其分布与火塘方位大体上都有对应关系。[⑤]

---

① 张子伟，石寿贵. 湘西苗族古老歌话[M]. 长沙：湖南师范大学出版社，2012：357-358.

② 《续修叙永永宁厅县合志》卷二十载："（苗）丧，用布匹裹尸入棺，必合甲子乃葬，东向横埋。"榕江县两汪苗族墓葬均头东脚西，且兄左弟右，若夫妻合葬一地，则夫左妻右。长顺县交麻乡天星洞（此地苗民去世之后，亲友会唱诵《亚鲁王》送行）、都匀市石龙乡小冲寨崖洞、惠水县摆金藏尸洞、平坝县棺材洞等洞葬群，尸骨多达五百至上千具，都是头东脚西陈列。1972 年安顺县高寨曾挖出一批苗族古墓群，均为头东脚西。

③ 当时苗民饮食尚未用碗，"八十二张大叶"应指八十二张盛食物的大树叶。

④ 张子伟，石寿贵. 湘西苗族古老歌话[M]. 长沙：湖南师范大学出版社，2012：18-19.

⑤ 有关湘西苗族姓氏支系在《湘西苗族古老歌话·贺椎牛·说祖道宗歌》里也有详细描述。参见：张子伟，石寿贵. 湘西苗族古老歌话[M]. 长沙：湖南师范大学出版社，2012：342-360.

黔东南苗族父系氏族社会随生产力发展影响下的婚姻财产制度变化产生了从大家庭到小家庭的分化过程。在同一个屋檐下出现若干火塘来标示若干小家庭的存在，事实上应当是受条件制约下的权宜之计和过渡状态：该地区较大家族以祖公名为名，而个体小家庭则采用父子联名制，尽管白鸟芳郎先生推测黔东南苗族父子联名制应是受藏缅语系的影响，但当地苗族的确是通过增设新火塘的方式来折射其家庭意义①。

总之，苗人分灶不仅说明私有制观念的普及，其社会性还体现在血缘分宗上，湘西与黔东南存在表现方式的不同。湘西苗族通过姓氏与火塘方位相锁定来作为基因传承及身份标识的物化，火塘方位成为无意识的父系血缘记忆。黔东南则基于生存需求完成被动式经济分家，其后赋予父子联名的社会学意义，无关火塘个数与方位，仅与生存条件相适应。

3. 祖灵的居所

1）火塘与葬式

任何民族葬式都是该民族人生观、灵魂世界意象的集中体现，其根源深植于文化传统与生存脉络。有关古苗瑶语族传统葬式的最早的间接文献，一是《隋书卷三·地理志》中所记的“女婿拾骨”的“二次葬”及“盘瓠树葬”②，二是宋朱辅《溪蛮丛笑·葬堂》一节中也提到“易以小函”的二次葬和“藉木葬”，事实上都是风葬，即“风霜剥落，皆置不问”③，因苗民认为利于逝去的灵魂来去自由，不受压迫。这一点也体现在后世苗人葬俗空间的安排上。

段汝霖《楚南苗志》记：“亡故之后，以木板架床（笔者注：火床）间，畀尸其上，不知殡殓。”《松桃直隶厅志·卷六》：“苗人死枕半尸于火床，就其足竖二木，达于瓦，名曰‘升天’。”表明清中叶以来的湘西苗民传统葬俗都是让逝者躺于火塘边，整个过程“亲者环哭，宰牲宴客，择危成二日架尸山中，竹筶卜地而埋”，逝者遗体在室内与火塘联系紧密。不仅是湘西，据费孝通记录④，黔东南从江县加勉乡苗族在病人病势严重时，即赶制新衣。病人一断气，便将尸体放于火炕边请人清洗，为死者穿衣并放在一块木板或长凳上，然后包头帕、穿鞋袜，与湘西葬俗几乎完全一致。这都说明苗族共同观念是人死之后应迅速使之头朝火塘，让魂归家祖大殿。事实上，病人在弥留之际躺在火炕边，可得

---

① 分居自挖火塘且设立配套的神位之后，此时小家庭的称呼为其第一个孩子（不论男女）名连父名合成为某某家，如子名波、父名雄则称为“波雄家”，女名妮父名银，则称为“妮银家”。但黔东南地区如剑河县革东镇大稿午寨的父子联名仅限父子，而不能上溯到三代、四代。其父系氏族大家庭的存在以鼓社祭时，全鼓社至少每家一个男性成员集中到鼓社头家“守耶康”所做的活动为最好证明。

② 沈瓒．五溪蛮图志[M]．李涌，重编．陈心传，补编．伍新福，校点．长沙：岳麓书社，2012：74-75.

③ 符太浩．溪蛮丛笑研究[M]．贵阳：贵州民族出版社，2003：314.

④ 费孝通，等．贵州苗族调查资料[M]．贵阳：贵州大学出版社，2009：229.

烤火吃饭喝水之便。此外，逝者生前饮水与过身后洗涤之水的烧制之处也与火塘方位有关：饮水要在家先位旁烧煮，是为“活水”，洗涤之水须在主家活动位(bleid zongx)烧煮，是为“死水”。火塘间的苗语也可称为“lot zongx”，直译为“上堂(屋)”；中堂亦可称“longd zongx”，直译为“巢”；对间苗语称作“hongd zot”，直译为“下间”。老人居上堂(lot zongx)，晚辈居下间(hangd zot)，如老人过世，则停尸于上堂，如要移出房内，要说“下楼了”，这正是苗族巢居意识的体现。苗歌“zhos xeud yid lioud xid xangb，zhos lot yib goud jib bul/请出家亡大堂，请下先祖大殿”，同样对祖先居住空间进行了诠释，即上下结构。事实上，这也是三层干栏建筑的水平化。

后世苗民于堂屋办祭礼，应是受汉族祭俗影响的结果[①]，如古丈墨戎苗寨常主持仪式的巴岱石元谷先生向笔者介绍：苗族如有人不幸逝去，马上会先以苗礼将其遗体放于火塘边，这样可以使他的魂魄及时回归家先天国。然后还会再择日移至中堂以汉礼再祭，佛道之礼也可以由主家自行选择(图 7-10)。

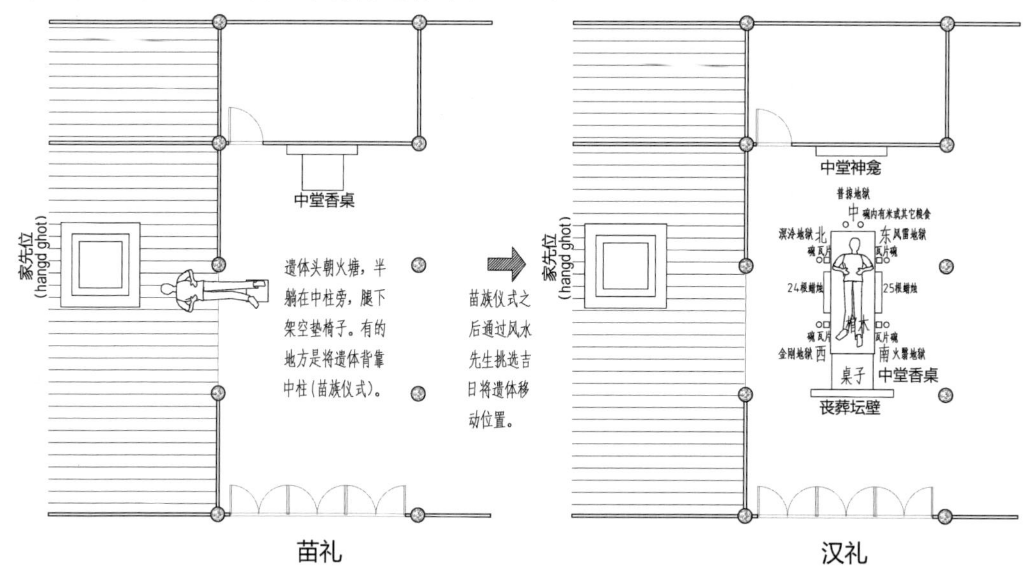

图 7-10　古丈墨戎苗寨葬式演变示意

2) 火塘与祭祖

苗族祭祖仪式表达对先祖灵魂来去的空间意象：即从想像中的先祖大殿下回到人间，回到有着祖先崇拜寄托的空间节点——火塘。丧葬仪式中，亡灵离开之起点也是火塘，可见火塘正是苗族意识中生与死，祖先往返的路径。

---

① 凌纯声，芮逸夫. 湘西苗族调查报告[M]. 北京：商务印书馆，2003：62-66.

对葬父葬母的地点选择不同，表明苗族意识里父系与母系崇拜的空间物化：苗歌“把妈丢在石堆边，把爹扔在火炕旁”说明的是母性崇拜与“守耶康”巢居记忆之间的链接关系，而父系社会的父子联名制，则绑定在体现宗族家神崇拜的火塘空间中。由此可见，根据时代的远近、性别的不同，苗族将各自丧葬体系整理得泾渭分明。

3）三脚架——蚩尤崇拜的神性集中

西南少数民族对火塘设置虽有不同，但对其神性的凝练比较一致，对三脚架或锅桩石重视程度都很高，如普米族认为人死后灵魂的三分之一就位于自家火塘及铁三脚架附近；川西南纳木依人和拍木依人将三块锅桩石视为火神所在，基诺族的三块锅桩石甚至各有专称[①]。苗族也绝不允许有人从其上跨过或烧烤不洁之物，其中一脚要正对中柱。三脚架的神性与湖南城步的“枫神”及黔东南的保护神“鲁猛”形象有关：装扮的人，头上反戴铁三脚，身上倒披蓑衣，脚穿钉鞋，手持一根上粗下细的圆木棒，正如古歌“鲁猛心中好主意，嘴里咬着芭茅草，头上反戴三脚架，身上蓑衣倒起披，斜眉怪眼来砍树，砍棵远古泡桐树”。[②] 这和《述异记》中有关蚩尤形象的描述十分相似：“铜头铁额，食铁石。耳鬓如剑戟，头有角，与轩辕斗，以角觝人。”

可见苗民心中远祖蚩尤的形象，头上应有三叉形装饰作为神权象征。这一特征在距今4000～5300年良渚文化遗址中的三叉形玉器有所反映。三叉形器目前出土范围仅限于杭嘉湖地区[③]，一般出土于大中型墓葬（图7-11、图7-12），尽管方向明据安置方式的变法将反山、瑶山的三叉形器分为三式[④]（图7-13），但依据其出土时一般位于死者头部，随葬有琮、璧、钺等重要礼器，且多与冠状饰、锥形器或玉管等一起伴出。结合瑶山M7:26，M10:6，M9:25，反山M14:135，横山M2:4（考古发现中器物的编号）件的雕刻纹饰尤其是兽面纹，可确认头戴三叉形冠饰的人，应是在良渚社会掌握政权、军权或宗教、祭祀权的酋长或巫师。

事实上这一形象与“绝地天通”的楚国始祖颛顼大有关系：颛顼，耑王也，或端玉（为颛顼本音）[⑤]也，其中“页”字实则表示面部、头部，颛顼之“顼”“象奉玉谨悫见于颜面之形”[⑥]，即颛顼本身就是“以玉事神”的神权垄断者。“耑”字金文或小篆、甲骨文，像一位头戴三叉形头饰、身披巫袍的巫师或酋长形象（图7-14），这也与上文苗族古歌对蚩尤的描述

① 杨昌鸣．东南亚与中国西南少数民族建筑文化探析[M]．天津：天津大学出版社，2004:52.

② 鲁猛，苗族一个善神，系保护神。从前苗族立房盖屋，出远门时先祭供鲁猛，祈求保佑顺利、平安。参见：燕宝．苗族古歌[M]．贵阳：贵州民族出版社，1993:232.

③ 其中反山墓地出土五件、瑶山墓地七件、汇观山墓地一件、横山墓地两件、普安桥墓地一件，2004—2005年余杭万沉遗址也出土一件。

④ 方向明．反山、瑶山墓地：年代学研究[J]．东南文化，1999(6):36-44.

⑤ 长沙马王堆汉墓帛书《五星占》第五章“水星”曰：“北方水，其帝端玉，其丞玄冥。”此处端玉即为颛顼。

⑥ 何浩．颛顼传说中的史实与神话[J]．历史研究，1992(3):78.

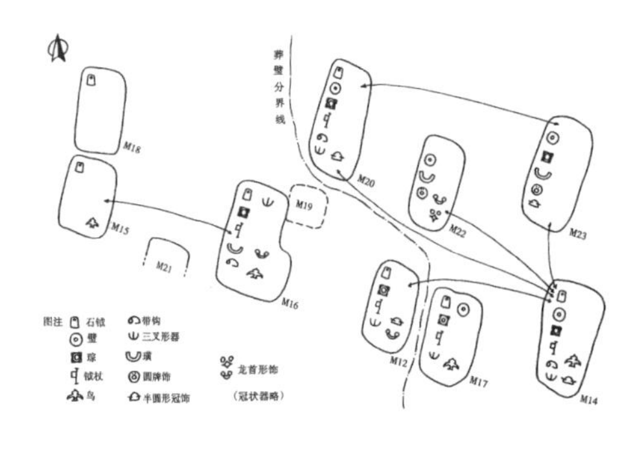

图 7-11　良渚反山遗址出土器物简图

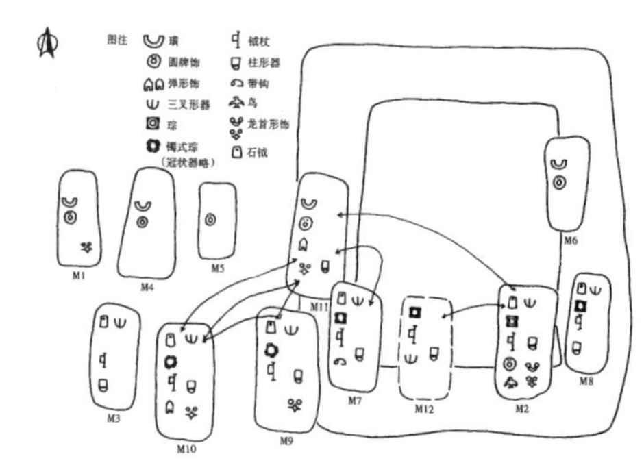

图 7-12　良渚瑶山遗址出土器物简图

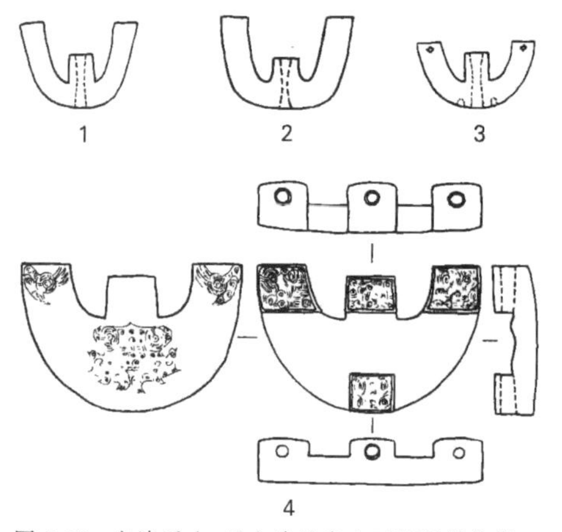

图 7-13　良渚反山、瑶山遗址出土三叉形器分类

(a) 巫师头饰

(b) “耑”之小篆

图 7-14　主要流传于湖北南漳的端公舞巫师头饰及“耑”之小篆

相吻合。值得补充的是，颛顼进行“绝地天通”、改变“夫(人)人作享(祀)，家为巫史”[①]的局面，作出垄断“通神权”的宗教改革，其触发点恰恰是“九黎乱德、民神杂糅，不可方物”(《国语・楚语下》)以及“苗民弗用灵，制以刑”(《尚书・吕刑》)，更说明了苗族头顶三脚架巫师主持仪式的历史渊源。

三叉形头饰作为神权象征在上古时可能已是普遍现象，距今 3000～5000 年的三星堆 2 号祭祀坑出土了一件兽首冠人物像[②]，这件唯一穿着锦袍、手中握有琮的青铜人像，被认为身份高贵，可能为巫者形象，一样有着三叉形头饰(图 7-15)。有学者根据《山海经・南次三经》及《尔雅・释地》的相关文字认为该件“兽首冠人物铜像”头戴的应该

① 《大戴礼・五帝德》记颛顼：“洪渊以有谋，疏通而知事，养财以任地，履时以象天。依鬼神以制义，治气以教民，洁诚以祭祀，乘龙而至四海。”可见颛顼即首席大祭师，以至至今楚地称巫师为”端公”。王聘珍. 大戴礼记解诂[M]. 北京：中华书局，1983.

② 四川省文物考古研究所. 三星堆祭祀坑[M]. 北京：文物出版社，1999：164.

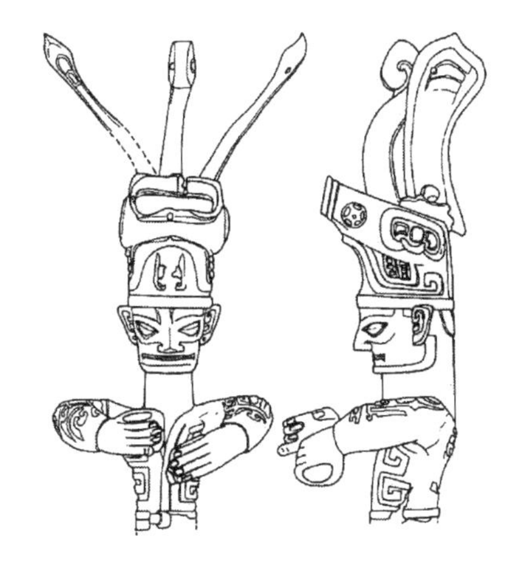

图7-15　三星堆2号祭祀坑出土兽冠人物像

图7-16　苗族火塘中的三脚支架

是凤冠,是太阳的象征①。此种头饰,也作为东方少昊凤族的表现方式,因此与良渚文化三叉形器有相通的文化元素也就不奇怪了②。

苗族人对火塘神性的凝练与对蚩尤始祖的崇拜都集中投射在三脚支架上(图7-16),而根据《苗族古歌·沿河西迁》与苗族"崇东""崇凤"的各种习俗来看,苗族巫师头上"反戴三脚架"确有其文化根源。

饮食和寝卧的原初需求,决定了苗族火塘的基本物质性。随着生活需求多元化,火塘功能正在萎缩,附着其上的社会学意义也正在消退,但由火塘定义的家庭空间秩序相对稳定,是因其承载的文化特质已经不自觉地以基因碎片或意识残留的方式相对稳定地呈现出来。凝聚先祖灵魂,联系世俗人间与家先天国的苗族火塘,成为苗族传统民居中最具民族识别功能的"恒常特征"。

7.2　通向祖灵的天梯:中柱

7.2.1　支天与向心:苗族支柱意象

《苗族古歌·运金运银》记述了远古先民用五倍木和榉槁木支天,却发现木制材料强度不足导致崩塌,这才运金运银、造金柱银柱的实例。这体现了苗族人对竖向构件材料受力特性的朴素认识,以及对纵向"支天"构件的崇拜:"……今世支天是银柱,金子柱

① 胡昌钰,孙亚樵.对三星堆祭祀坑出土的铜"兽首冠人像"等器物的研究[J].史前研究,2006(10):401.

② 这一点从反山出土三叉器M14:135雕刻的神鸟头部、鸟眼以及出土的其它玉鸟或鸟形雕刻就能印证:"在良渚社会,鸟已经不仅仅是自然界中的鸟,而且具有深刻的社会文化属性,是良渚先民所崇拜的神灵,三叉形玉器由鸟逐渐演变而来。"参见:王书敏.良渚文化三叉形玉器[J].四川文物,2005(2):41.

图 7-17　紫云西部方言区苗族杀马唱亚鲁王前立柱

头来撑地，支着高天稳又稳，撑住天地牢又牢。古时支天用桦槁，五倍子木来撑地，支天闪闪摇不停，撑地闪闪晃不断……”[①]“来看锻造支天柱，打造柱子支云天，一造就是十二年，造成十二根柱头，十二根[②]柱支撑牢……鸡讲[③]是个好地方，全盖六柱的瓦房，山间偏厦真漂亮，胜似张张大凉伞。”[④]

而苗民的集体活动，如黔东南围场踩鼓跳芦笙的芦笙柱、广西融水的花柱、西部方言区关岭苗族“绕花树”仪式（图 7-17—图 7-19）都提供了集体活动逆时针运动的“中心节点”。这些“绕匝而祭”的方式与史载北朝鲜卑及汉代匈奴的“绕天”与“大会碟林”[⑤]之俗颇有相似，以别于汉人“望祭”，涵盖了苗民日常生活中的大多数集体需求。而在广大苗区的“椎牛”、麻山苗族“砍马”、湘西苗族“巴岱上刀梯交文书仪式”中，立柱也都提供了公共活动中的“向心性”。

7.2.2　通天之梯与社木崇拜

苗族这种“支天”与“向心”意象绝非孤例，如彝族祭祖大典中祭祀场所中心的立柱同样也是最高象征物[⑥]。这都是试图对不同层次世界进行沟通的朴素认识，也即张光直所说的“宇宙山”“宇宙树”[⑦]。其文化根源应可上溯至《山海经》记载昆仑“建木”作为天地之中、通天之梯的神话体系。以此更进一步，麻勇斌结合苗族鸟崇拜与树崇拜的文

---

① 吴一文，今旦．苗族史诗通解[M]．贵阳：贵州人民出版社，2014：43.

② 苗族对于数字有其偏好，对于“12”更是推崇备至，而且这是跨地域的共同意识，比如湘西地区传唱的古歌认为当地苗民支系有 12 姓，黔东南歌师收徒仪式中米上要放一两二钱，至今婚姻贺资也以“12”为基数。对此，可能是苗族认为人类始祖化身于十二个蛋的缘故。参见：吴一文，覃东平．苗族古歌与苗族历史文化研究[M]．贵阳：贵州民族出版社，2000：181-195.

③ 即今贵州省雷山县著名的西江千户苗寨，旧志称鸡讲(dlil jangl)。“dlil”为支系名(音希)，在从江等地又称“dliab”。今天该支系的居住地或历史上与“希”有关的地方，通常被冠以“希”字。如今榕江县色同、高表称为“dlib dex bil”，意为“高山上的‘希’”。锦屏县靠近剑河一带称为“dlib dex nangl”，意为“河流下游的‘希’”；榕江、台江、剑河等县边界以昂英为中心的七十二寨叫“dlieb fad”；从江县的加勉(dlieb minx)等，都是“希”支系分布的地方。参见：吴一文，今旦．苗族史诗通解[M]．贵阳：贵州人民出版社，2014：60.

④ 吴一文，今旦．苗族史诗通解[M]．贵阳：贵州人民出版社，2014：77.

⑤ 《南齐书·魏虏传》记载：“拓跋部祭天，设有祭坛，皇帝驰骑绕坛三匝，公卿绕坛七匝，谓之绕天。”萧子显．南齐书[M]．北京：中华书局，2016．《汉书·匈奴传》载：“秋，马肥，大会碟林，课教人畜记。”唐颜师古注曰：“碟者，绕林木而祭也。”班固．汉书[M]．北京：中华书局，2016.

⑥ 郭东风．彝族建筑文化探源[M]．昆明：云南人民出版社，1996：79.

⑦ 张光直．考古学专题六讲[M]．北京：文物出版社，1986：6-7.

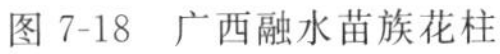
图 7-18　广西融水苗族花柱

图 7-19　狗耳龙家-博甲本-鬼竿跳月择

化印迹，认为苗居中柱应有巢居记忆的隐喻[①]，笔者通过对黔东南苗居中“花树”的调查似可佐证。另外徐文武认为楚人对“社母”[②]原始信仰的物质载体除“镇墓兽”之外就是“建木”和“桔树”(如《桔颂》中“后皇嘉树”，王逸注：“后，后土也；皇，皇天也。”)。在传说颛顼“绝地天通”宗教改革所催生“建木成为天梯”之前，“建木之本源”应为原始植物崇拜与土地崇拜相结合的社木[③]。苗人生活习俗与楚文化颇有渊源，因此其支柱意象，可能正是根源于此，即室内中柱的神性来源，应当是“建木通天之梯”与“社木植物崇拜”相结合的结果。在传统苗居室内，中柱既起到沟通家先天国的“天梯作用”，又常与枫树代表的祖先崇拜、竹子代表的生殖崇拜相耦合，这也是为什么今天依然能看到黔东南苗居室内中柱旁出现的大量巫术符号，这正是有别于其他民族的重要特征。

7.2.3　作为通天之梯的神性表达

1. 丧葬：逝者灵魂通天之梯

在前文关于苗人在火塘旁进行丧葬礼俗一节中提到，老人过世后首先被放置在火

---

① 麻勇斌. 贵州苗族建筑文化活体解析[M]. 贵阳：贵州人民出版社，2005：273-277.

② 地神养育万物、母神繁衍人类，合而唯一即为社神，社神后土就是地母神。楚人将“社”与“母”视为可以互相置换的概念，甚至直接称母亲为“社”。参见：徐文武. 楚国宗教概论[M]. 武汉：武汉出版社，2002：201.

③ 徐文武. 楚国宗教概论[M]. 武汉：武汉出版社，2002：201-202.

塘边进行清洗，如古歌中所唱“把爸爸扔在火坑边”。东部方言区是紧靠在明间火塘一侧中柱下，将头朝山面中柱家先位，使作为“通天之梯”的中柱与火塘产生密切关联，并因火塘的存在确立了逝者灵魂迅速从火塘通过中柱去往家先天国的指向。

中部方言区对中柱有了更为直接的功能定义：比如罗汉田曾记录了在黔东南雷公山腹地一个自称“德闹”的短裙苗支系，老人将要咽气时，其子女打开平时用于上山做活路、盛午饭的饭盒，将其最后的气息罩住，盖好后挂在堂屋中柱上。在老人咽气、鸣枪报丧、清水洗尸、穿戴完毕以后，在堂屋栽有“花树”（笔者注：即保命竹，det xix nangs）的中柱旁边用木板或杉树皮铺在两条板凳上作为殓床，将老人遗体平稳移动其上①。由此，人的一生终结，转向彼岸世界，中柱被赋予了作为灵魂的上升通道且永生不灭的神圣意义。

凌纯声、芮逸夫、费孝通、石启贵等记录各方言区苗族丧葬洗身过程均在火塘边完成，之后再转移至“柳床”“殓床”之上，并未提及中柱的信息。吴一文则记录到，待黔东南苗家埋好坟之后，孝家会在堂屋靠东方中柱神龛下放一张凳子，旁边还有一盆清水，给灵魂进家之后，先洗手洗脸所用和安坐之用②，似乎与逝者本身缺少直接紧密联系，这与其他一些民族习俗有较大区别：如西双版纳一带傣族、台湾台东东纵谷平原的卑南人将死者就依靠中柱上，并对其洗身③，这一操作反映出他们对中柱的精神依赖更为直接。但也说明作为逝者灵魂最后的栖息之所，苗族可能对火塘的重视程度更高。

2. 祭祖祭祀：祖灵庇佑及空间指向

1）“祭祖”与“吃猪”“吃牛”仪式与中柱

据民国《湘西苗族调查报告》记载，早期“祭祖”与“吃猪”两堂为苗教祭祖之常祭④。如前文所言的面朝火塘间山墙中柱下家先位即为祭家祖。而“吃猪”时也要将酒、饭、茶

---

① 罗汉田.庇荫：中国少数民族住居文化[M].北京：北京出版社，2000：173.

② 在凳前放一些死者生前喜欢的东西，巫师、孝子及引魂者坐在凳旁作陪，部分亲友也围坐一旁。开宴前孝子烧香焚纸，巫师倒酒掐肉敬先祖，并给死者的亡魂斟酒上菜，高声叫他来享用，并陪他吃喝，然后把凳子打翻在地，交代亡魂到祖宗神位上安心居住，保佑子孙发财发富，健康多子。参见：吴一文，覃东平.苗族古歌与苗族历史文化研究[M].贵阳：贵州民族出版社，2000：354.

③ 罗汉田.庇荫：中国少数民族住居文化[M].北京：北京出版社，2000：177.

④ 凌纯声、芮逸夫曾在湘西苗区调研了四十堂祭鬼仪式（《永绥厅志》共计七十堂），其中十六堂是苗教，二十四堂为客教（笔者注：汉人传入仪式）。苗教之中，“祭祖”与“吃猪”两堂为常祭；“打家先”“赎魂”“祭疱鬼”“椎牛”是因病求愈；“打干锣”“退古树怪”“洗猫儿”“洗屋”是因见怪异及不详而求祛除；“吃血”是因纠纷而求解决；“超度亡人”是因人死而求解罪。以上除“椎牛”同时为求子外，都是为避祸而举行的祭典。参见：凌纯声，芮逸夫.湘西苗族调查报告[M].北京：商务印书馆，2003：91.

各七碗摆在地楼正屋中柱脚下，即石启贵所谓“地楼神堂”所在[①]，这也通过柳肃、李哲对湘西保靖葫芦镇木芽寨的调研结果得到论证（图7-20）。一般情况下，该仪式也常在堂屋设“大桌神坛”，且为主坛。

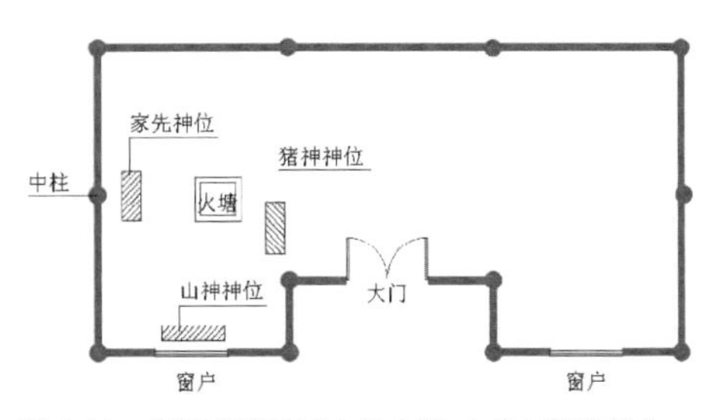

图7-20　湘西苗族民居内的火塘、中柱与祭祀神位

沈瓒在明成化年间始纂的《五溪蛮图志》中就有记录苗人“喜淫祀”的部分，民国陈心传则根据自己在苗乡的调查在书里对“因病求愈”举行的“吃黑牛”过程进行了补充描述：“一苗巫，衣赭衣，持巫刀，坐于长桌右端之中央。陈注：桌之左端为火床。因伊辈以其祖先在火床之中格下，故苗巫坐于长桌之右端，即为面向其居火床之祖先也。”[②]石启贵在民国时期对杨家（笔者注：杨姓为大石，火塘家先位在左间，故而苗巫同样面左）吃牛仪式若干环节的记录也与之相符[③]。这都充分表明中柱所标示的家先位对仪式空间的指向功能，成为祭祀流程中各环节的关键节点。但其对左右方位的选择最根本还是基于火塘的位置，因此在这个层面上讲，中柱与火塘已经构成了传统苗居信仰空间的核心“通道”。

2）中柱与牛角模式的同构

若是祭祖的牯牛，水牯去了剩犄角，放在我们祖居屋，挂在堂屋中柱上，它伴祖先神灵住。休纽去了剩犄角，将它存放在何处？把它放在神庙里，官府衙门里面存，苗人汉人得纪念。

——吴一文、今旦《苗族史诗通解·金银歌·制天造地》[④]

水牯顺河去东方，走到一个竹园边，吃着了谁家东西？吃了绵竹家东西，绵竹见了很生气。祭祖我俩都有份，用你劈成细篾条，拴着牛角靠中柱，陪伴妹榜得幸福。

——吴一文、今旦《苗族史诗通解·蝴蝶歌·追寻牯牛》[⑤]

另一种寻求祖灵庇佑的方式就是椎牛之后将牛角与中柱绑定起来。石启贵《湘西苗族实地调查报告》记录湘西苗人椎牛之后，会将牛角连骨砍下，绑在堂屋中柱上端，吃

① 据石寿贵《苗族吃猪概述》中介绍，吃猪有堂屋吃猪（龙琶堂屋）、火炉神壁吃猪（龙琶夯告）、椎牛吃猪（龙琶尼）、接龙吃猪（龙琶绒）、众寨吃猪（龙琶苟让）、吃棒棒猪（龙琶豆）以及吃娘猪（送内琶）等多种类型祭祀，在这诸多种类祭祀中，以堂屋吃猪最具有代表性、普遍性和广泛性。

② 沈瓒.五溪蛮图志[M].李涌，重编.陈心传，补编.伍新福，校点.长沙：岳麓书社，2012：83.

③ 石启贵.民国时期湘西苗族调查实录[M].北京：民族出版社，2009：76-83.

④ 吴一文，今旦.苗族史诗通解[M].贵阳：贵州人民出版社，2014：77.

⑤ 同上：413.

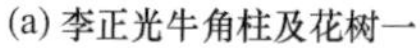

(a) 李正光牛角柱及花树一

(b) 李正光牛角柱及花树二（绑在中柱上）

图 7-21　剑河李正光宅中角柱及花树

几次，即有几对，吃双牛加倍。[①] 麻勇斌对东部方言区也有相同记载[②]。

虽然今天在东部苗区已经很难发现实例，但在中部地区仍可以有所发现，在不少年代较久的苗居内，中柱旁的木棒上绑扎着吃鼓藏仪式砍下的牛角，有的仅一副，有的基于祖辈累积而成若干副。比如黔东南剑河县南哨乡南岑村李正光宅内火塘对应的柱子即为中柱，旁边就放置杉木牛角柱。从下至上分别为祖、父、孙三副牛角(图 7-21)，旁边还需在杀牛放牛角之后同时在旁边的竹子加棉花，即“花树”，意喻着多子多孙。

2015 年 12 月，笔者在黔东南剑河县观么乡巫包村发现护寨枫树上放有两副牛角(图 7-22)，这应该是一种更能探知苗民意识本质的做法，即“枫树作为蚩尤先

图 7-22　剑河巫包苗寨外枫树绑牛角

① 石启贵. 湘西苗族实地调查报告[M]. 长沙：湖南人民出版社，2002：422.

② 麻勇斌. 贵州苗族建筑文化活体解析[M]. 贵阳：贵州人民出版社，2005：162-163.

祖化身”与“椎牛祭祖仪式”应是通过“牛角与通祖柱绑定”的原型模式取得统一。椎牛作为苗族最大祭典，通过“牛角-中柱”结合的模式而告知大祖，以中柱为渠道祈求祖灵庇佑，是整个苗民集体崇祖的深层意念，各区域室内的些许不同做法应该是在此基础上的具体化结果。

同样，今日在黔东南地区的不少民宅内，也存在一些砍下牛角放置于中堂神龛内或壁板之下的实例(图 7-23)，这应该是汉族中堂祭祀功能强化之后所做地调适而已。值得关注的是，“中柱绑定牛角”的模式契合于“分灶制”，作为父系私有制财产权属分化的表征，与火塘个数仍是匹配关系。比如李正光宅分为兄弟俩合住，则每人火塘间中柱旁均有一副“中柱牛角”。

3）其他仪式活动的空间节点

在苗民日常生活中，中柱定位功能扩大化之后也作为其他一些仪式流程中的空间节点。

图 7-23　枫树绑牛角及中堂神龛中的牛角

如古歌传承仪式，歌师收下学徒的拜师礼后，在农历正月初三至十五之间选择吉日举行开授仪式[①]。首先要举行祭歌神(jent dens lax)仪式，用木升盛满白米，米上放一两二钱银子，插上香，置于房中那根被认为是寄托人灵魂的中柱旁。歌师杀一只公鸡(或鸭)，煮熟后依学歌者人数切成块，装入土钵，每块插上筷子，用白纸蒙住口，放在木升旁。然后把存放在中柱上供授歌时用的小竹片取下，口中唱吟“请神歌”[②]。

又如敬鱼、敬松鼠[③]，鼓社祭仪式进程中的戌日，在第一鼓社头家的中柱前摆一张

① 杨正伟. 苗族古歌的传承研究[J]. 贵州民族研究，1990(1)：28-35.

② 歌词为：“智慧歌神，智慧歌神，请你传歌，乞你授艺。传给我们才人人聪明，授给子孙才代代不遗。你像银子那样圣洁，今天我们就拿银子敬你；你像金子那样珍贵，今天我们就拿金子敬你。智慧歌神，请你传歌，让我们人人诵唱，智慧歌神，乞你授艺，让子孙代代不遗。”摘自王凤刚《苗族古歌的传授风俗》。参见：吴一文，覃东平. 苗族古歌与苗族历史文化研究[M]. 贵阳：贵州民族出版社，2000：36.

③ “牯牛要道东方去画犄角，走到山林边时，踩到松鼠的家，松鼠生气了。牯牛对它讲：‘你别生气你别急，祭祖也少不了你！’故祭祖时要一只松鼠。”摘自《苗族史诗・追寻牯牛》。苗民的“敬”“祭”常常同义混用。

矮桌，在桌上放一个有少量水和一束稻草的木盆。第一鼓社头用一小竹棍从松鼠(或其皮)尾部插入，另一端插在稻草上，使松鼠头朝上。在放置祭品的矮桌下方，再放一水缸，五个鼓社头每人放入一小条活鲤鱼，由第一鼓社头出嫁女背水，第二鼓社头出嫁女舀水。要背三次，每次舀三瓢。

由此，可见日常生活中需要向祖灵献祭、汇报的行为都可以中柱为空间节点。这说明中柱既起到通天之梯，与祖灵沟通的通道作用；又成为祖先意念的象征载体，并在苗居内完成统一，与火塘一道构成苗族室内祖灵信仰的全部信息。

7.2.4 与枫树神性的耦合

1. 崇枫与崇祖的共同意识

各地苗族都十分崇拜枫木，在各种祭祖、祭家先、建屋等活动中均表达了对枫树的重视。传统苗居中的某根中柱即需以枫树制成。东、中、西三个方言区对“枫树”的苗语发音分别是：“ndut mix”“det mangx”“ndongt mangx”，应为同源词，且“mil”为“母性、母亲”这一词根。这说明在苗民分化之前，崇枫可能是其母系祖灵崇拜的共同记忆。《山海经·大荒南经》说：“有宋山者，有赤蛇，名曰育蛇。有木生山上，名曰枫木。枫木，蚩尤所弃其桎梏，是为枫木。”郭璞注：“蚩尤为黄帝所得，械而杀之，已摘弃其械，化而为树也。”又说“(枫木)即今枫香树”。《云笈七签》卷一百《轩辕本纪》也载：“黄帝杀蚩尤于黎山之丘，掷械于大荒之中，宋山之上，后化为枫木之林。”可见枫木是苗族始祖蚩尤的化身，因此苗族是把蚩尤与枫木一起当作祖先来崇拜的。苗族古歌里传唱于各地方的《枫木歌》可以为证[①]。

图 7-24　李家台四号墓出土彩绘盾牌

2. 古籍中的楚人“崇枫”渊源

楚人崇树形象是以树和人的形态同时出现，如湖北江陵李家台出土的彩绘盾牌上就有龙凤及人面像，其上为一株树，与人面合一为整体(图 7-24)。[②]《太平御览》卷九五七引《述异记》曰：“南中有枫子鬼，枫木之老者为人

---

① 在苗族古歌中，称“枫树干生妹榜，枫树心生妹留”。“妹榜妹留”是苗语，“蝴蝶妈妈”的意思，是人类的母亲。正因为苗族人认为人类的母亲——“蝴蝶妈妈”是从枫树中生出来的，所以他们称枫树为“妈妈树”。《枫木歌》说：“远古那时候，山坡光秃秃。只有一棵树，生在天角角。洪水淹不到，野火烧不着。”这棵树正是枫树。可见枫木是苗族的圣树、生命树、宇宙树。现代苗族人还认为他们祖宗的老家是在枫树的心里，因此在祭鼓节中，他们就把木鼓象征祖宗安息的地方，把祭鼓象征祭祖，以便引导游魂野鬼回到蝴蝶妈妈的老家——枫树心里去。

② 徐文武. 楚国宗教概论[M]. 武汉：武汉出版社，2002：195.

形。亦呼为灵枫。”“南中”为三国时蜀汉以南的川南、云南、贵州等地，应指今天南方苗族地区。这类图像与古籍记录与蚩尤是否有关系，颇引人遐想。

楚人崇枫亦颇有渊源，如宋玉《楚辞·招魂》中有“湛湛江水兮，上有枫，目极千里兮伤春心。魂兮归来哀江南”的诗句；洪兴祖引《说文》注“枫木”曰：“汉宫殿中多植之”；《史记·高祖本纪》说高祖刘邦“祭蚩尤于沛庭”。而汉承楚制，楚汉建筑崇枫并非偶然，或可为苗族崇枫之滥觞。

7.2.5　与竹崇拜的耦合：祖灵共生的微缩模型

中柱的精神意义在黔东南苗居中通过“竹崇拜”取得了进一步地强化和形象化，“祖灵共生”这一民族观念也得以进一步具象化与空间化。而这都是通过“保命竹”（苗语：det xix nangs，即前文所述“花树”）的设置完成的。

因竹“生命力旺盛、繁殖能力强”，在重视人口增长的苗族地区，婚俗礼仪中常常要使用竹枝形成的“花树”[①]。从黔东南至广西，笔者在多个苗居内发现大量实例，明间东向中柱旁常见设置一整套保命竹（花树），往往是家中久无子嗣或渴求男丁，或家中小孩身患疾病时，屋主会请巫医举行仪式禳解，酒宴过后便设立保命竹。

保命竹的整套设置逻辑，正是苗人意识中的人-祖共居关系、鸟崇拜、生殖崇拜与巢居记忆的综合体现。以凯里舟溪枫香苗寨潘志明宅室内“保命竹”为例（图7-25），自下而上分别为：最下用泥巴围成鸟窝状，意喻要人丁兴旺（鸟巢隐喻）。上面有四柱木凳表示房间（或代表生殖崇拜的桥），再上为置酒板，两侧突起象征“守卫”。鸟窝中插上竹条，上系纸带、布袋（内有糯米和纸钱用以敬“菩萨”）。最上面有一小木板，上面三个碟子分别装肉、酒等祭品祭祖，意为

图7-25　凯里舟溪枫香苗寨“保命竹”

① 沅湘间苗族结婚送礼时，队伍前往往有两个童子各举一杆竹枝“花树”，礼盒上也往往要插一支“花树”。除此，还有各地苗族的彩礼刻竹、接亲送竹、嫁姑娘送竹、出门扔竹等。参见：王平.苗族竹文化探析[J].湖北民族学院学报（社会科学版），1997(1)：48-49.

“祖先庇佑子孙生活”。

罗汉田在其著作中记载了另一种情况，部分“短裙苗”会在建新房立中柱时用麻绳捆住三株金竹，从而与中柱并置，成为与祖先神灵沟通的象征物[①]。如城步苗族在祭祖仪式《庆古坛》中，巫师会在祭祀过程中扎一棵竹枝做的“花树”，立于神坛前面，整个过程都以“花树”为通祖的核心工具展开[②]。因此对于苗族而言，以“花树”“保命竹”为载体表达祖灵共生的各种模型可以说是一种异形同构。

从今天的实地调查来看，黔东南许多苗居对“保命竹”的设置方位与繁简程度已经差别显著，比如应当将其设置在明间东侧中柱旁，但不少已经较为“随机”地被放在西侧中柱旁，或因避免挡路和影响室内日常生活被移到二柱边。可见，由中堂火塘、东侧中柱及保命竹构成的一套完整祭祖体系正在因生活演进而产生差别化调适。

7.2.6 东、中部方言区对中柱空间的观念异同

从今天调查结果来看，发现东、中部苗居内的中柱在精神意义上已经产生了较大差异，中柱的神性表现也显著不同。究其原因，是各区域苗民生活演进方式不一逐渐形成的。东部苗居火塘间往往在中堂的某一侧，强化其整体起居功能，火塘北侧若设置住宅，也往往不用壁板分隔，仅用黑纱布软性分隔。加之许多重要民俗仪式均在室内展开，因此传统苗居可以去掉明间中柱以获取更大的活动空间，这样的早期居住空间力求完整、通透。后期住屋的明间中柱渐留，则应是结构使然，并无过多神性意义，唯一具备神性的中柱是由火塘标示的家先位处，附着了对枫树的祖先崇拜。

中部苗区则十分不同，该区域火塘原应在中堂正中且对正中柱的地方，生活模式演进使得“房间”的概念得以强化，功能细分较为彻底，又因地形高差，屋架变为吊脚或通柱干栏，因此火塘由地面正中位置升至生活层后部接地，再伴随中堂神龛信仰的挤占作用最终被“驱赶”至房屋左右两侧，仅有使用功能，火塘的祭祀功能则在减弱甚至消失。但其原初状态中“间接传递”给中柱的祭祀功能和通祖天梯的使命并未消失，苗族家祖位、牛角、保命竹等均以中堂中柱（且主要是朝东的那根）为基准，并渗透到营造过程中的找枫树、砍中柱、弹墨、淋鸡血等仪式。可以说如今黔东南苗居室内呈现出的中柱现象，应是中柱与火塘的绑定作用被解除，“独立”完成信仰传递的结果。

---

① 参见：罗汉田．庇荫：中国少数民族住居文化[M]．北京：北京出版社，2000：173-174．

② 祭祀过程为：族人围火而坐，头人先唱《请花歌》，请下神坛前的“花树”，然后持花唱《接花歌》，然后又唱《传花歌》，把“花树”传给他人。如此循环地唱，直到所有的人都唱完了，再将“花树”送还至神坛焚化。参见：王平．苗族竹文化探析[J]．湖北民族学院学报（社会科学版），1997(1)：49．

因此，东、中部苗族“中柱”神性的变迁和位置分化事实上说明生活方式的介入使得中柱保留的通祖方式发生了改变，但其神性来源和核心基础是与火塘绑定产生的。进一步合理推测，生活贫苦的早期苗居为一间居室时，火塘处于室内几何中心，侧边为家先位，一旁中柱承担沟通之责、崇枫载体，两者一道形成“家先天国-现世生活”的通灵天梯。早期苗居的信仰原型空间在两个方言区之间可能是完全同构、相通的，只是由于支系分化、地理环境制约、生活模式演进，信仰原型空间的扩展方向和模式在不同方言区间产生了不同。东部向单侧扩展、中部向左右两侧扩展，从而呈现出今日丰富多变的建筑面貌来。

7.3　巫文化的室内外再现

苗族异于相邻他族的显著特征之一体现在其“重巫鬼、善淫祀”的民俗传统上，苗巫文化在室内外空间的反映则成为一种民族性的体现。据调查来看，东部方言区苗居内巫文化体现较少，主要包括家先位、堂中龙石板以及被汉化后的中堂神龛等。中部方言区苗居内外的巫术表达则相对丰富许多，文化源头也比较混杂，从门头到室内，常能发现使外人十分惊奇而不知来源的摆件或装置，应该都是迫于窘迫生计而力求家庭安康、子孙繁衍的精神诉求，是苗族万物有灵的认识体现，也是构成苗居民族性特征的重要方面。

7.3.1　中堂神龛

对于东部、中部两个方言区苗居中堂神龛的使用情况来看：中部的普及度明显高于东部，在东部腊尔山腹地周围本民族特色保留较多的苗居内，较少使用中堂神龛，但越往苗区外围神龛使用率越高。比如在松桃、麻阳自治县等地区，神龛使用成熟度基本上对应着室内“汉化”程度，而至北部永顺县土家族民居，基本全用上了中堂神龛。中部苗区除了极少数年代久远、仍保留较多苗族特色的房屋，以及贵州从江、广西融水一带较少或不使用之外，绝大多数苗居内均有中堂神龛的设置。

东部神龛装置较为简单、种类也较为有限，主要做法就是一块放置供品、酒杯等物件的木板作为香案，其上中书“天地君亲师”字样，两边为对联或主人近祖来源或姓氏堂名，其下两侧均有木条斜撑。直到麻阳、泸溪、沅溪等外围，才多出现镶嵌式组合形式神龛，复杂程度表明神龛的信仰功能逐渐加强。

中部神龛样式类型则显著多于东部，除了上述形式之外，还有简化到仅剩长30厘米左右，代表神龛的单层或双层小木板。中堂神龛周围放置的祭祀物品、装饰纹饰既有“汉化”影响，也有本民族巫术源流的叠加，比如沾有血液的羽毛、吃鼓藏之后的牛角、花树、稻草等，在神龛处均能形成强有力的融合，从而成为今天该地区苗人的信仰新中心。

7.3.2 门头挂物与植物崇拜

在中部苗区的民居，门头常挂有一捆如同柴火的若干植物，其间或有动物头骨或有纸人。从祭祀来源来看，应当有不同目的：其一是“祭老美”[①]，祭时用十二只酒杯，一升米，十二张纸人，十二张纸旗，六棵白蜡刺根，由一根栎树一分为二的“法器”（nob），祭完后将纸人、纸旗、树根、刺根捆做一把，挂在门稍上，作为抵挡“灾祸”的“法器”。[②]

还有两种门头挂物分别基于“祭鲁养”[③]和“驱妖邪”的仪式目的，前者仪式礼毕会在左右门头挂上祭物中的两棵白腊刺。后者仪式中则体现了苗族对特定植物“五倍子木”和“芭茅草”的崇拜。

五倍子木（det pab）[④]是漆树科盐肤木属的一种，在苗族传统观念里被作为神木，敬鬼神活动中一般不可或缺，卜卦与祭祀苗族木匠、石匠之祖师“嘎西”时所用的幡竿都必须用到。另外，五倍子木与刺楸树（或楤木）、麻栗、芭茅等的根、叶、果等混合捆绑一起之后，具有某种特殊的神性，挂在门上能驱鬼辟邪。[⑤]

苗人的芭茅草崇拜更是渗透到生活的方方面面，作为黔东南、湘西苗族地区盛产的一种常绿草本植物，芭茅草在苗族传统的无文字社会里，集民族习惯法的文化符号，“议榔”（苗族的一种地缘组织）体系内的领袖权利符号，巫师占卜法器、理老（苗族基层社群组织中威望较高的协调人）解决纠纷划定是非的计算符号于一身，并由此产生了更多象征意义。同时，芭茅草“草标”的形态具有对房屋空间、私人财产进行权属限定的作用。[⑥]

《离骚》中有“索琼茅以筳篿兮，命灵氛为余占之”的内容，王逸认为“琼茅就是“灵草”。由此可知，战国时楚人有手把灵茅筵占的巫术，这也与苗族巫师的“芭茅之卜”非

---

① 苗族意念中最大吉祥神是“嘎西”（也有著作音译为“尕哈”“嘎哈”等），其次是“老美”，相当于保家卫国的卫视，不让恶神饿鬼侵犯。一般家中做事不顺，如蚀财、灾祸、病痛，就要“祭老美”，让家中少遭灾祸。

② 张少华. 方腐苗俗[M]. 北京：中国文联出版社，2010：249-250.

③ “鲁养”是专门拘捕活人魂魄的神人，家里有人生病了，特别是那些年纪大的老人病了，认为可能是鲁养已将其魂魄捉了，希望祭祀鲁养获其欢心，让病人魂魄回来，身体康复。仪式参见：张少华. 方腐苗俗[M]. 北京：中国文联出版社，2010：254-255.

④ 前文白蜡刺根与栎树、五倍子木在苗族观念里都是具有辟邪镇恶鬼神性之木。顾颉刚认为，栎树即为檿桑、山桑、柞树。吴一文介绍苗族占卦用的卦木，非五倍子木即栎木，或双木并用，不能舍此二种而用其他。参见：吴一文，覃东平. 苗族古歌与苗族历史文化研究[M]. 贵阳：贵州民族出版社，2000：350.

⑤ 苗族过去开秧门之时，会先于田中心插一棵五倍子木条，约一人高，木条侧插一小把芭茅草，之后顺芭茅两侧插秧。这是因为苗族传统理念认为芭茅形如刀剑，可以辟邪防鬼，也希望秧苗生长如芭茅草一样茁壮成长。

⑥ 关于苗人的芭茅草崇拜，参见：徐晓光. 芭茅草与草标——苗族口承习惯法中的文化符号[J]. 贵州民族研究，2008(3)：41-45. 杨光全. 试论苗族芭茅文化与精神文明建设[C]// 中国近现代史史料学学会，政协怒江州委员会. 少数民族史及史料研究（三）——中国近现代史史料学学会学术会议论文集. 德宏州：德宏民族出版社，1998：71-86.

常相似。《左传》中有“尔贡苞茅不入，王祭不共，无以缩酒，寡人是征”[①]的记载，证明周天子需要以楚地苞茅来“缩酒”。同一事件在《韩非子》中记载为“楚之菁茅不贡于天子三年矣”，可见“苞茅”又名“菁茅”。另据《本草纲目》记载：“茅有白茅、菅茅、黄茅、香茅、芭茅数种，叶皆相似。……香茅一名菁茅，一名琼茅，生湖南及江淮间，叶有三脊，其气香芬，可以包藉及缩酒，《禹贡》所谓荆州苞匦菁茅是也。”可见苞茅与菁茅、香茅是同一物，并与“芭茅”同属草本一类。苗人崇拜“芭茅”，用其行巫并置于门头辟邪，可能是楚国植物崇拜、占卜文化的遗俗。

7.3.3 人形剪纸、剪纸巫术

在窥见苗族文化渊源方面，苗区的“剪纸巫术”可能是表达最为明确的巫术形态之一。在苗语东部方言区，苗民祭祖时会请巫师在仪式开始前用纸与篾条搭成窝棚一样的“祖巢神屋”，里面放着成人形的剪纸，置于家先位中柱之下，象征着祖先顺中柱从天国回到“神屋”居住。在迎接祖灵时，巫师用剪成鸟样的纸挂作为旗幡[②]。部分湘西苗家会将剪成神仙的纸样贴在牛栏或门上以招神。

在中部方言区，对剪纸巫术的使用更为普遍，调查常见中堂壁板或东侧中柱附近贴有人形（多为五个或“5”的倍数）、树形或象征太阳的红色贴纸，这是苗人收惊魂（hxiub jingb）的一种巫术：如果未满周岁或 2～3 岁的孩童出现发高烧、拉肚子或身体瘦弱等情况，并被巫师推断为“惊吓落魄”了，便要收惊魂[③]。这种巫术有时也用于更大的孩子甚至成年人。在巫术中，五个小纸人代表五个精怪。

可见苗族剪纸巫术，主要在于形成一种沟通魂魄的“媒介”，以“招魂、招神、祭祖、求子”为目的。这一仪式普遍出现在“故楚地”各民族中，并非个例。如南郢故地南漳的端公即用剪纸人的方式为人招魂驱病：端公作法时，手执剪刀在黄表纸上剪出五个纸人，分别象征心、肝、脾、肺、肾，并用令牌在纸人上书写失魂者姓名，焚香祷告、歌舞招魂，与前述 “收惊魂”巫礼如出一辙。另外，类似巫术还可以在湘西土家族、云南哈尼族、西南瑶族等少数民族中见到。[④]

正如范文澜所言：“产生以巫文化融合华夏文化为基本的楚文化。各族也就在同一

---

① 《左传・僖公四年》语：“尔贡苞茅不入，王祭不共，无以缩酒，寡人是征。”今日湖北南漳端公舞礼中仍有“苞茅缩酒”之遗风。

② 参见：麻勇斌. 贵州苗族建筑文化活体解析[M]. 贵阳：贵州人民出版社，2005：275-277.

③ 有关“收惊魂”仪式的具体做法，参见：张少华. 方旖苗俗[M]. 北京：中国文联出版社，2010：276.

④ 南楚之地的湘西土家族梯玛（巫师）祭祖还愿时用四个纸剪菩萨（小人）招魂降神。云南哈尼族丧葬习俗中剪纸人于招魂杆上代替衣物招魂。西南一带瑶族支系山子瑶每年农历七月十四日要剪小人祭祖。参见：何红一. 中国南方民间剪纸与民间文化[J]. 民间文化论坛，2004(3)：55.

文化中大体融合了。”[①]因此，笔者认为，楚巫中的“人日”[②]“缕金作胜”[③]等巫术，在故楚地和广大的南方少数民族中依然存在着文化印迹，为苗族“剪纸巫术”之滥觞。而将其置于代表家宅精神场所的中堂或中柱旁，也是集体无意识在空间上的一种直接投射。

7.3.4 桥文化

在中部苗区实地调查时，常常能在一些住屋中堂进门处发现地面镶嵌着几块木板（一般是三块），当地人称之为“桥”，主要为求子嗣而设立。同样，在某些寨外石桥、木桥上，也能看到与此非常相似的“象征物”镶嵌其上（图 7-26、图 7-27）。那么在苗居空间之中，这种“巫”的方式又有着怎样的场所意义呢？

图 7-26　台江施洞塘坝苗居室内之桥

图 7-27　丹寨孔庆刘家村室外之桥

事实上，中部苗族的建桥、敬桥，以及过桥等仪式，是一种生殖崇拜的体现。有关“桥文化”的一切意念来源，周星的观点为：“孩子来自神授，而桥梁则是神域与人间的联系纽带。在这个意义上，可以说人们之所以向桥祈嗣，乃是因为他们相信婴儿的灵魂是沿着“桥”而来到这个世界的。”[④]

因此中部苗族都是通过在室内外“建新桥”的方式完成生子期许的。如室外之桥，往往需巫师怀揣一枚鸭蛋或一只绿公鸭用法力及神灵指引寻桥址，之后用再生能力强的杉树、钻栗木树（或枫木、忌松等）作木桥材料，石桥则在其上以三块木板镶嵌代替（一

---

① 范文澜，蔡美彪. 中国通史：第 1 册[M]. 北京：人民出版社，1994：197.

② 剪纸人招魂、求子、祭祖直接源于楚地人日巫术。人日最初为楚地巫术，“人日”二字最早见于云梦睡虎地《日书》（甲种、乙种），是上古的一种择日占卜活动，汉以后发展成为全国性节日。人日节早期较全面的记载，见于魏晋南北朝时梁朝荆州人宗懔的《荆楚岁时记》：“正月七日为人日。以七种菜为羹；剪彩为人，或镂金箔为人，以贴屏风，亦戴之头鬓；又造华胜以相遗……”参见：何红一. 中国南方民间剪纸与民间文化[J]. 民间文化论坛，2004(3)：56.

③ “缕金作胜”为荆楚古俗。所谓“胜”，就是用纸、金银箔或丝帛剪刻而成的花样剪纸。剪成套方几何形者，称为“方胜”；剪成花草动物形者，称为“华胜”；剪成人形者，则称为“人胜”。参见：左尚鸿. 荆楚剪纸艺术与巫道风俗传承[J]. 湖北社会科学，2006(12)：192.

④ 周星. 境界与象征：桥和民俗[M]. 上海：上海文艺出版社，1998：8.

般为1,3,5这样的奇数,因苗人认为这样可以使桥与来人配对),建好之后还需在桥头设立小菩萨庙,作为桥神殿堂之所。建桥主体既可以是单家独户,也可以是某房族、寨内同宗、甚至几个寨子共建[①]。

对于室内中堂入口的地面之桥,自然也是苗民桥之一种,也需巫师通过仪式进行安放,家中妇人每日从上而过,意喻托神庇佑、早生贵子。此种习俗在苗居室内有着十分明显的空间指向性,也标注了堂屋空间的起始方位。这一巫术体系分布于雷公山腹地至苗侗混合区的广大苗区,但在其他民族室内暂未发现,仅在与苗族紧密相邻的黎平县高洋侗寨夏锦松宅内有"室内桥"的设置,且用一根不规则木条,应是受苗族影响。

在"桥文化"中最具神秘主义巫术,并直接强调"生殖崇拜"的环节就是"过桥"。这一仪式在吃鼓藏祭祖大节中杀牛后第九天(申日)举行,由"嘎当"(除五个鼓主之外的四个次要鼓藏头之一,负责布置桌椅板凳)将高矮板凳(丈五长、七寸宽)各一条架设在第一鼓藏头家中的鼓祠中,象征两座桥(高的为祖先过的桥,矮的为后人过的桥)。由五个鼓藏头之妻着各自丈夫的礼服依次走过,并由"固由"(第一鼓藏头选出的"繁衍之神"之代表)拿着盛有泡糟酒的葫芦(象征男性生殖器),向五个女人的裙沿喷洒,象征男性向女性射精,这样才会生男育女,全鼓社人丁兴旺[②]。

以民俗学视角来看,"桥"之于苗族的空间意义在于"桥接",室内之桥"桥接"居所的外与内,寨外之桥"桥接"此岸与彼岸,都可抽象为意念上的灵魂通道,契合了生殖崇拜的意象。佐野贤治在其1990年发表的《桥的象征——比较民俗学的素描》一文中,就介绍了贵州台江的敬桥习俗和思想,并以台拱登鲁村苗民在桥内与祖灵沟通仪式为例,说明了桥作为精神桥接的作用,更重要的是,文中也介绍了日本和韩国有关"桥"的习俗[③]。似乎可以这样说,"精神桥接"的意念在不同民族中应具有较大普遍性,苗人"敬桥求子"之俗并非孤例。

---

① 有关建新桥、敬桥及祭桥节民俗仪式,参见:张少华.方腩苗俗[M].北京:中国文联出版社,2010:169-175.谭璐,麻春霞.试析黔东南苗族敬桥节节日文化[J].民族论坛,2012(11):60-63.

② 敬桥具体细节,参见:张少华.方腩苗俗[M].北京:中国文联出版社,2010:169-175.吴一文,覃东平.苗族古歌与苗族历史文化研究[M].贵阳:贵州民族出版社,2000:165-166.

③ 日本冲绳岛有一个岛屿,每十三年举行一次女子成年礼。成年礼就是让女子"过桥"。柱子上刻有七层桥,女子过了七桥之后,便为成年女。过了七桥的成年女才具有保护外出捕鱼的男人的巫的能力(宗教世界里面是女人当家,现实世界里是男人当家,冲绳岛有很多女巫师)。除此而外,日本人常说小孩是从桥下捡来的,他们把桥当成新的生命送到这个世界的渠道。这与中国苗族架桥的观念有类似之处。参见:曾士才.日本学者关于苗族及中国西南民族的研究概况[J].张晓,记录整理.南风,1996(6):39-43.

下篇

技艺研究篇

第8章　苗族传统建筑建造风习文化解析

居室营造可谓是涉及人生幸福的头等大事之一，正如："一栋房子难建，一个媳妇难接"，因此苗人对其极为重视。在整个建造过程中，交织着工匠"密不外传"的技术经验，及以不同信仰杂糅为中心、被神秘化的巫术仪式这两种"知识体系"。

众多民族早期的居室常常会被赋予无比深广的神圣性，以至于"房子并不是一个物件，不是一个用来居住的机器，它是人类借助于对诸神的创世和宇宙生成模式的模仿而为自己创造的一个宇宙。每座建筑物或每次新居的落成都是一个新的开始，都是一个新的生命。"[①]如同蒙古人从蒙古包的穹隆中体会到宇宙的神圣情感一样，苗族人也普遍认为居室是一个生者与先祖共居的场所，他们相信万物有灵，视居所环境中的生命万物为精灵，与先祖一道以不同方式庇佑生者的现世生活。因此从村寨择址到房屋落成的建造环节中，均有已成体系的"原初形态巫术"残留，以及在某些居住环节中，苗人一直对某些房屋部位持续性地赋予巫术的象征意义，从而成为民族空间的一种表征。

原初建造仪式的完成往往需要有本民族专职的祭司或巫师，工匠的技能最初并未变得多元化，或者说其"巫术能力"是被"技术"遮盖了。随着苗民与汉族进一步的融合，民居营造仪式越加受到"鲁班式信仰"的影响，从此苗族地区也被拉入到"鲁班文化圈"。从今天在苗区的调研来看，工匠的"巫术能力"和"技术能力"逐渐变成了一种相互遮盖的综合技能，并大大提升。巫师（当地也叫鬼师）在建房的过程中逐渐退场，工匠的地位大为提高，主要表现为工匠的"厌胜术、厌镇术与禳解术"以及全套营造流程被苗民接受并得以普及。本族特有的"巫"的信仰观念与工匠"鲁班式"的术数体系在苗族区域取得了一种动态平衡，且在各地区权重不一。尽管多数情况下，笔者所调查的结果显示，前者在被"挤压"，后者仍在"膨胀"，但在营造过程与仪式中存在观念的复杂性与民族交融性是不争的事实。

今时学者对于苗族地区的营造仪式和技艺多聚焦于技术访谈、仪式记录等方面。如张欣在《苗族吊脚楼传统营造技艺》一书中，以西江附近吊脚楼为例，记录了营造流程与仪式，进行工匠传承的记录梳理，但对苗汉仪式之别未有透彻阐述。麻勇斌在《贵州

① 伊利亚德. 神圣与世俗[M]. 王建光，译. 北京：华夏出版社，2002：25-26.

苗族建筑文化活体解析》中，主要针对营造礼仪提出了“鲁班式”的概念，并对相关流程进行说明，但对仪式中源与流的问题仍缺乏全面解读。哪些是苗族固有的择吉占卜方法和仪式，哪些是“鲁班式”，哪些又是各民族相通而无法彻底溯源的古制礼仪，各地区是否存在差异。对于这些问题的解答始终含混不清，本章希望通过对苗族地区营造过程中的“巫术礼仪”与“工匠技能”这两套体系的平行解读，在“源与流”问题上有所突破。

8.1 择址

8.1.1 立寨择址

苗族对于村寨择址的传统观念，既有基于“生活基本需求”的理性因素，也有对山林溪谷中生活常见之物的“神性追逐”，对其表达出来的超自然力或生命滋养情有独钟。

1. “活路头”的决定：基于生存的经验择址

苗族村寨择址的主要标准是“留有耕地、取水方便”“隐蔽山林、势在防守”，因为苗族土地贫瘠，耕地稀少，村寨选址的前提一般依托于耕地，具有良好的水源和开垦条件。通过前文对各方言区村寨布局类型分析，村寨布局避让预留田地的情况十分普遍，基本成为一种“无意识的常识”。苗族历史上所处的境况大多是长期“刀耕火种”①的游耕状态，寨址并不固定，艰难困苦时，以农耕为立寨根据，故而“活路头”的择址作用就显现出来。第一代“活路头”②是村寨开创者，新田址开垦的经验创立者，村寨内的祭田、祭神，及开耕与插秧仪式都需要“活路头”主持完成之后，村民才能进行正常劳作。而这种关于“农事”的经验常常被苗人赋予了某种神性，其职能也被“专门化”，并可被其子孙继承，从而成为第二、第三代活路头。“活路头”的住屋往往在村寨中相对重要的地方，而其有关开田的选址可以作为整个村寨的立寨起点与基础。

有关黔东南苗族开田择址的几个风俗与习惯被记录在古歌里：

> 别人开田遇水源，打个草标作记号，开沟引水灌田园。姜央开荒遇水源，他以什么做记号？撒把青萍做记号，开沟引水灌水田。姜央去山上开荒，开荒造那古田园，留下一个小土包，大姐夫担一只鸭，二姐夫拎一罐酒，来挖这个小土包，土包就叫田中山。
>
> ——吴一文、今旦《苗族史诗通解·蝴蝶歌·打杀蜈蚣》

---

① 很多年前，台江地区苗族普遍在每年的古历十一二月间，自行组织家人上山砍山。待到次年二三月间，就放火焚烧头年砍的山。苗族民间也有“火不烧山地不肥”的俗语。参见：张少华. 方禧苗俗[M]. 北京：中国文联出版社，2010：3.

② “活路头”是苗族鼓社组织中有关农耕田事方面的重要成员。每一个苗寨都有一两户作为寨里的“活路头”。其由来就是其家祖宗最早来到某地创家立业，寨里就认为他家为寨子的创始人。

(1) 苗族一般用新鲜草标(zod niul)表示某物已被占有,他人若于途中见物尚有草标,则不可占有,但如果草标不再新鲜、变得干枯,则可以认定原主人已经放弃。

(2) 开垦土地得土地肥沃,苗族通过发现猎狗身上有青萍(box niul),去找寻水源、进而迁居。大概是因为先祖认为有青萍之处必有水源,且土地肥沃。

(3) 苗族在过去每新辟一块耕田,往往要在田中央留下一个小土包,苗语为"dliud lix",汉译为"田心"。一般需要请舅舅、姑爷来挖掉,客人来时需带一壶酒、一只鸭、一篮糯米饭。而主人需备好一只鸭及酒饭招待,此即为竣工仪式。这个"田心",象征着晒谷坡,有祝福丰收之意。[①]

2. 隐蔽防守的择址需求

在保证有耕地劳作生产、有水源可取作灌溉的前提下,许多苗寨迫于自然环境与社会环境的恶劣条件,只有慎重地选择立寨之处,以妥善处理安全防卫与耕种生活的矛盾。苗族村寨布局多依山而建、择险而居,选在山巅、垭口或悬崖边,或藏于山谷之内,借助山体隐蔽,或利用道路险阻以求易守难攻。麻勇斌对此举了几个例子[②],可借此窥见苗民因隐蔽防守为目的的择址策略。

1) 深处藏匿以求安全

雍正八年(1730),清兵驱赶松江岸边稿坪、落塘的苗族人,并迁入汉人居住。战败逃走的一个苗人为了永远不被官军找到,就沿着一条小溪往大山深处迁徙,到四龙山之后,在山脚烧起一堆火,爬到山顶观望,证实山外也无法看见四龙山谷燃烧的烟气,于是便在四龙山定居下来,如今村寨人口繁衍至几百人。

2) 道路险阻利于防守

水田坝苗寨都集中建在两条险峻石岭之间的峡谷里(苗语为"bax malghot",意为"蝙蝠谷"),居住其中的苗族人是清代雍正年间为逃避战祸从如今的湖南花垣县吉卫镇迁来。他们将寨子建在窄小的峡谷里,保留一条路作为入口,利用山形地势构筑一个安全的生存环境,抵挡了官军和土匪的多次进攻,成为方圆数十里有名的强悍苗寨,从而在民国时期基本上不受官府约束。

3) 合理运用地形与河流

从新寨、薅菜、地雍、满家这几个相连苗寨现存的道路设计、门与巷道系统布局可以看出,村寨对地形与河流的利用,旨在使建筑物更为隐蔽,同时满足多种情况下苗人的战与逃,可以说这里是东部方言区苗居里最具有固守意识的城堡建筑。

---

① 吴一文,今旦.苗族史诗通解[M].贵阳:贵州人民出版社,2014:388.

② 麻勇斌.贵州苗族建筑文化活体解析[M].贵阳:贵州人民出版社,2005:96-105.

3. 自然的神判

不同于择宅基所需要的人为占卜和引入的“鲁班式术数”风水概念，苗民的村寨择址往往依据自然环境中所表达出来的“神灵指引、生命生长、生育繁盛”等吉象，均可谓自然神判。麻勇斌在《贵州苗族建筑文化活体解析》一书中为此记叙了一些苗寨有关择址的故事与传说，颇有参考价值，为了说明这一问题，本书大体分类列举如下。

1）物化的祖先神灵指引

贵州松桃苗族自治县蓼皋镇鸡爪沟麻家寨。如今居住在鸡爪沟的所有苗族人以及前山后岭的苗寨，都说这个地方的麻姓祖先剖公佧(Poub gongd khad)是追随老龙来到鸡爪沟的。剖公佧早先在位于鸡爪沟西侧约 4 公里的一个叫做凼百(dangb nbait，意为“Nbait 姓苗人的水塘”)的寨子，给姓龙的一家大户当长工……他每天都在中午太阳很烈的时候，在田坝子东侧的一棵巨大榉木下枕锄而眠。一天，他在树下看见一阵狂风从不远处的山腰奔来，眨眼之间一条两丈多长的巨蛇在他面前昂首吐信。剖公佧无法抵抗，只有跪下祈求：“大蛇，如果你是我的祖先，你就带我去该去的好地方，千难万险我都追随你；如果你是我的仇敌，你就把我吃了。”大蛇并没有吃他，而是转身沿小溪将他带到生息繁衍的地方。

2）具有超强繁殖力的福地

湘黔边界盘石镇布美村。此寨苗语之意为“水源头”，村内二十几户人家均姓麻(deb khad)。该村祖先是明清时期的一位猎人，他经常在此地设套捕猎，因为这里是溪流源头，野兽常来饮水。某年冬天，猎人套住一只母虎，母虎在囚笼里产下虎崽，于是猎人便认定此处是一个能够生息繁衍的福地，在此安家传至后世。

3）泉水溪流的神性

腊尔山下名叫十八箭的寨子。石姓兄弟二人建造家园前需要先寻找泉水，弟弟巴瓢找到了甘甜泉水，这水是口潮泉，一天潮三次，潮起时可动摇一架石碾；潮落时漾成一碧潭水，清澈见底，有鲤鱼若干，徜徉其间。此泉在当地人看来，颇具神性，认为其中藏龙，它所在的山谷称为“龙的山谷”(dongs rongx)。如今这一带的石姓苗人仍自称是巴瓢的子孙，他们住在神泉的前山后岭，一旦遇到凶险，便会来到泉边祭祀，以求龙神与祖先护佑。

4）动植物生存的倾向性

腊尔山当造苗寨。最初立寨的老人发现当造南面 2 公里多的一个村子喂养的鹅总是顺着小溪游到当造的一个天然湖，总是不愿返回。因此老人便猜测鹅最爱待的湖边，是有神性的地方，或许可使家族人丁兴旺、发财致富。于是，他便来到这里开辟自己的家园。

东部方言区苗族建屋如果相中某个地点，又没有条件请地理先生进行判断时，通常会在心仪之地随意栽植一株树或竹，如果所种植的树、竹成活，尤其是意外成活，苗民就会认为这个基址很好。这种方法也用于选择坟地，与其他判定吉凶的标准相一致。

黔东南广大地区（尤其是雷公山一带）的苗族通常以枫树为护寨树，视为祖先的化身，因此每当需要择地立寨时，就会先栽植一棵枫树，如果枫树生长繁茂，即说明此地得到了祖先的判断许可，适宜居住。

从以上例子来看，非基于耕作、防卫需求的择址标准往往建立在苗族人秉持的“自然观”“生命观”，以及与自然环境相协调和对其的敬畏心上，这与苗族人世世代代由于战乱迁徙，常在山谷溪泉间生活而形成的居住哲学和生存态度密不可分，也与苗族人规避危险，力求族繁安稳的渴望高度一致。这样的生存哲学和渴望渗透到苗人生活的方方面面，这种历史应早于“五行之说”的择地方法，来源于苗民自身融于自然的早期经验。

8.1.2　宅地择址与动土

《初学记》引《释名》释义：“宅，择也，言择吉处而营之也。”可见“宅”之本意就是择吉而处。先秦时即有“非宅是卜，唯邻是卜”[①]的谚语，说明当时古人在营造住屋时就已经需要通过占卜来择立吉地。而对于苗族民居的宅基选址，择吉的方式就开始变得多样化了。既有溯源上古楚巫、散布各民族的占卜之术遗存，又有明清后逐渐盛行的汉人江西赣帮风水之术。在缺失专门鬼师（地理先生）职业占卜择地的情况下，仍有苗人特有的自主神卜替代方案。多种方式并存，正是民族关系调和及文化演进带来的必然结果。

1. 占卜之术：苗族人择地之“卜”

殷商西周占卜始刻甲骨之上，是为“刻辞”，其后书写在如龟甲、布帛、简策等载体上，是为“书辞”。“信巫鬼、重淫祀”的楚国，占卜的传统更是渗透到军国政治、社会生活的方方面面[②]。徐文武在《楚国宗教概论》一书中，曾分析指出楚国的占卜既有承继自上三代而来的方式，也有楚族自身长期坚持并发展的占卜形式。其中“占”为自然信息的沟通，而“卜”为人为操作的沟通，楚巫则两者兼备。至今某些占卜共存的方式仍残留

---

① 原句为“非宅是卜，唯邻是卜，二三子先卜邻矣，违卜不祥”，语出《左传・昭公三年》。

② 楚国一直实行的政教合一的统治形式，楚王既是国王，同时又为群巫之长。在颛顼进行“绝地天通”的改革之后，只有控制着沟通人神手段的人才具有统治权力，因此楚国宫廷里充实着一群政教合一的“灵官”体系。事实上楚王本人就是最大的“巫”，如《国语・楚语上》记史老为楚灵王设词拒谏：“若谏，则君谓：‘余左执鬼中，右执殇宫，凡百箴谏，吾尽闻之矣。”又《汉书・郊祀志》：“楚怀王隆祭祀，事鬼神，欲以获福助，却秦师。”记载了发动战争尚需楚怀王祭祀占卜吉凶之后才能决定。参见：徐文武. 楚国宗教概论[M]. 武汉：武汉出版社，2002：26-27.

在许多南方少数民族的生活中,比如基诺族群众择宅址定吉凶需靠梦占[①],《楚辞·九章·惜诵》也有描述:"昔余梦登天兮,魂中道而无杭。吾使厉神占之兮,曰有志极而无旁。"另外从巫官职能的承继来看,楚国掌握政治大权的火教传教士莫敖,在今日湘西苗族的化身应该就是丧葬祭祀礼仪过程中的祭司"奖表"[②]。在楚卜之中,卜宅也是内容之一,望山楚简中就有为墓主生前占卜来决定迁往新居是否"长居之"的记载。[③] 事实上同为战国中期,记载楚国邸阳君卜筮记录的天星观楚简亦有关于"长居之"的占卜内容。这都说明择吉地而居的占卜行为在楚国的普及性,而苗族作为与楚有着密切关系的民族,自然在择地占卜中具有承继传统。

但是苗人目前承继的传统择地方式大致还是主要依靠为人为操作而获取"神谕"的"卜",并非"占":

1) 植物卜和米卜(酿酒卜)

东部方言区的苗族择屋基会选择随意栽植树或竹,而后再观其是否存活,这就是一种"植物卜"。中部方言区苗族的方式事实上应该是一种特殊形式的"米卜",如在相中基址上取回一坨鸡蛋大小的新土,碾碎之后散放到已经拌好酒曲准备做甜酒用的糯米饭里,反复拌匀,装进瓦坛,压实密封。十天之后揭开坛盖,如果这坛酒香甜可口,便是吉兆,若发酵不好或变质发霉便是凶兆。从而以此判断相中的地基是否适合立屋,若是占卜定夺为凶的场址,无论如何也得放弃另选。[④]

罗汉田先生记录的其余少数民族如哀牢山一带的哈尼族、怒江傈僳族、景谷拉祜族、基诺山毛俄寨基诺族、德宏景颇族、独龙族等[⑤]也用米卜,虽仪式之间略有差异,但其方式基本一致。即采用"将米粒放置碗中扣好,在一定时间后观察米粒是否完整"的方式,决定屋基择址的吉凶。这可能是因为这几个民族都同属藏缅语族,具有一定的亲缘关系,并拥有趋同的主粮获取方式。中部方言区苗族米卜选用酿酒的方式,与苗瑶语

① 基诺山上巴亚、巴米、巴鲁、巴飘等村寨的基诺族群众盖新房前先用砍刀把选好的地基上的草随便刈一下,太阳落山时,在地基两头各插上一个呈六边形的篾编避邪物"达溜",然后根据晚上睡觉时的梦像来判断所选宅基是否为吉处;德宏一带的景颇族也有相同的梦占方式。参见:罗汉田.庇荫:中国少数民族住居文化[M].北京:北京出版社,2000:85-87.

② 岑仲勉认为:"莫敖是楚国特有的官。……莫敖无疑火教传教士。盖古时祭祀握政治大权,因之莫敖便为楚国最高职。"参见:岑仲勉.两周文史论丛[M].北京:商务印书馆,1958.而石宗仁介绍的湘西祭司"奖表"在整个守丧、送丧过程中始终庄严担负燃烧守丧篝火与送葬火把的职能。参见:石宗仁.楚文化特质新探[J].苗侗文坛,1996(1,2):11.比较之下,湘西苗族"奖表"应该是对"莫敖"的一种模拟。正如前文所述中部方言区苗族"鼓藏头"也应为对楚国官职的模拟。以上材料转引自:徐文武.楚国宗教概论[M].武汉:武汉出版社,2002:33-34.

③ 徐文武.楚国宗教概论[M].武汉:武汉出版社,2002:79.

④ 罗汉田.庇荫:中国少数民族住居文化[M].北京:北京出版社,2000:94.

⑤ 哈尼族、傈僳族、拉祜族、基诺族-汉藏语系藏缅语族彝语支;景颇族-藏缅语族景颇语支和缅语支;独龙族-藏缅语族景颇语支。这几个民族之间有着较为亲密的亲缘关系。

族早期在长江中下游长期生活的经验也许有一定关系。张光直就有关河姆渡遗存里的植被进行考古研究，认为太湖区域甚至整个长江下游都属于“一种富有天然资源利于早期食物采集文化向农业文化发展的环境”[①]，而“富裕的食物采集”带来的是水稻栽培之于果腹无关的结果。在史前宗教仪式中，酒在娱神祭祀的过程中起到重要作用。今日苗族虽居住山地，部分支系被迫种植旱稻，但其作为较早的“水稻”民族是不争的事实。在苗人的日常生活中，酿酒是必不可少的家庭活动，而酒也成为一种媒介，起到沟通祖灵的作用。因此中部方言区苗族通过酿酒这样特殊的方式择址，推测应该是苗人将其他民族的米卜与本民族“酿酒沟通先祖神灵”的传统相结合了。

2）鸡卜

西部方言区选择屋基所用到鸡卜在各地方式不一。有的通过在相中的屋基上举行卜问吉凶仪式，用米写成“富”“贵”等字样，然后让公鸡去啄。麻山地区则通过把鸡杀死，在煮吃过程中观看鸡头的下颚骨如何弯卷的方式推断吉凶，向上预示发财兴旺，向下预示消财家败，平直则表示不好不坏；另外还通过观察鸡两条大腿骨间小孔的关系，与八卦相联系再加上占卜时间的五行关系来推断吉凶祸福[②]。中部方言区除了上述的米卜酿酒方式，也用鸡卜，但通常优先以鸭卜作为替代，如苗族古歌记录：“选屋基，要看地势，俗语说‘坟对山，屋对坳。’选了地点之后，拿只活鸭到该处杀后煮了看它的眼睛，好则用，不好则弃。眼好，即鸭双眼或睁或闭，不能一睁一闭。实在没有鸭则以老公鸡替代。接着在选好的地址栽竹或枫，活且新芽繁茂则可用，否则必弃之。”[③]

苗族的鸡卜方式在中部和西部方言区大为盛行，既与其他民族有相通之处，也有本族特点。除了用来择地之外，还多用于婚姻嫁娶、鼓藏头选举等[④]，鸡眼好则表明神谕赞同，可订婚、定屋基，候选人也必须出任鼓藏头。今天众多学者将其视为民族特色，但其可能并非本民族的原生方式，而是对越巫遗俗的继承，或是受邻近族群的间接影响。

① 张光直. 中国东南海岸的“富裕的食物采集文化”[J]. 上海博物馆集刊，1987：145.

② 麻勇斌. 贵州苗族建筑文化活体解析[M]. 贵阳：贵州人民出版社，2005：104.

③ 吴一文，覃东平. 苗族古歌与苗族历史文化研究[M]. 贵阳：贵州民族出版社，2000：263.

④ 第一鼓社头的选举条件之一是需要通过鸡卜：候选人被推选出来之后，众人吹芦笙到其家中当场杀鸡看眼，如果鸡双眼睁开明亮则大吉大利，该候选人必须担任不得推诿，否则会被指为不敬祖宗，严重的可开除族籍。如果鸡眼一睁一闭或者双眼皆闭，则表示祖先不同意，需要再接着杀鸡看眼判断其他候选人是否得到神授。当然，其他鼓社头由群众依照综合条件进行推荐即可。当然，榕江县一些苗寨选举鼓社头时，把具备综合条件的人聚拢集合，通过巫师祷告、当众用香糯秆打结的方式选出。苗族各处订婚仪式略有差异，但同样以“杀鸡看眼”较为普遍，若锅中煮熟之鸡两眼睁或闭则为吉，婚事可行，若一闭一睁，则视为不吉，婚姻作罢。参见：吴一文，覃东平. 苗族古歌与苗族历史文化研究[M]. 贵阳：贵州民族出版社，2000：157.

鸡卜之术应始于古越文化，时间大致可溯源至西汉以前[①]，在《汉书·郊祀志》中即有"……乃命粤巫立粤祝词，安台无坛，亦祠天神帝百鬼，而以鸡卜。上信之，粤祠鸡卜自此始用"的记载。鸡卜通常可再细分为鸡骨卜和鸡蛋卜，在西南许多少数民族中仍有盛行，如白族在宅基中央养三天大红公鸡，通过鸡是否鸣啼来判断吉凶；西盟佤族通过"魔巴"刺鸡抽骨再卜鸡卦来定吉凶；而桂西壮族、西藏米林珞巴族等均用鸡蛋卜。

值得进一步讨论的是，鸡卜一般被认为是越巫文化的遗存，上梁礼中的"抛雄鸡"则象征着凤凰祥瑞、凤凰绕梁等吉祥寓意，还有工匠在祭中柱宝梁或者开大门仪式时需在这些构件上擦鸡血，利用雄鸡血这样的积阳之物来驱邪辟魔，应是一种献祭文化的延伸。这三种看似相关的文化现象从各自渊源和目的来看是有所区别的，或者某些因素同源，但出现了文化层理叠加的不同演变，此前论证较少，以待后续深入挖掘。

2. 五行术数观念的植入

从现今的苗区调研来看，在某些受限于山形水势的区域，苗族宅址与朝向仍主要基于田亩劳作便利的因素。苗人对安稳生活的渴望与应对自然环境的挑战使得许多苗寨建筑只能沿等高线顺应地势安排，而不能完全保证位于向阳避风的东向、南向坡段，直接朝西向北向较为常见。可见有关择址的适应性调整，相较"负阴抱阳"之论更为重要。比如湘西凤凰县腊尔山镇骆驼山村，就因地势的限制、隐蔽防卫的需要，以及对于乌巢河水源的取水需求，将村寨立于山体西南、西北两个坡段的夹缝处，建筑朝向也大致多向西北方。但实地来看，建筑大致顺应山势的同时，似乎在朝向上依然取得了与心理补偿需求的调整平衡。湘西凤凰县骆驼山村的石成金给出了当地有关朝向问题的权宜方案：村寨建屋之前请的地理先生会依据主人的生辰八字与选址相契合，再依据主人信息和具体场址进行细微调整。使朝向尽量不朝南方，以西方为主，原因是"南方"的"南"通"困难"的"难"，如朝向南方，可能会使居住生活困顿受阻碍。笔者看来，这应该是在自然场址限制无法取得最佳面向的客观条件下，以"相地"作为补充调适以求心理慰藉的手段。

另一种情况则不同，往往处于地势平坦，与山势依存度较低的村寨择址定向多为五行术数及风水观念主导，其中"平滩田亩滨水型"村寨或处于"古苗疆"较外围区域的村寨比较典型。比如湘西东部方言区苗族在选屋场时需要聘请当地有名望的地理先生架起罗盘实地查勘，要山、水、土、石、树木诸景象齐备，有"山是龙的化身，水是龙的血，土

---

① 明代谢肇浙《滇略》就记录了滇人鸡卜之法："滇人多用鸡卜。其法，缚雄鸡于神前，焚香默祝。所占毕，扑杀鸡，取两股骨洗净，以线束之。竹筵插其中。再祝。左骨，为依依，我也；右骨，为人人，即所占事也。两骨上有细窍，尽以细竹签之，斜直多少任其自然。直而正者多吉，反是者凶。其法有十八变，然不可得而详矣。大抵与五岭相类。按汉武帝令越巫祠百鬼用鸡卜，乃知此法自粤始而滇用之，皆夷俗也。"参见：谢肇浙. 滇略·卷四[M]//永瑢，纪昀，等. 文渊阁四库全书. 上海：上海古籍出版社，2003.

是龙的肉，岩是龙的骨、树木是龙的皮”之说。新屋场需后有来龙，前有去脉，或左有瀑流，右有树木；大门忌朝陡坡，应对准凹地或前面有案（山台地），所谓：“一层案比一层高，代代儿孙出英豪。”①这一理念事实上与相邻的土家族趋近一致。

在中部方言区的台江县施洞镇旧州村内，地理先生龙志飞（1934 年生）向笔者讲述了其相地策略和标准（图 8-1）。一是强调场所的特殊性和唯一性：地理先生必须亲临现场，通过实地辨识方位和观察周遭环境作出决断，必须要针对不同的基址，基于现场体验才能确定是否为吉址。二是择址定向的标准：场址后面有山，且越大越好，两旁如果也有山形成围合起来的环抱状态则十分理想。房屋朝向山坳最好，保佑主人子孙可做官，如果山坳的远端仍有连绵不绝的远山，则表示福泽绵延，子子孙孙都享富贵，此地属上品。忌讳房屋大门直接面朝高山，会有冲煞。房屋坐北朝南最为理想，但如果基址的山形面向与朝向相矛盾，房屋不能直接对着东西向，要想办法合理地“转一转”。

图 8-1　工匠龙通海（左）与地理先生龙志飞（右）

如果门前有水流，主要看宅地前有无平滩，滩头面积大不大，水流速度缓不缓，切忌急水。至于水弯与建筑场址的位置关系，龙志飞则表示并非决定性因素，不一定要强调为水流环抱的状态。笔者认为这也是基于其他各种因素的调适取舍，在对湘西龙鼻河一河蓬河一丹青河一线，黔东南巴拉河、小江河等水系两岸的村寨调研所见，位于水流环抱平滩之上的苗寨确属多数，但受限于地形与田亩、生活取水等因素，在反向水弯处立寨的例子也不少。说明水系形成环抱之势并非是苗寨择址的必要条件，追求滩头面积大、水流速度缓形成的聚财、财不逝去的印象则更为直观。

通过实例分析，不难得出苗族屋舍择址与朝向观念已经受到五行术数深入影响的结论，而且在东部、中部方言苗区较为接近，并逐步排斥本民族传统方式，占主导地位。比如龙志飞在其择地的“职业生涯”中，主要还是通过朝向、环境辨别方位，判断基址是否适合建房，并没有用到鸡卜、酒卜或植物卜的占卜方式，甚至表示都没有听过。

提及定立方向的工具，中部方言区苗族古歌里谈到择址建桥、盖房等建筑活动时，都会说：“dad fangb yangl des jes/用罗盘定方向。”其中“fangb”意为“地方、方向”。“yangb”意为“引导、指引”。显然“fangb yangl”字面意思是指引方向。尽管今天苗族借

① 湘西土家族苗族自治州地方志编纂委员会. 湘西土家族苗族自治州志 · 建筑志[M]. 长沙：湖南出版社，1996：64.

用汉语“罗盘”称为“lof paif”，但“fangb yangl”即“堪舆师所用的指北工具”，表明了苗族营建活动之初的堪地选址、辨方正位曾有过自己的工具和方式。①

8.2 苗居大木构架营造过程

营造地点决定之后，建筑材料的筹集、人员的准备以及动土仪式都是建屋实施过程中关键的开始环节。

苗族在传统居所营造过程中对于材料的准备往往有两个特点。一是材料的因地制宜性。即在不同区域，根据木材种类、石块、泥土取材难易程度不同所准备的材料不同。笔者在建造仪式方面主要阐述的是其穿斗大木作构架建立的过程，不涉及围护材料，因此主要以木材的取得为主要内容。二是人员的互助性与禁忌要求。即在材料筹备阶段、仪式的若干环节中，仅凭一家之力完成房屋建设十分困难，往往需要有亲朋好友甚至全村之力共同完成某些环节。比如建房主人事先就需要筹备好建房所需钱粮材料，得到亲戚朋友的支持援助。甚至需要提前几年来准备建材，部分材料如枋子、椽皮和檩子等，以及某些柱子都需要提前半年砍伐，待干燥后便于搬运及使用②。

8.2.1 苗巫苗术的操作

中国各民族工匠在建造居所时，基本都会视动土为首要环节。巫术体系与鬼神体系也在此时正式展开程序。不敢随意在“太岁”③头上动土的畏惧与对土地的崇拜，使得人们认为在建造伊始至少需要做两件事：一是时日择吉，二是献祭。而这都需要作为巫术体系的代言人——巫师在场。目前来看，苗族建造房屋的仪式中已经很大程度深受道家阴阳五行之术或鲁班之制的影响，与周边各民族也基本趋同，其本民族仪式日趋消失，许多工匠亦不明古法，因此本书希望稍着墨于残存的、较为传统的苗族古历与择吉之法及苗巫苗匠的信息，在如今已“趋同化”的仪式内容中揭示出些许“苗族因子”来。

1. 苗族古历择吉与空间记忆结构

风水先生或地理先生通过某种“神秘渠道”探知“太岁”在何方，需从时间、空间上尽

---

① 根据吴一文、今旦的介绍，没有调查到民间对“jab fangb yangl”这一工具的具体解释。但经过考证有两解：一为罗盘，堪舆师所用的指北器；二为焊锡，在苗族古歌《金银歌》里作后者解，但通过传统建房活动的叙述内容来看，笔者此处用前者之意。参见：吴一文，今旦. 苗族史诗通解[M]. 贵阳：贵州人民出版社，2014：70.

② 张少华. 方旖苗俗[M]. 北京：中国文联出版社，2010：78.

③ “太岁”是中国民间信仰中的诸多神煞中与修建营造关系最为密切的土地凶煞，是人们凭空想象出来的“状方大类赤菌，有数千眼”“块大如斗，蠕蠕而行”并“并行于地”，与岁星作想向运动的一尊恶神，认为它是“主宰一岁之尊神”。苗族采用的就是太岁十二辰纪年法。参见：中国各民族宗教与神话大词典编审委员会. 中国各民族宗教与神话大词典[M]. 北京：学苑出版社，1990：257.

量不与之抵触，因此需要对动工以及各环节时间进行选择。在今天苗族区域，已经较大程度上受到“鲁班式”术数的影响，某些择吉要领在一定范围内被苗族工匠或巫师吸收，但会被得以双重验证，比如龙志飞就强调开工日期需要巫师通过黄历算日子之外，仍要用六壬秘术掌诀手算验证，必须同样符合吉祥之意才行。这里所说的掌诀手算应该是源自汉人传统术数历法的注文方式，也是苗族区域一种颇为盛行的择时方法。

苗族学者石启贵也曾记录了一种湘西苗族将苗术择日移至掌诀的方式：“苗乡择日，素有家传秘诀不轻易示人。此秘术除了参照汉族方法之外，还须结合苗术推算出吉日，方能用之。”其一即为“逐日择诀”，即以住房的六个方位，以六句口诀周复始记诵。前三日居地处，谓“地日”，后三日居高处，谓“天日”。

其诀汉语为：“初一大门槛下，初二堂屋中。初三左侧门下，初四左侧门上。初五屋梁顶，初六大门上。初七大门槛下，初八堂屋中……二十九日屋梁顶，三十日大门上。”

而后结合汉族术数六壬掌诀推算的基本方式，遇吉则吉，遇凶则凶，但方位顺序以及吉凶制定在各地不尽相同，但实质内容应仍是苗法。其诀曰：“大门槛下，吉；堂屋中，凶；左侧门下，吉；左侧门上，吉；屋梁顶，凶；大门槛上，吉。”[①]

湘西东部方言区的苗族建屋安床时所遵守禁忌及择吉日即用此法，如：“初一大门是外面，初二中堂是内量。初三后壁为里面，初四后壁上外方。初五天门为顶段，初六大门上外光。初七复转大门外，周而复始不慌张……初九造屋日不祥……马午日时不盖瓦，午马盖屋会惹灾……猴申不能安床睡，申猴安床神鬼惹。”[②]

苗族掌诀之法可以说是其早期择日法与汉族术数方法相结合的产物。但这种时空相结合的方式在历史上可寻到文化渊源。比如《尔雅·释天》中所载十二月名：“陬、如、寎、余、皋、且、相、壮、玄、阳、辜、涂”，应当为楚国民间夏历记月使用，而楚人的记年方式则隐含了一种假设“太岁”自东而西循环往复的运动观[③]。1941年至1942年间出土的长沙子弹库楚帛书中，记载了大量关于楚历及吉凶禁忌的信息，成为研究楚国历法和巫卜文化的宝贵材料。帛书由墨书文字、彩绘图像和方位正反组成（图8-2）。陈梦家在其遗作《战国楚帛书考》中将“帛书甲（十三行文）、乙（八行文）、丙篇（十二章）”文字及彩图进行了复原，并给予各月份及其相应禁忌吉凶在空间维度上的方向性（图8-3）：“丙篇十二章[④]次序及文字方向，始于东北角青木之下，依钟表方向经朱木、黄木、黑木而回到东

---

① 有关湘西苗族择日之法，参见：石启贵．湘西苗族实地调查报告[M]．长沙：湖南人民出版社，2002：485-491．

② 张子伟，石寿贵．湘西苗族古老歌话[M]．长沙：湖南师范大学出版社，2012：247-249．

③ 张正明通过《离骚》中的“孟陬”和“摄提格岁”等字样，并且认为楚国历史事件史料中尚未发现岁星记年的例子，进而认为楚人记年就是依据假设太岁在地面上自东向西依此沿十二个地平方位运行，即“十二辰”的方式。参见：张正明．楚文化志[M]．武汉：湖北人民出版社，1988：301-302．

④ 长沙子弹库《楚帛书》丙篇，又称《月忌》篇，文字还列帛书四周，以月次简述每月禁忌，个别月份有时辰禁忌。参见：徐文武．楚国宗教概论[M]．武汉：武汉出版社，2002：94．

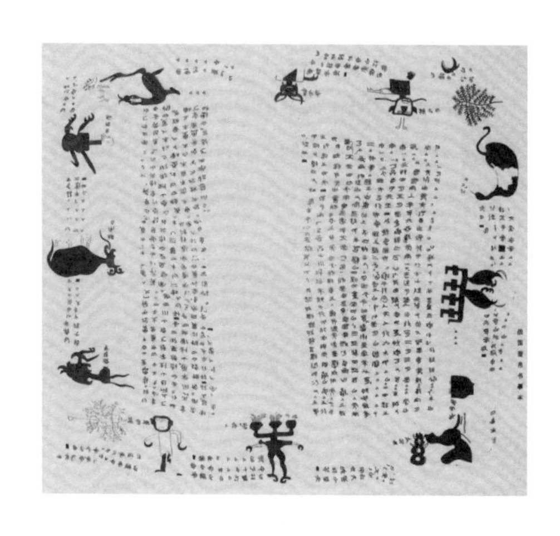

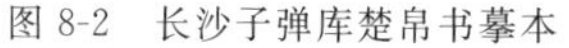

图 8-2 长沙子弹库楚帛书摹本

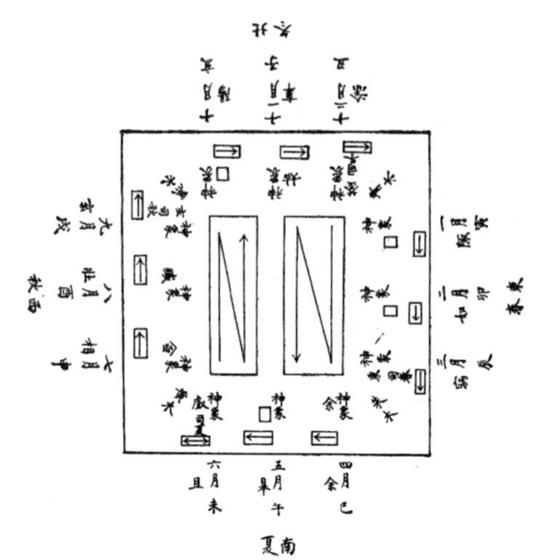

图 8-3 长沙子弹库楚帛书译图

北角……如此安置，则中央方形四边代表东西南北四方和春夏秋冬四季，方形内代表日月与四时的阴阳相错。中央方形外的四周，四周被四色木分断为四段，每一段占据一方，分列三神像，每一方的第三神像的月名下，分别写‘司春’‘司夏’‘司秋’‘司冬’，为一季之终。”[①]由此可见，四时之神与四方、四色相配合虽是先秦流行风俗[②](图 8-4)，但楚人有将时序对应空间意象的传统，且月序在空间上的体现是顺时针方向并循环往复，呈水平平面化的，更重要的是每个月的月忌及部分月份的时忌也随之流转。而前述苗族择日之术在居住空间内的时序与对应的方位空间形成循环指向，是纵向空间化的(图 8-5)，择日吉凶也与室内空间相互锁定。这样的相似性，表明两者之间可能存在一定的联系。另外蔡达峰认为，“时空并合而占”是后世汉代堪舆术的特征性功能，《汉书·艺文志》中的《堪舆金匮》十四卷，应该就是早期的六壬式专书[③]。那么苗族择日吉凶与空间方位之间的对应是否存在具体含义，是与汉代堪舆术有某种渊源关系或直承楚文化，还是仅仅作为一种记忆方式，尚需留待今后深入研究。

在中部方言区，苗族历法中对于建造活动的规定月(日)、吉日或禁忌日的选择在古歌中得以记载。

比如黄平县《牧鸭歌》记录了每个月应该进行的活动，其中包括建造架桥活动应在苗历二月：

---

① 有关楚帛书复原部分信息，参见：陈梦家. 战国楚帛书考[J]. 考古学报，1982(2)：137-158.

② 《礼记·月令》和《吕氏春秋·十二纪》，就记载有五帝、五神和四时、四方、五色、五行、十日等配合的系统。陈梦家在文后也对《吕氏春秋》中作为明堂图形的玄宫图之四方、四时进行了图像表达。

③ 蔡达峰. 历史上的风水术[M]. 上海：上海科技教育出版社，1994：57-68.

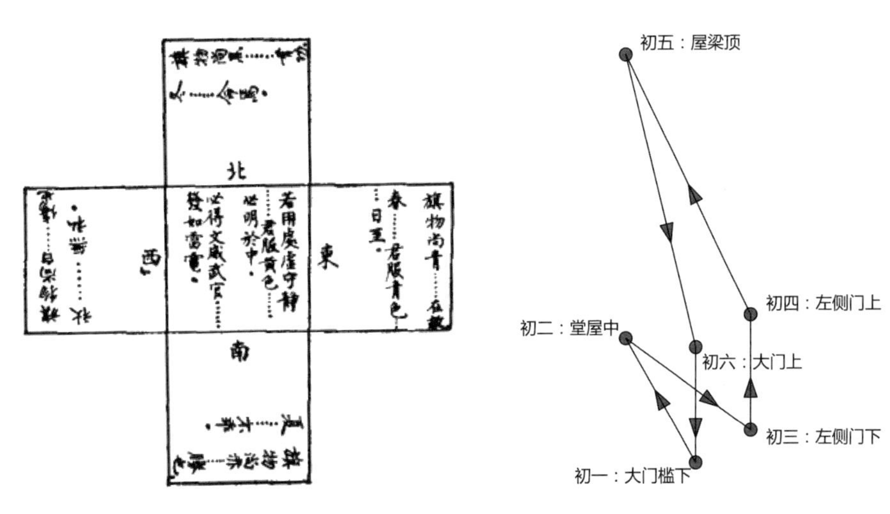

图 8-4　战国中晚期四维四隅明堂图　　　　图 8-5　湘西苗族择日空间记忆

正月无事只休闲，二月春来架桥梁，架桥为的接子孙，三月日暖扫祖坟，四月初忙泡谷种，五月拔苗栽秧忙，六月烈日下薅锄，七月稻苞抽穗了，八月开镰收稻粮，九月赶鸭入稻田，十月热闹过苗年，冬月过的高坡年，腊月过的是汉年。

——《牧鸭歌》

同时《开天辟地》叙述了立房吉日以及需要择吉的内容：

究竟哪天是吉日，究竟哪天才立房？寅日卯日是吉日，辰日巳日才立房。……来看妈妈立仓房，妈妈要立九柱房。寅时寨里公鸡叫，卯时天就蒙蒙亮，妈妈匆忙去寨里，去喊来个老巫师。

——燕宝《苗族古歌·开天辟地》

而《制天造地》则叙述了建造房屋时的时间禁忌：

还剩四根小又小，高架不能作檩条，低架不能作短瓜……支天没逢好日期，立柱碰上哪一日，立柱逢上何时刻，柱子立了又倒来？……日子倒是逢子午，时辰却是犯了忌，适逢天翻地覆时。日子逢的寅和卯，时辰遇的辰和巳，天柱这才倒下来……来看天坍柱倒事，不知是谁当师傅，谁来卜算选日子，吉日吉时再支天？……应勇波来当师傅，申九波来择良辰，选好时日再立柱，再立柱子去支天。

——吴一文、今旦《苗族史诗通解·金银歌·制天造地》[①]

通过古歌词，说明苗族既有按吉凶月日规定各项活动的传统，也有同一时日却因事

① 吴一文，今旦. 苗族史诗通解[M]. 贵阳：贵州人民出版社，2014：66.

而异，吉凶效果大不相同的情况，这些都需要通过苗巫师进行禳解。

《楚帛书》有关月忌、时忌的丙篇十二章内容就包括建筑活动，比如如月（二月）可以“筑邑”；臧月（八月）不可以“筑室”，而紧接其次的一个月份玄月（九月）却可以“筑室”。① 苗族使用的是十二辰纪年法，即太岁纪年法，与地支相对应，与天干无关。其“建子”的十一月岁首制，恰是“周正”遗存，尽管楚国历法曾有“建子”“建寅”“建亥”的复杂阶段，但苗民以十月作年尾，应当也是对秦楚“夏正十月制”的某种继承（表 8-1）。②

表 8-1　秦历、楚历、苗族古历对比

云梦睡虎地秦简（以秦历为主参照楚月名）		苗历十二月与二十四节气表（建子行周正）				
秦历（建亥颛顼历）	楚历（夏历建寅时期）	月份	生肖	建制	节气	季节
十一月	屈夕	动月	鼠	子	冬至、小寒	冷季
十二月	援夕	偏月	牛	丑	大寒、立春	冷季
正月	刑夷（为岁首）	一月	虎	寅	雨水、惊蛰	温季
二月	夏尿	二月	兔	卯	春分、清明	温季
三月	纺月	三月	龙	辰	谷雨、立夏	热季
四月	七月	四月	蛇	巳	小满、芒种	热季
五月	八月	五月	马	午	夏至、小暑	热季
六月	九月	六月	羊	未	大暑、立秋	热季
七月	十月	七月	猴	申	处暑、白露	温季
八月	爨月	八月	鸡	酉	秋分、寒露	温季
九月	献马	九月	狗	戌	霜降、立冬	冷季
十月（为岁首）	冬夕	十月	猪	亥	小雪、大雪	冷季

① 徐文武.楚国宗教概论[M].武汉：武汉出版社，2002：95.

② 苗族古历体系分为阴历、阳历、阴阳历，但以太阳历为主。以十二生肖记时、日、月、岁，一岁 365.25 日，阳历平岁 365 日，闰岁 366 日。每年分动月、偏月、一至十月，共十二个月，其中一、三、五、七、九月五个月为月长日，每月 31 天；动月、偏月、二、四、六、八、十月等七个月为月短日，每月 30 日。以“冬至”为岁首、年首、节首、气首。并且苗族也实行季候历，分“冷季、温季、热季”三季。有关苗族古历相关信息，参见：吴心源.苗族古历[M].北京：民族出版社，2007：1.苗族以“冬至”为岁首，冬至前一日为“苗族大年”显然是对周历的传承，如东周王室、鲁国等以冬至所在月为年首，史称“周正”；齐国、晋国等以立春所在之月为年首，史称“夏正”；秦国则以夏正十月为年首。据张正明前辈《楚文化志》中对考古文献资料的记录推断：楚国周初之前使用的是夏正历法，周初至春秋中期又改用周正历法，春秋中后期至战国末期的楚国，官方改为与秦国一致的夏正十月岁首制，民间则因农业生产需求，仍沿用夏历，这在《楚辞》的描写中多有体现。有关楚国古历的变化过程，参见：张正明.楚文化志[M].武汉：湖北人民出版社，1988：293-302.

讲究时日吉凶的传统历法渗透到苗族生活的方方面面，但有一种方式是与天干地支的苗语发音转意之后发生关联，比如：天干“甲”苗语为“jab”，与苗语“毒”音同，地支“寅”生肖属虎，五行属火，故苗族发动起义，或在战争中发起进攻多选在甲寅、乙卯日，苗语称为“jab yenx mol”，故而有以“毒”“火”“虎”齐攻，足可克敌之意。在解决个人纠纷时则切忌用逢“甲”之日，因为村中理老（深具德行的村中长老）一般不愿在这一天出门协调这类问题，即便理老愿意解决也必被涉事家庭赶出家门，勉强调节反而可能引起更深的仇隙。另外“癸”（ghait）与“捶”的苗语发音相同。苗族在发动战争或发起进攻时首选甲寅乙卯，故徐家干《苗疆闻见录》有“自来甲寅乙卯，乃我苗乱之期”的记载。次之则以壬寅癸卯为佳，有以火烧、虎咬、捶击，战而必胜之意。但忌用于立房上梁，怕房屋被捶倒，房梁被击断。①

本书进而比对整理了东部、中部方言苗语对天干地支的读音，发现东部方言区用到的是十二生肖动物苗名作指代，而中部方言基本上与汉语接近，应该可以认为与汉语是借音关系，因此仅从本书涉及到的建房时忌来看，前者应该是一种固定的记时日模式通过汉族掌诀之法进行推演，而后者则是通过天干地支的汉语借音转译作苗语意义，进而判断是否合适进行某项活动，两个方言区的吉凶选择和手段有显著差异（表 8-2）。

表 8-2　天干地支苗语发音对照表

天干	东部苗语	中部苗语（拟音）	地支	东部苗语（生肖意义）	中部苗语（拟音）
甲		jab	子	nenl（鼠）	said
乙		yif	丑	niex（牛）	hxud
丙		zend	寅	jod（虎）	yenx
丁			卯	lad（兔）	mol
戊		mus	辰	rongx（龙）	xenx
己		jit	巳	neib（蛇）	sail
庚		ghenb	午	mel（马）	ngux
辛		hsenb	未	yongx（羊）	mais
壬		nix	申	job（猴）	hxenb
癸		ghait	酉	gheab（鸡）	yul
			戌	ghuoud（狗）	hxenk
			亥	nbeat（猪）	hat

① 吴一文，覃东平．苗族古歌与苗族历史文化［M］．贵阳：贵州民族出版社，2000：301-302．

2. 苗匠与苗巫的文化离场

在工匠尚未全权代理房屋营造的一切事务之前，择时择地的巫术力量主要还是依靠地理先生（或苗巫师、鬼师）。因为动土仪式参与者的多元化和程序的复杂化，苗族工匠主要是建房巫术时的执行主体，即便在相地择吉日等有一定经验，屋主人仍会请专职巫师进行“复核”。

虽苗族工匠和鬼师职能取得细分，但往往关系密切，这不光体现于房屋建设的全过程，还体现在其私交与身份关系上。比如黔东南台江县施洞镇旧州村巫师龙志飞与大木匠龙通海就是亲戚关系，他们一生中合作过许多房屋建设项目，经常就风水巫术和工匠秘术这两种“知识体系”进行探讨交流，因此每个人都具备一定的双重知识与经验；另一个典型例子是湘西古丈墨戎镇龙鼻嘴村石元谷，他与其师兄都是当地“巴岱熊[①]”，但在“业务”方面产生细分：石元谷主要专注当地苗民的丧事、禳灾、降福增寿法事，而其师兄则专注于附近村寨的建筑营造仪式，但通过对其营造巫辞的记录（石元谷回忆），发现其做法实已属江西杨派了（图 8-6、图 8-7），详细记录如下。

图 8-6 巴岱石元谷

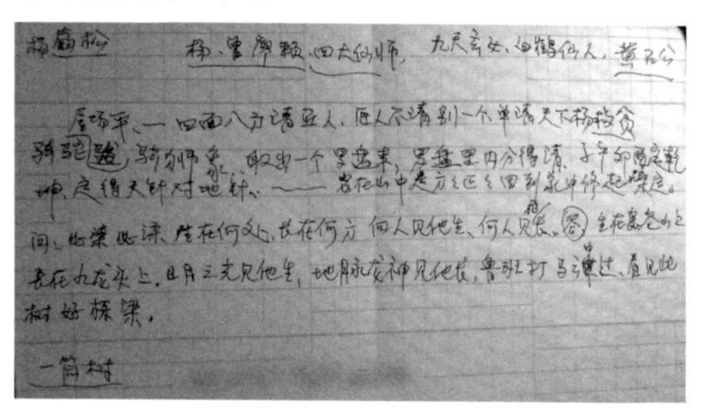

屋场平，四面八方请匠人，匠人不请别一个，单请天下杨救贫
骑骆驼、骑狮象，取出一个罗盘来，罗盘里内分得清，子午卯酉定乾
坤，定得天针对地针。—— 岩在山中是方方正正，回到家中修起磉定。
问：此梁此柱，生在何处，长在何方，何人见他生，何人见他长。
日月三光见他生，地脉龙神见他长，
树好栋梁。

图 8-7 石元谷手抄营造巫辞

一是请匠人屋场定位，“屋场平，四面八方请匠人，匠人不请别一个，单请天下杨救贫[②]。骑骆驼、骑狮象，取出一个罗盘来，罗盘里内分得清，子午卯酉定乾坤，定得天针对地针……”

二是定磉，“岩在山中是方方正正，回到家中修起磉定”。

---

① “巴岱”，苗族人用汉语称“苗老师”或“苗祭师”。在苗族地区的若干“巴岱”中，分成“文武两教”，“巴岱熊”属文教，做法事的祭词全用苗语讲诵；“巴岱喳”属武教，祭词用汉语讲诵或部分用苗语讲诵。有的“巴岱”身兼文武两教。多数“巴岱”懂得医术，“巴岱”在为苗民们做消灾免难、解除疾病、生男育女、降福降寿之法事时，坚持“神药两解”原则，既诊脉、按摩、服药，又做敬祭祖先、求助神灵、驱鬼捉妖的法事。因此，治好了一些伤、病人员，显得祭祀法事的“灵验”。参见：石家乔. 苗族“巴岱”初探[J]. 考古学报，1988(6)：35-39.

② 杨筠松，名益，字叔茂，号救贫，是杨家第 127 世志能的第四子，唐僖宗朝国师，官至金紫光禄大夫，掌灵台地理事。后被尊称为“中国风水术之祖师”，杨公风水也成了赣南客家文化举足轻重的一个组成部分。赣南也就成了中国堪舆学的故乡和发源地。

三是赞梁，“问：此梁此梁，生在何处，长在何方，何人见它生，何人见它长？答：生在昆仑山上，长在九龙头上，日月三光见它生，地脉龙神见它长，鲁班打马云中过，看见此树好栋梁”。

根据调查，目前活跃在苗乡的巫师进行相地与日期择吉，包括后期上梁等仪式多用道家风水之术。而“鲁班”之制的传播与推广，赋予工匠在动土仪式之后以“巫术神力”，从而使之兼具技术与巫术的双重权威，以至于巫师在建造过程中开始退场，上梁时则完全由掌墨师傅主持。

事实上，在苗族传统建房风俗里是存在本民族保护神的，这一信息仍残存在某些仪式环节和古歌中，如苗族原始宗教中的“嘎西”在苗族观念中就是建造房屋时的保护之神。在建房的整个过程中，凡有祭祀仪式，或居住后招龙和求家平安也都要先请“嘎西”。“祭嘎西”时，巫师剪纸条作鸡毛状，挂在一棵砍来的小树上，巫师一手撑青布伞遮脸，一手抓只白公鸡边叨念神词边撒白米，并将白公鸡时不时扬起。[①] 如苗族古歌记载的那样：

> 喊个巫师老人家，纸条剪作鸡毛样，撑把青布伞遮脸，雪白公鸡扬一扬，请嘎西来帮撑房。嘎西山神下山来，要立新房逗榫子，妈的房屋才稳固。
>
> ——燕宝《苗族古歌·开天辟地》

而对于苗族传统记忆中鬼师和工匠的代表人物，也是在民间古歌中略有记录的，如苗族古歌《金银歌·制天造地》中就有“不知是谁当师傅，谁来卜算选日子，吉日吉时再支天？……应勇波来当师傅，申九波来择良辰，选好时日再立柱，再立柱子去支天”。[②] 一段。其中工匠为“应勇波”(yenx yongx bod)、巫师为“申九波”(senx jux bod)，可是对于此二人，目前学界并没有确切解释，吴一文也只能认为应为古代著名巫师，事迹不详。结合对楚巫文化的研究，“申九波”之名极有可能源自楚巫灵官制度。

《国语·楚语下》记载楚国专业灵官观氏家族的观射父曾言：“古者民神不杂。……如是制明神降之，在男曰觋，在女曰巫。”徐文武认为，殷商甲骨文中有“巫”字，不见“觋”字，《周礼》中有“司巫”之职，下辖“男巫”“女巫”，但未称男巫为“觋”。可见，“觋”为楚人独有的对男巫的称谓。[③] 楚人荀子说：“相阴阳，占祲兆，钻龟陈卦，主攘择五卜，知其吉凶妖祥，伛巫跛击之事也。”[④]其中，“伛巫跛击”中的“击”应当读“觋”，与“巫”相对；“跛”

---

① 但据吴一文的调查，有老木匠认为“嘎西”就是鲁班，因为他是石匠、木匠之祖师，匠人终日劳作，衣着褴褛肮脏，在正式场合羞见生人。所以要在鸡叫头遍至天明前请他才来。这也与“嘎西”在苗民心中的形象一致。参见：吴一文，覃东平．苗族古歌与苗族历史文化[M]．贵阳：贵州民族出版社，2000：301-302．

② 吴一文，今旦．苗族史诗通解[M]．贵阳：贵州人民出版社，2014：66．

③ 徐文武．楚国宗教概论[M]．武汉：武汉出版社，2002：21．

④ 王先谦．荀子集解[M]．北京：中华书局，1988：169．

并非跛足，应与“伛”相对。“伛巫”即“老年女巫”；“跛击”应为古楚语的记音，意为“老年男巫”。[①]

我国西南很多少数民族依然保留了这一古老记音，且多以对音倒读方式留存，如：毕摩、觋皤、奚婆、兮皤、觋巴、兮波、觋爸等，都是“跛击”倒读的结果。元代李京《云南志略》：“罗罗即乌蛮也。……有疾不识医药，惟用男巫，号曰大奚婆”，明代顾炎武《天下郡国利病书》记载爨蛮[②]时也提到：“（罗罗）病无医药，用夷巫禳之，巫号曰大兮皤，或曰拜祃，或曰白马”，以上两段文字分别记述了彝族对年老男巫的称呼。

由于清代田雯《黔书》也记载苗族称男巫为大奚婆，笔者推断上文《苗族古歌·金银歌·制天造地》歌里提到的申九波（senx jux bod）中的“jux bod”，应该就是“奚婆”的苗语发音，即老年男巫。而所谓工匠应勇波（yenx yongx bod），应该是一位有着丰富施工经验的老年男性。

总体来看，苗族民居的尺度、功能布局、木构技术都因生活演化与技术进步以及多民族融合发生了显著变化，附着其上的苗族传统建造巫术进一步被剥离、影响。随着苗族巫师在建造仪式中的逐渐离场或工作权重减少，苗族传统方式也变得含混不清以至难以发现，民族传统文化的逐渐消失，似乎成为今日一种客观存在。

8.2.2 伐中柱：枫树神性的记忆消退

中柱之于苗族建筑是复合的文化源头，具有多重意义。对于穿斗结构体系为主的木构架，中柱直接体现的是以支撑力为主的技术性价值。然而从早期有关作为巫术、宗教起点的“万物有灵”论来看，对树木的原始崇拜是一个世界性的民俗现象，树木是“神圣的对象，是被崇拜的某种神或与它相关，或是它的象征形象”[③]“这在人类思维的那一阶段上显得特别清楚。当时人们看待单个的树木像看待有意识的个人，并且作为后者，对它表示崇拜并奉献供品”。[④]

---

① 徐文武.楚国宗教概论[M].武汉：武汉出版社，2002：22.

② 东汉末年班氏受封“采邑于爨地”，故改姓“爨”先后经庸（今湖北）、蜀（今四川）而入滇（今云南），通过仿庄蹻“变服从其俗”和通婚联姻等方式与当地土著民族融为一体，成为中原移民中迅速夷化了的南中大姓。爨氏家族后来称雄云南历经数百年，始显于蜀汉时期，强盛于东晋成帝司马衍咸康五年（339），直至唐玄宗李隆基天宝七年（748），受到唐王朝扶持的南诏王阁罗凤才彻底结束了爨氏家族的统治，独霸天南有409年，前后经历了七个多世纪，其家族统治时间之长，乃至于魏、晋以后的汉史多将云南土著民族统称为“爨蛮”。

③ 泰勒.原始文化[M].连树生，译.上海：上海文艺出版社，1992：666-672.

④ 同上：66.

在中国本土,《山海经》就已记载昆仑山"建木"作为通天之梯及其昆仑神话体系[①],现今早已化作今时各地民居立柱、上梁时工匠诵念的祷词,这是一种对"天之中柱""连接天地"追求的直接传承,也是择吉、伐木仪式的主要神性来源[②]。另外,树木之中存有神异又或"神木本身就是神异"的理念,使得人们对树木志怪本身产生畏惧感,从而在某些仪式中对伐木更为慎重,并通过祭祀和巫术手段对"妖邪"进行强制驱赶和控制。

对于众多少数民族而言,对特定树种的格外崇拜,基于早期先民对这些树种的生命力、超自然力或生存依托的感恩心,所产生的精神崇拜与情感寄托,或作为生命之源、祖先之化身的朴素认知。在各民族间,这种原始信仰具有较高的共通性和神秘性,也是今天被遮盖、取代,正在加速消逝的信仰传统。

苗族对中柱的认识以及伐中柱仪式,从文化源流上讲是杂糅的,民族主线早已模糊,取而代之的是文化混杂、形式多样却相互兼容的现实状态。因此屋主筹备人员与祭祀仪式砍伐中柱与后期掌墨师傅发墨、淋鸡血、弹墨等环节从属不同的文化源头,本书尝试作一些厘清与阐释。

东部、中部方言区苗族传统做法是一定要找一棵高大笔直、枝叶繁茂,没有沾染"不吉利"因子或遭受过雷击、空心或有较大伤疤的枫树做中柱。从材料性能的角度来看,枫木容易生虫、扭曲变形,立屋建房的优点远不如杉木。在盛产杉木的黔东南林区,全房梁、柱、檩条、穿枋及楼板都可用杉木或椿木,还有的地区多选用松树(如台江施洞小河村),但中柱必定要不辞劳苦、翻山越岭寻找枫树来做。有苗民认为这是因为枫树高大、根深、叶茂、结子,用此做中柱可以发子发孙,但更多苗人和学界的理解是,枫树作为苗族始祖蚩尤战败死后化身之树,或是蝴蝶妈妈生出之树,与祖先崇拜联系紧密。

因此当屋主选定枫树之后,会以香烛鱼肉虔诚祭树,并用一根麻绳将此树与其左右两棵小树系起来,表示此树已有主属,他人看见便不会对着树说不吉利的话,也不会以刀斧对树乱加损伤。待到秋后少雨进入旱季,主家就选择吉日,准备一壶酒、一只白公鸡、一条红绸、煮熟的三条鱼和一块肉,以及麻丝、红布、香和纸[③],请来掌墨师傅,邀请本家几位父母健在、有儿有女、品行端正、年富力强的壮汉一同进山砍伐。砍树前,每人

---

① 有关"建木",《山海经》多次提及,比如《海内南经》:"其木,其状如牛,引之有皮,若缨、黄蛇。其叶如罗,其实如栾,其木若蓲,其名曰 建木。"而有关建木为天地之中、登天之梯的记载见于《吕氏春秋·有史览》《淮南子·地形篇》等。参见:李世武.中国工匠建房巫术源流考论[D].昆明:云南大学,2010:64-68.

② 今日不少地区的工匠巫术仪式祷词中反复出现有关"昆仑""王母""王母娘娘"等词汇,应该都是在强调延续"昆仑"神话作为文化原点的存在,即工匠所使用的梁木来自于昆仑圣地。有关贵州仡佬族、江苏东阳等地工匠伐木仪式的颂词,参见:李世武.中国工匠建房巫术源流考论[D].昆明:云南大学,2010:63.

③ 祭品种类略有地区差异,此处为台江风俗,参见:张少华.方裔苗俗[M].北京:中国文联出版社,2010:79.剑河县五河地区苗族的祭礼品种为:酒、香、钱、纸、麻(一小束)、棉条(二根)、钱(二三角)。参见:贵州省剑河县五河苗族村志编纂委员会.五河苗族村志[M].贵州:黔东南日报社印刷厂,2007:53.

头缠一束麻线，腰缠一条红绸，同时也给树缠上。然后主家要用带来的酒食、香烛等祭品向这棵选定的枫树虔诚祭祀，一边祭祀一边轻声念道：“这棵树真好，长得粗又直；主人看中你，请你去立屋。大房你撑起，亲友来贺喜；客（指汉族）来客送金，苗来苗送银”。祭祀仪式完毕，主家和掌墨木匠师傅各砍一斧后，再请帮忙的几位壮汉接着挥斧猛砍。大树将要倒地时，人们要使劲推拉顶撑，让它朝日出的东方倒下，然后砍去枝桠，抬回家中。抬回家时，要将接地的一端朝前。到家后，放在人少的地方，用石头垫起离地约 2 尺（约 0.67 米）的高度，避免人们从它的上面跨过或骑着玩耍（剑河五河地区用木马架起，并用野刺围住，以防孕产妇或牛、马、狗等从上跨过）。每日早晚，以茶酒敬献，逢年过节，敬献丰盛的供品。[①]

罗汉田在其著作中介绍湘黔两省交界地区的北侗民众砍伐中柱的仪式与苗民较为相似[②]，但对枫树的神性追逐应还是苗族独有的特征。

可惜的是，从笔者的实地调研来看，苗族人对用枫树来做中柱的记忆已逐渐消失，仪式也逐渐取消。如湘西苗居较久远（一二百年）的民居中还可见多用枫树，新居则未必。不少苗民和工匠仍有以枫树做中柱的习惯，如松桃苗王城上寨工匠龙胜高介绍，今日仍有一些屋主会选择在建新屋时使用枫树，只是包括工匠在内，已经不知道用枫树的原因，也没有如此繁复的伐中柱仪式了。

黔东南中部方言区的情况则更不乐观，绝大多数房屋已经不再用枫木而选择全房杉木或椿木、松木，甚至连曾用枫树做中柱的记忆也逐渐消失。笔者在该区域调研时仅发现一处确定用枫树做中柱（施洞镇塘坝村吴通恒宅），一处瓜柱用枫树的实例（施洞镇旧州村龙志飞宅）。伐中柱的仪式保留得较为完整，只是改为砍杉木了。地理先生龙志飞说，在有条件的情况下仍会用枫树来做中柱，无条件时只需一个瓜（柱）是枫树就行[③]，无所谓放置何处，但他也不知为何要用枫树，只当作是代代相传而已。台江展福村潘应周工匠则说，只知道本村有些瓜柱会用到枫树，至于原因是因为枫树喻示屋主多子多孙。与笔者交谈时，包括龙志飞与潘应周在内的多位工匠师傅，听到枫树与蚩尤、与苗族始祖关系时均表示十分陌生，无相关印象。总体可见，黔东南地区枫树崇拜的这一民族特征，消逝速度是远超湘西及松桃地区的。

也许是异文化的渗透和力求取材加工速度带来了这些改变，毕竟单独某一个构件使用不同材料，会带来一些麻烦。但五河村苗民对笔者就这一问题的解释也许能说明

---

① 罗汉田．中柱：彼岸世界的通道[J]．民族艺术研究，2000(1)：122.

② 罗汉田．庇荫：中国少数民族住居文化[M]．北京：北京出版社，2000：106.

③ 罗汉田先生也介绍，在 20 世纪 50 年代“大炼钢铁”之后，建房盖屋需要找枫树做柱已经十分艰难，因此在房内至少要找一截来做瓜柱，惟其如此，心里才感到踏实。参见：罗汉田．中柱：彼岸世界的通道[J]．民族艺术研究，2000(1)：121.

一些问题:“五河此处曾有用枫树做中柱以求庇佑的习俗,但一百多年前的惨烈火灾之后,村民不再相信枫树具有神性的庇护力量,故而索性放弃。”

另外,当笔者向多位苗族工匠介绍砍伐中柱让树倒向东方的传统做法时,所有工匠都表示惊诧和不可理解,并一致认为应当让树向山坡上倒,不能往下倒,至于何种方向,完全没有讲究。显然从可操作层面上讲,树倒向山坡更容易拖拽处理,从心理感受上说也是合理的,但这也恰恰反映出许多文献所载有关苗族砍中柱向东的做法,已经在民间的实际操作中消失了。

与砍中柱仪式完全可以相互参照研究的,是更具神秘色彩的“祭伐圣鼓树”。该仪式由鼓社首领“鼓藏头”主持,全体鼓社成员齐集参加。由于使用过后的木鼓被送到山上,经过长年的风吹雨淋,因此每次鼓社祭前都需要砍树做新鼓。有理由相信,十二年一次的“砍伐圣鼓树”仪式较少受到外来文化的干扰,应更能保持其“原初状态”,也更具有参照意义。

一是制作木鼓对选树要求严格,多以楠木、黄檀、枫木、樟木或杉木制成,并非所有支系都选择用枫木,杨培德记述下的西江苗族(“希”支系)选择枫树可能是认为先祖之魂藏在鼓中。二是参与者为鼓社首领、巫师、刀斧手、绳索手等,皆盛装出席,场面肃穆。巫师全程用苗语诵念祷词。三是祭品需要备好十二份,因“12”是当地苗族认定吉祥神圣的数字之一,并用活鸡鸭献祭。四是需要通过竹卦这一古老占卜方式才能砍树。五是强调圣鼓树是在苗族始祖“姜央”的授意下必须倒向东方。

因此通过比对,至少能够肯定的是,选择枫树、鸡鸭献祭与倒向东方①可说是苗族砍中柱仪式中较具民族特征的传统要求。

8.2.3　发墨:建房过程的正式起点

苗族建房,给中柱发墨标志着整个建造过程的开始,这与其他一些民族很不一样,因此也是十分慎重讲究的。

在东部方言区,首先需要巫师通过阴阳八卦或“六轮掌”等秘术择吉日(吴一文记录中部方言区为子、午、申、酉日),主人穿戴一新之后请掌墨师傅前来,并要准备一只大红公鸡、一升白米、一元二角或十二元红包、一团新棉、一块新墨、一根新线以及香烛纸钱等。仪式开始时木匠一边烧纸一边诵念:“鲁班随我来起中柱,小孩娃崽的魂魄,瓢虫蜘蛛,不要来靠近我,不要靠近斧头,不要靠近凿尖,不要靠近锯口,不要来拾木屑。他家(立房者)养千头母水牛,百头母黄牛;千个孩子,百个娃娃,富贵繁昌。”②

---

① 需要注意的是,与湘西苗族邻近的土家族在砍伐中柱的时候,也要力求让中柱树倒向东方。

② 吴一文,覃东平.苗族古歌与苗族历史文化研究[M].贵阳:贵州民族出版社,2000:266.

此时中柱已经由工匠们修圆修直,头西脚东的放置在新木马上,大公鸡也被系在上面。唱颂完毕之后大师傅弄破公鸡鸡冠,将血逐一沾染在他的各种工具及木马上作为对祖师鲁班的祭祀,此鸡并不当场宰杀,而是由掌墨师傅带回家。祭鲁班结束后,主人拉着饱蘸墨汁的特制棉线在柱脚一方,作为墨线始点。师傅从柱左侧牵墨线于柱头,然后庄重地弹下墨线,这就是关键的发墨。师傅回头来看墨线兆头时需采用顺时针方向。

墨线的状态预示着修建过程的吉凶,如果弹出的墨线清晰明朗均匀,视为吉祥,主人家及围观参与者都会欢欣雀跃,也会赠给木匠师傅红包表示感谢。反之如果有间断、模糊或粗细不均,则视为不吉,必须改日重新举行发墨仪式。发墨之后,还需杀一只公鸭(也有全过程就用一只大红公鸡的),将血淋在中柱墨线上作为对中柱的献祭,笔者调研了解到许多地方用的是公鸡,还需要将些许鸡毛沾血粘在中柱上。

发墨完毕之后,东部方言区的掌墨匠师会用斧头劈削中柱,发第一斧时需要十分用力,力求木屑飞出距离越远越好,表示屋主人会发得久远、发得快速。刨中柱时飞溅出来的木屑还会放置在室内"龙板石"内,象征财富安宁、子孙繁盛的美好祝愿。又比如董马库卧大召苗寨石元文介绍,锯砍中柱之后木屑不能烧掉,要放在寨前河里顺水流走,推测这应该也是一种溯河流向祖地的朴素愿望。

而在中部方言区,给中柱弹好墨之后就需要将其抬到一旁放好,严禁任何人踩踏和跨骑。施工人员则开始制作其他柱子、枋、檩,一直到全部准备完毕才把中柱抬出来进行打洞凿眼。笔者在黔东南苗区所见,有些不急于建新房的屋主,用防雨塑料膜将中柱木料盖住,用绳将其系在房屋半腰屋檐下等待正式立扇架。

中柱发墨之后的所在月内必须完成房屋的建造,如果完成不了,则不应提前发墨,而是等待所有建房材料都准备停当之后到立扇架那天再来发墨,当天发墨、凿眼、立屋架①。

8.2.4 动土仪式

关于苗族的动土仪式,各地要求不一,有的地区并非很重视这一环节。如果需要,有的地方会在制作各种房屋构件的同时另择吉日举行动土仪式,主要包括平屋基、挖基脚与砌屋基。也有许多地方将动土仪式安排在立屋的当天或头几天。

东部方言苗区平屋基仪式由巫师主持,会牵一头壮实的黄牛,颈上挂红布绸,首先

① 以上有关发墨的仪式细节,因各文献及调研所得结果间存在些许差异,故除据笔者在台江、剑河等地调研所得之外,主要参考:张少华.方腧苗俗[M].北京:中国文联出版社,2010:79-80.麻勇斌.贵州苗族建筑文化活体解析[M].贵阳:贵州人民出版社,2005:114-115.吴一文,覃东平.苗族古歌与苗族历史文化研究[M].贵阳:贵州民族出版社,2000:266-267.贵州省剑河县五河苗族村志编纂委员会.五河苗族村志[M].贵州:黔东南日报社印刷厂承印,2007:53.张欣.苗族吊脚楼传统营造技艺[M].合肥:安徽科学技术出版社,2013:133.

犁平屋场，打夯筑基，忌打岩放炮，以免震伤龙脉[①]。此法事也叫“耕基”，会进行大半天，习俗与附近的土家族一致。

中部方言区与此类似，也会请巫师占卜择日之后，由“鬼师”在供桌前向土地神祷念颂词，通告建房意愿，寻求庇护降福。并将原来居住于此的恶鬼驱逐，使之远离此地。烧化纸钱以后，“鬼师”将供桌上方一碗白米沿地基四周撒放，作为人鬼分界线，随后，主人套牛使犁，沿白米界线犁上一圈，是为“动土”，经过此仪式，屋主才能放心地平整屋场开始后面的施工[②]。

吴一文记载下的有关挖基脚、砌屋基的仪式更强调木匠与“敬鲁班”的主导性，比如挖基脚时需要选黄道日或天保日，不能要“闭”“破”两日，不然建房会倒塌。时辰上则忌讳鲁班煞、木马煞、起工架马煞，因此需要工匠提前或推后画地脚线，在此之前木匠需要先敬鲁班祖师：“鲁班师傅送我这把曲尺，(房屋)乱做乱好，绝无差错。”然后在今后房屋的神龛位置上，用凿子把公鸡杀掉，以鸡血洒遍整个屋基，并拿曲尺到处挥扫：“大人小孩，各人带各人的灵魂到外边去(指屋基线外)，一会儿我要打桩了，水龙旱龙你们全到外边去。”之后才打桩画线，既不伤害别的生灵，更不影响自己的安居，打桩画线后便可挖基脚。稍后选子、午二日，砌屋基之前将三炷点燃的香插在屋基上，诵念祝词，再以酒酹地，烧香纸，并洒一些酒在选定的基石上。基石要下平稳，立定后便不能再动，再顺着把屋基砌好，一般高出地面1尺左右[③]。

在此动土仪式的过程中，大致分为由巫师主导的“平屋基”和由工匠主导的“挖基脚、砌屋基”两种仪式，与其他一些民族动土仪式类似，从目的上讲也趋于一致[④]。主要体现在祈求土地神庇佑及驱逐鬼魅两点上。

早期人类的原初观念里，土地往往蕴含着某种不可见的神秘力量，因此为了取悦神灵需要献祭。因此从仰韶文化、龙山文化直至夏商时期，考古发现都表明用人畜献祭是相当普遍的[⑤]。直至商代也间或开始用狗祭奠和正位[⑥]，这种蒙昧蛮荒的野性来源于人

---

① 湘西土家族苗族自治州地方志编纂委员会.湘西土家族苗族自治州志·建筑志[M].长沙：湖南出版社，1996：64.

② 罗汉田.庇荫：中国少数民族住居文化[M].北京：北京出版社，2000：123.

③ 吴一文，覃东平.苗族古歌与苗族历史文化研究[M].贵阳：贵州民族出版社，2000：266.

④ 傣族巫师“波占”择定破土动工时日之后在在供桌前诵念经文，向神灵祈求恩准，同时获取神力驱逐鬼魅。念诵完毕之后也用白米沿宅基四周圈地划界，主家随之套牛驾犁沿米线犁上一圈。哀牢山一带的哈尼族也在选择好的吉日里，由巫师“摩匹”主持向神灵献祭，并恳请驱除鬼魂，随后前来帮忙的乡亲即可安心挖地基。参见：罗汉田.庇荫：中国少数民族住居文化[M].北京：北京出版社，2000：122-124.

⑤ 关于早期考古发掘中反映出的中国上古时期建筑营造仪式，参见：宋镇豪.中国上古时代的建筑营造仪式[J].中原文物，1990(3)：94-99.

⑥ 如甲骨文记载：“庚戌卜，宁于四方，其五犬(南明487)；乙亥卜，贞方帝一豕四犬二羊。(甲3432)”直至今日基诺族建房立柱子时仍要杀狗，柱坑里要放竹鼠的头骨、狗的脚趾，还要把狗血涂在柱子上，以求驱除恶鬼，应当为此遗风。

类对于未知力量的屈服,对于鬼魅,只有屈膝讨好。这在中外各民族中极具普遍性,也是今日各民族动土仪式中献祭的早期源头。

到了《春秋传》所言"共工之子句龙为社神"的"社"的概念出现,人们才有了明确的祭祀对象。"土地神"才变得能够通过祷告和献祭来取得和谐关系的人格化了。本小节所涉及的苗族动土仪式,和土家族、侗族、汉人的方式较为接近,都是通过巫师的通神祷告以求土地神庇佑,进而驱逐鬼魅,工匠以技术连通鲁班祖师划定"建屋界限"进而"屏蔽妖邪"。当然,应该是逐步受其他民族文化影响,并非本族原生仪式。

8.2.5 立房前的准备

整个建造过程的工程量和进度都由掌墨师傅准备和安排,一般情况都是按照首尾(即开工与竣工)两个吉日算好工程量。在木料齐备的情况下,掌墨师傅会将工作拆分到每一天,使得每天的工作都显得饱满,以避免主人家不满和其他人说闲话。

通过一段时间紧张与繁忙的劳作,新房各个木构件得以做好。在完成了动土仪式之后就需要在立房前两天将地脚枋排好架好,用木桩竹条捆实固定,并准备各种撑架、扬锤等工具。然后杀一只公鸡,绕地脚枋滴一圈鸡血,认为这样可使房屋更为牢固。接着师傅清点柱、枋并按号将柱穿插成排架(扇架),每排柱脚靠近相应的地脚,斜放在架子上以求立房时安全快捷。仰角叉与大小锤子等支架工具全都要准备就位。剑河五河这边还专门安排看守的人,以免出现意外。

立房日子一旦选好,在头天晚上主人就要通知寨中亲友前来帮忙。被通知到的人不论男女老幼都会推掉手上的事情,前来帮忙,力量有限的妇女儿童也会帮忙传递工具或做饭。

在黔东南台江县,苗族立屋当天天未亮时,就是祭祀苗族"建筑保护神"——"嘎西"(吉祥神)和"祭白虎"(保护神)的仪式,请他前来主持公正。觋师剪好"飘"(即旗纛,古代用毛羽做的舞具或帝王车舆上的饰物),将挂"飘"的竹子插在桌子脚边,桌上放置一升米,上插三炷香和由房主人献上的一元两角或十二元钱(钱和米祭祀之后归觋师)。桌上还摆有三个盛酒杯和煮熟的鱼肉。良辰一到,觋师头系麻丝,腰缠绸带,手撑黑伞,烧香焚纸,之后手抓白公鸡,开始高唱祭词。祭罢"嘎西",觋师又摆出十二个酒杯祭"白虎"[①]。

在黔东南剑河县五河地区,这个仪式苗语称为"就瓜吓"(dietghab hvab),所需供品略有不同,需由主人提供白公鸡一只、雨伞一把、钱纸、燃香以及白纸一张(祭师剪成链条用倍子木夹住)、三杯酒,设桌于立新屋之边供祭。祭师用歌声式的语调呼请白衣山

---

① 祭祀"嘎西""白虎"的情形及祭词参见:张少华.方旖苗俗[M].北京:中国文联出版社,2010:81-83.

神前来保护立屋,房族男人及看守扇架的人则一起用膳饮酒。故而此仪式也称为“奉陪白衣山神”[①]。从形式上看,与台江“祭嘎西”在时间、供品、参与者等方面具有一定的相同之处,那么“白衣山神”是不是就是所指的“嘎西”呢?目前并无证据。但能肯定的是立屋前的“祭嘎西”仪式虽然在各地举行时的细节不同,但应为典型的苗族的民族仪式。

在五河村还有一种敬献鲁班先师的礼仪[②],是在“陪白衣山神”仪式结束后进行,是笔者在别处未曾看到的双重礼仪。可见该地区立房礼仪繁杂庄重,苗民“不厌其烦”地招呼苗家保护神和工匠祖师的共同庇护,事实上是一种通过献祭而寻求吉祥安稳的世俗信仰。苗民在建房全过程中,会对各环节仪式尝试进行本土化以及整合不同源头的仪式。

8.2.6　立屋架

对于东部、中部两个方言区的苗族而言,在上梁之前的重要环节就是立屋架。麻勇斌记载的东部方言区是在夜间进行仪式,首先选定良辰吉日,由掌墨师傅在新建房屋的中堂举行“撵煞”仪式(有资料作“宴煞”),即先在香案边念咒,叩请各代祖师或鲁班前来助阵驱赶各路凶神恶鬼,保佑施工过程顺利、施工者安全、屋主兴隆发达,麻勇斌也称这一仪式为“敬鲁班”(zenb los bant)。在饱含巫术色彩的告祭念诵结束后,掌墨工匠拿着一只大红公鸡全程用汉语高声诵读《撵煞词》[③],诵毕再拿斧头背部敲打柱脚使之发出响亮的声音,同时唱颂立扇架立屋的《号令辞》。至此,全村过来帮忙的五十至七十人打着火把照明,在掌墨师傅的指挥下高喊:“兴”。然后同时齐发力,用大绳拉柱巅,木叉撑住柱腰,将柱排插在做好的柱脚枋上立好,用斗枋连接扇架,用木槌打紧,并相机加上木栓。而对立屋架的场景,苗族古歌里亦有描述:

> 邻人扛锤子来敲,弟兄扛檩条去斗……柱脚垫的是石头,柱顶好像青蛙口,枋边如同大刀背……柱脚垫在龙王房,柱顶如同大山坳,枋边就像那偏坡……
>
> ——吴一文、今旦《苗族史诗通解·古枫歌·种子之屋》

立扇顺序首先是立明间左边一排,其次右边一排,然后依次为左次间外侧一排,最后则为右次间外侧排架。如果是五间或七间房屋,也同样按照“先左后右、一左一右”的顺序对称支起。

---

① 贵州省剑河县五河苗族村志编纂委员会.五河苗族村志[M].贵州:黔东南日报社印刷厂,2007:53.

② 天亮时由主人安排一位齐全妇女(家中长辈健在、儿女双全、幸福美满)蒸糯米饭并用大盆盛起,称为“净饭”(geed send);加上甜酒一坛,呼为“净酒”(joud send)。另外准备三个酒杯,公鸡一只(杀鸡时淋血于排扇之上),鸡煮熟并同香、钱纸等设桌于新屋之边供祭,同时用红公鸡一只捆于桌脚,安排一位齐全老人不时烧香化纸坐守。

③ 东部方言区《撵煞词》全文参见:麻勇斌.贵州苗族建筑文化活体解析[M].贵阳:贵州人民出版社,2005:311.

中部方言区苗族则选择在“祭嘎西”完毕之后，再由觋师担任总指挥把房子立起。整个过程与东部类似，村民及亲朋好友纷纷一起帮忙，喊着整齐的号子，手抱肩扛、用仰角叉顶或板子推，将扇架一排排安在地脚枋上。先立明间左侧一排，后立明间右侧一排。待两排都立好之后，大家暂且歇息，分吃由几个负责后勤的乡民送来的糯米团，同时搭配一块“祭嘎西”的鸡肉。吃糯米团既是享用早饭，也是一种风俗，表明所有参加立房的亲朋好友及乡民都受到了“嘎西”的保佑，从而使立房吉利、大家吉利。吃完糯米团，大家就继续立第三排、第四排。将扇架立稳，穿枋、斗枋加固，木栓打好，保证柱脚都落在石制基础上。

不难看出，对于立屋架，两个方言区的仪式和过程十分相似，但也存在几点明显差距。

一是立屋架的时间，因为东部方言区在立房当天并没有“祭嘎西”“祭白虎”或“陪白衣山神”这样的仪式，而且一般要将立扇架、上梁安装、瓦骨钉齐甚至盖瓦等流程集中在一个吉祥日子完成。尤其要保证一般房屋架起正是天亮的时辰，这样接下来的上梁仪式就可以在光线充足的情况下举行，所以立屋架要选择在晚间进行。

而中部方言区明显更多地保留了苗族自身的祭祀特色，强化了对“嘎西”作为苗族神灵的重视，将立扇架的工作时间定在天亮。台江县台拱镇展福村工匠潘应周说，立屋架时间原来一般在凌晨三四点，现在因年轻人手脚快，可以安排在七八点的吉时，不能再晚，不然就会错过上梁的时间，必须要把上梁时间控制在下午五点左右。如果要是立扇架的过程中遇到突发状况或某些技术困难，掌墨师傅的预判可能会影响上梁仪式，则停止竖立第三、四排，选择先上梁，这两排扇架可容后面再立（不需仪式）。笔者在调研过程中发现，几处新建房屋框架中梁仅仅是一根未经处理的细树干，包着红布支在中柱上，明显是一种作为举行过上梁仪式的象征。

图 8-8　笔者与吴通品师傅

二是东部方言区立扇架需要采用“先明间后次间、先左后右”的顺序，但笔者在雷山、台江、剑河等地了解的情况与之不同：雷山县永乐镇乔洛村大木匠吴通品（图 8-8）说相继立好明间两个排架之后，剩下的无顺序要求，先立哪边都可以，以施工方便为准。其他一些工匠，也没有特别强调除明间排架外的先后顺序。

通过比对，可得出以下两个结论。第一，东部方言区对上梁仪式的重视程度比立屋架要高，事实上不光是湘西苗族，土家族更是选择晚上进行立扇仪式和活动，其目的是为了把白天时间留给"上梁"。但梁作为横向构件，"在苗族建筑的原生性形制里面，不是非常具体而明确的构件概念……在建造过程的所有仪式里面，没有用纯粹的苗语颂词对梁木进行隆重的讴歌，这也说明梁木并非苗族建筑文化的原生概念，不是苗族建筑原生形制里至关重要的构件"。[①] 相较之下，尽管中部方言区对上梁仪式也非常重视，但并不会牺牲苗族祭祀"嘎西"的原生信仰与立屋架时对方便程度和效率的追求。第二，中部方言区宁可对第三排、第四排扇架的竖立进行舍弃，也要保证"祭嘎西""竖立中堂扇架""上梁礼"这三个关键仪式的正常进行，说明这正是该地区苗民立屋架仪式中最为关键的风俗节点。而其中可能只有"祭嘎西"还算是苗族的民族传统仪式。

8.2.7　上梁

对梁木的处理和上梁礼可以说是工匠巫术体系中含义最为丰富，执行最为复杂的一个过程。在许多民族中都具有相通的神秘而隆重的仪式，据《中国少数民族风俗志》描述，举行上梁仪式的少数民族有苗族、彝族、布依族、侗族、瑶族、白族、土家族、畲族、水族、仡佬族、阿昌族、保安族等。[②]

对于苗族而言，围绕"上梁礼"而展开的活动大致分为"寻梁木、伐梁树、迎梁祭梁、上梁"等环节，且在东部和中部两个方言区仪式基本趋同。

1. 寻梁木

以腊尔山地区为例，苗汉民族建造房屋时，都有隆重而繁琐的"敬梁"仪式。其环节较多，比如"寻梁"找树，出发时有祭祀仪式，占卜"梁木"长在何方，出门的时间必须是吉日良辰，出门时忌讳遇到妇女及有人哭泣；"梁木"必须是枝叶繁茂的杉木，是生长在"阳地"的上等材料。参与寻梁的也应当是所谓"全福人"。砍"梁木"之前，掌墨木匠要在树下设香案，燃香化纸作祭。在此过程中，并不存在要去"偷梁"的情况，麻勇斌因此认为苗族人砍自己家的树，汉族才讲究"偷梁"以取得好兆头，这也是苗汉风俗差别明显的一点。

2. 偷梁砍梁

关于苗族人所砍梁树是自己的还是需要去"偷"，不同文献给出了不同答案，分别记载湘西东部方言和台江中部方言苗区情况的资料[③]给出了解释和描述。经过笔者的调研询问，多数苗族工匠都表明在各自区域并不存在"偷梁"的习俗，比如施洞镇旧州村的龙志飞就介绍当地"砍大梁也要选日子，此处不偷梁，砍自己家的树或者买好去砍。砍

---

① 麻勇斌. 贵州苗族建筑文化活体解析[M]. 贵阳：贵州人民出版社，2005：121.

② 毛公宁. 中国少数民族风俗志[M]. 北京：民族出版社，2006.

③ 即《湘西土家族苗族自治州志・建筑志》与《方腧苗俗》两本著作.

树的人要有儿有女，有父母的全福人去砍。如果有客人（就是舅舅）能一起去砍梁木是最好的。如果没有舅舅就用麻线代替，砍梁时人也要绑麻线”。台拱镇展福村潘应州说：“中柱要自己去买，梁也是如此。”

在台江，立新屋的当天，由屋主舅家带着人（均选定有福气的人）到山上砍梁木，人人手臂上会系上一圈麻线。在砍树之前，也像砍中柱那样烧香纸，祭酒肉后方进行砍伐，整个过程并没有用到苗语，与湘西苗族做法类似。

3. 祭梁上梁

梁木刚刚倒地，壮汉们即手顶肩扛，每次两人轮换抬回，一路快步不可歇息，一直抬到新屋架正中间架好。工匠们开始推刨修整，完毕后请觋师祭梁。

以台江台拱镇展福村为例：首先用红布将处理好的梁木包裹起来，将“稻谷、小米、高粱、玉米、小麦”等五谷、历书、纸钱（有的地方还要包筷子、发中柱时用到的墨线）包在红布里，然后用古铜币将红布的两个对角钉在梁上，再用麻线捆绑，如果没有古铜币，则可用人民币一角、五角、一元等硬币代替。对梁进行“披红”处理之后，掌墨师傅将梁粑、煮熟的鱼、酒放在梁上，一只活公鸡放在一旁备用，开始“敬鲁班”（有地方祭品为煮熟的三条鱼、三杯酒、三坨糯米饭）。另外在祭梁时，还需用鸡冠血淋在梁柱上作为献祭的方式（图 8-9）。

图 8-9　台江展台拱镇展福村新屋正梁

《方旖苗俗》中有一段祭词如下：

> 今天是吉日，造个五柱房；今天是围稳日，围子围孙、围田围土、围塘围堰、围财围富；修了个四栝的房，梁脚朝下方；去下方得到王的宝；梁头朝上游，去上游得王的印。富从哪里来？贵从哪里起？富在银梁起，繁衍由银梁来。还有姑爹舅爹，站在银梁旁，站在金梁边，吃得脸红，喝得脸赤，面额发光。吃了回去花开，吃了回去结果，花开大朵，结籽大个。还有寨子族人、客人主人，大家一样富，个个一样发财，还有木匠师傅，回家顺利花开大朵，籽结也大个……①

“敬鲁班”仪式完毕后即开始上梁，主家及其舅家亲自或者推举两个能人代表，将梁两端用绳捆住，挂在中堂两侧的中柱榫口上，主人家在左侧（东侧，为主家位），舅舅或舅爷在右侧（西侧，为客家位），同时拉绳将梁吊起，架在明间两个中柱上。即主人家从梁脚上，客家（舅方）从梁头上，双方同时插背斧子一把，双双拉梁。在此之前，将大红公鸡灌醉，放在梁上一同拉起，直到飞下。此鸡在祭祀完毕后不立即杀掉，留给主人家喂养，

① 张少华. 方旖苗俗[M]. 北京：中国文联出版社，2010：85.

等房子盖瓦结束之后，留三片瓦给舅爷用来收“瓦脚”，那时再用此鸡祭“收瓦脚”仪式。

上梁仪式由掌墨师傅主持，全用汉语诵念上梁词①，其内容往往配合着登梯进程。主人与舅舅开始上梁头时，开始鸣放鞭炮，然后同时将房梁拉至各自中柱榫口，用携带的工具修正之后安放平稳。事实上，这也成为一种带有表演性质的竞赛。为增加效果及兼顾双方“面子”，木匠故意放大双方梁头，使每人都需要略微修正之后才能安放好梁木。

将梁安放好之后，双方上梁的姑舅用长绳把自己的工具吊到地上，然后再将装祭品的篮子吊到各自梁头。在梁头各摆四杯酒、一碟鱼、一碟肉和一碟肝子内脏，将肉条挂在中柱上，再把装高粱粑的箩筐吊上来，挂在中柱的一边。准备就绪之后，双方各用一些酒肉祭房梁，开始划拳喝酒，并呼“四季发财”“六位高升”等祝福语。相互祝福结束时，再将祭品吊回地面。然后开始抛梁粑，边撒边请一个懂理识情、能言善辩的人致祝辞，完成后祝辞人先捡一对米粑放入自己的荷包，同时分发给一起上梁的人，然后再捡一对米粑高声对房主人说：“叫主人家来接财接喜！”而后房主的孩子将宽围腰捆系于背后，再需由两个人同时拉开围腰来接主客双方抛下的高粱粑。其后站在柱头的主客双方手抓箩筐内的小糍粑、糖果、烟等，有的人家还会撒钱。围观乡亲一起争抢，抢的人越多，屋主人越有面子。

抛完梁粑之后，主客双方回到地面，主人派两三名至亲妇女向舅舅接酒。在喝干这碗酒之后，舅舅会重新斟一大碗酒，内放十二元或更多钱，让敬酒的妇女喝掉，意为“放干田水捉鱼”。抛梁粑的仪式彻底结束后，就在新立屋架的下方拉起长桌，摆上筵席，欢庆建屋。②

剑河县革一镇五河村的上梁礼与此略有不同，比如需要准备红布七尺，以一尺对角用为梁木彩兜外，还要将六尺布分作五条长条，由木匠师傅为四个上梁主宾及他本人披挂在身。另外，红布内包的物件更多，包括“稻谷一把、毛笔一枝、墨一锭、皇历书一本、白银少许、新筷一双”，仍由木师用彩兜围于栋梁中间。③

上梁时，主人家需准备银元一个交给师傅，师傅用凿子将其凿成两半，一半钉在梁上一半拿走，寓意“平分平好、屋主师傅都平安”，今天如果主人家没有银元，则需要送给师傅一百二十元作为替代，但需提前同掌墨师傅商量。

上梁仪式很重要，必须要保证在一天之内完成，因此其余联系构件和柱脚石础等，都可在上梁礼完毕之后找机会调整。

---

① 湘西苗族工匠亦有用苗语的梁词，参见：张子伟，石寿贵. 湘西苗族古老歌话[M]. 长沙：湖南师范出版社，2012：170-174。

② 以上有关台江上梁礼的部分细节除了来自笔者调研外，参考：张少华. 方腐苗俗[M]. 北京：中国文联出版社，2010：85-87.

③ 贵州省剑河县五河苗族村志编纂委员会. 五河苗族村志[M]. 贵州：黔东南日报社印刷厂，2007：54.

第 9 章　苗族传统建筑匠作关键技艺实录

根据大量田野调查，苗族传统民居的木构架形式实际上主要是基于某些穿斗基本型的扩展类型，在不同区域因地理环境、生活习惯、历史演进等因素，产生了地理分布和时间演进两个维度上的显著差异。差异主要表现在建筑基本空间与拓展空间的关系、构件连接技术、建筑核心生活层与场地相接的处理策略和尺度上。

东部、中部方言区的苗族工匠，在房屋建造环节与方法上既有相通，又有差异。一方面，在模式上因日常生活需要及施工的便利性而相对稳定；另一方面，在方法上因受到相邻各民族（汉族、土家族、侗族等）匠作的持续影响而产生变化。这些都使得本已自由多变的苗居构架类型和匠作策略更为复杂。

因此，本书立足于实地调查与工匠访谈的成果，对各方言区工匠的经验做法和建造技术节点进行梳理分析，通过对比找出区域匠作特征，初步判断其演变规律和建造文化可能的相互影响机制。表 9-1 列出部分典型匠师或巫师实例，他们的实际营造经验是本章研究的重要基础。

表 9-1　苗区调查工匠信息

方言区	序号	工匠、巫师姓名	年龄（截至2015 年计）	调研地点	执业影响区域
东部方言区	1	吴岩金		湘西花垣县板凳村	水田河镇人氏，在板凳村附近做工
	2	石自权	60 岁左右	湘西保靖县葫芦镇黄金寨	本村及周边
	3	石元谷（巴岱）	60 岁左右	湘西古丈默戎镇龙鼻嘴村	本村及周边，吉首大学正研究其手抄文档
	4	佚名（只见其做工未及询问采访）		湘西保靖县夯沙乡夯吉村	本村拆旧料建新居为主
	5	龙胜高	40 多岁	贵州松桃自治县苗王城上寨	本村及周边

续表

方言区	序号	工匠、巫师姓名	年龄(截至2015年计)	调研地点	执业影响区域
中部方言区	6	杨光荣(掌墨师傅)、龙荣高(木匠)	79岁、70岁	黔东南凯里市舟溪镇情郎苗寨	来自附近的青曼苗寨,周边村落执业
	7	李正伦	67岁	黔东南雷山县西江镇控拜村	本村为主,涉及周边
	8	吴通品(掌墨师傅)、蒋荣光(木工徒弟)、吴通宇(木工徒弟)	52岁、55岁、50岁	黔东南雷山县永乐镇乔洛村	出外最远到黔西南州新义地区做工,其次主要在西江。影响范围较大
	9	龙通海(掌墨师傅)、龙志飞(巫师)	84岁、81岁	黔东南台江县施洞镇旧州村	本村及周边
	10	潘应州	68岁	黔东南台江县台拱镇展福村	本村及周边
	11	王家洪(装修师傅)	37岁	黔东南台江县方召乡细登村	本村及周边
	12	李茂兴(黎平侗族掌墨师傅)	50岁左右	黔东南剑河县观么乡巫包村	黎平侗族工匠,但在苗区做活
	13	陆治仁(掌墨师傅)、叶明(木匠)	58岁、42岁	黔东南丹寨县扬武镇老冬村	长青、扬武、排调一带
	14	余胜武	60岁左右	黔东南雷山县朗德下寨	雷山地区

9.1　基本构件名称的确定

苗族木构建筑多为穿斗构架,在不同方言区甚至若干小区域间,其类型与做法就已存在显著差异,主要木构构件的名称及其命名逻辑也是如此。为深入了解各地营造技法的差异,应首先了解这一建造技艺的操作基础,因为对构件的命名规则实际上间接体现了各地工匠对其建造逻辑的潜在认识,可说是一种风土知识。

在对各地工匠调研访谈的基础上，本书结合李先逵①与乔迅翔②两位学者的调查成果，对东、中部两个方言区部分区域的构架名称进行了整理，如表9-2所示。

表9-2　东部、中部方言苗区工匠对穿斗民居构架名称

类别	学者相关整理		各地工匠常用构件称谓						部分构件的苗语称谓	
	李先逵	乔迅翔	石自权	龙胜高	杨光荣	李正伦	潘应州	李茂兴	苗语东部方言	苗语中部方言
柱类	吊檐柱	边柱/外柱	前檐柱	一柱	一柱	一柱	一柱	前檐柱	nioux doux、nioux ghuns	dongt nix bax
	前二柱	二柱	前金柱	二柱	二柱	二柱	二柱	二柱	nioux ned	dongt nix zab
	中柱	中柱	中柱	中柱	中柱	中柱	中柱	中柱	nioux dongt	dongt
	后二柱	二柱	后金柱	二柱	二柱	二柱	二柱	二柱	nioux ned	dongt nix zab
	后檐柱	边柱/外柱	后檐柱	后檐柱	后檐柱	后檐柱	后檐柱	后檐柱	nioux xheit、nioux ghuns	dongt nix bax
	瓜、长瓜（跑马瓜）	上瓜、下瓜	上二瓜-上一瓜-下二瓜-下一瓜	后上瓜-吊后瓜-后后瓜-前长瓜（前瓜）-金瓜	上瓜-中瓜-下瓜-挑瓜	上瓜一下瓜	瓜（仅有总称，单个瓜名未提及）	上担瓜、下担瓜	dab mlanb bloud（直译：房屋猴子）	tok
	夹柱	加柱/假柱	部分工匠将此柱编入框架立柱序列，称作“二柱”							
		顶柱								

① 有关黔东南干栏式苗居吊脚楼构件称谓，参见：李先逵．干栏式苗居建筑[M]．北京：中国建筑工业出版社，2005：72.

② 参见：乔迅翔．黔东南苗居穿斗架技艺[J]．建筑史，2014(2)：37. 因地区差异，该文部分构件并未出现在笔者调研建筑内，有的笔者调研采集时也有所遗漏。

续表

类别	学者相关整理		各地工匠常用构件称谓						部分构件的苗语称谓	
	李先逵	乔迅翔	石自权	龙胜高	杨光荣	李正伦	潘应州	李茂兴	苗语东部方言	苗语中部方言
穿枋类	穿	抬挑枋/上瓜枋	二步穿、四步穿、六步穿、八步穿	穿（仅有总称，单个穿枋名称未提及）	上瓜穿/挑瓜枋	上瓜穿/承瓜枋	抬瓜（栝）枋	上担瓜枋	nbanl huangd bloud（枋）	max，senx（作框架用的厚木板）；max zaid（连接两三根房柱的长方形木料）
	双步穿	穿三上枋/上三千			三穿	承瓜枋	顺枋	下担瓜枋		
		穿三下枋						上千斤		
		对挑枋/下瓜枋			中瓜穿—下瓜穿	下瓜枋/承瓜枋	拉（拿）瓜枋			
	长穿	穿排枋/大穿排	腰枋	腰枋	三穿—五穿、长穿、腰枋	三穿—半腰枋—二穿—腰枋——穿	串排枋	中千斤、下千斤		
	挑檐枋	挑水枋/挑手枋	大挑手、小挑手	大挑手、小挑手	挑手	挑枋	大挑手、小挑手	上出水、下出水/出水枋		max ghab hxenb
	地脚枋	脚枋				脚枋	脚枋	地脚枋		max ghab lob
纵向构件类		檩子	檩子	檩子	檩子	檩子	檩子	檩子	ghob kangb（直译：屋杠子）	qok，vangx，vangx zaid
		加檩/甲檩								
		滚檩	挑檐檩	挑檐檩						
		基枋/瓦枋								
		过间枋/桥					上间枋/下间枋	过千（纤）枋		
							拦腰枋			
		楼枕	楼枕	楼枕	楼枕	楼枕	楼枕	楼枕	ghob yinx（直译：撑开房屋的木）	jangd lox，jangd pangb，longx，longx zaid
		地脚枋	地脚枋	地脚枋	地脚枋	地脚枋	地脚枋	地脚枋		max ghab lob

从此表来看，地区差异导致某些构件的工匠称谓并不一致，但却十分容易判断其同属一个命名逻辑，而有的构件则连命名规则都不相同。另外文献中部分构件有的并未出现在笔者调研建筑内，或调研采集时有所遗漏。分析与补注如下。

（1）夹柱

指前檐柱后一瓜柱延伸落地所成之柱。李先逵注为“夹柱”，乔迅翔注为“加柱”“假柱”。从发音上看，“夹”“加”“假”十分相近，似乎各有道理，但其源头已无迹可寻。笔者认为其生成原因是为做门或形成吞口空间的需要，从而使瓜柱落地成柱，并在广大的武陵地区至雷公山苗区大规模使用，工匠们也多将其归为结构框架中的立柱序列，多名之为二柱、金柱或前金柱。但所谓“夹柱”，似乎更能说明其形成机制，因此本书采纳此种说法，在分析房屋构架时将其与主体框架立柱分开。

（2）瓜柱的称谓

根据调查，武陵北部地区尚称其为“棋”（通“骑”）柱，部分工匠也称其为“瓜筒”，但苗族工匠大都还是称之为“瓜”“瓜柱”“瓜子”。各穿斗构架的基本单元变化较多，瓜柱与抬瓜枋系列的组合方式十分多样，是工匠建造意图的直观体现，也成为穿斗架的一种地域性特征（某些时候具有民族识别性）。但工匠的标记方式，往往强调简单、直观、实用，多以“上-下”或“前-后”的方位逻辑进行组合进而以编号命名，稍复杂的情况则是就瓜柱的受力特性即形态特征进行补充，如“吊后瓜”“上担瓜”等。

（3）穿枋的计数与命名

对穿枋的命名逻辑最能体现一个区域工匠的营造思维。穿枋的称谓逻辑大体可分为四种，一是看穿枋上方步架，有几个就是几步穿，一般为偶数，如湘西东部方言区的“二步穿、四步穿”。二是看穿枋穿过几根柱，穿过几根就是几穿，一般为奇数，如黔东南中部方言区的“三穿、五穿”。这两种计数方式均是自上而下命名。三是自下往上，从一穿、二穿开始计数，但只针对长穿，这种记名方式较为普遍。四是一种命名补充，以结构功能为标记要素，比如楼枕以上三尺左右为腰枋、半腰枋；或以承托瓜柱的结构功能命名，如“承瓜枋”“拉瓜枋”“担瓜枋”。

（4）脚枋与地脚枋的混用

从调查结果来看，两者出现混用的状况十分普遍，许金工匠往往只用“地脚枋”这一称谓。但若从构架纵横体系来看，应如乔迅翔记录，即“脚枋”隶属穿枋构件序列，“地脚枋”则隶属扇架联系构件。

尚有部分构件名称未能录入，如乔迅翔记录有雷公山地区苗居穿斗架的加檩（也称甲檩，为位于檩子下的随檩枋），滚檩（即挑檐檩），基枋（也称瓦枋，为挑檐檩下的随檩枋）。另外，还有如“边楼枕”“大门枋”“灯笼枋”等，以连接扇架之间的“纤枋”（因工匠命名不一或书写时以求简便，还有“斗枋”“千枋”“欠枋”“间枋”等称谓）系列为主。[①]

总体来看，苗族工匠对扇架构件的命名既存在一定的逻辑性和条理性，以求“施工方便”，但也明显存在个体差异，但并不影响匠人之间的技术沟通。

9.2　开间、进深尺寸的考虑

对于今天调研观察到的东部、中部方言区传统民居平面，可以认为大多数建筑是以“三开间、五柱（或三柱、七柱）通进深”为基本型展开的。但工匠通常的考虑是“基于场地具体尺寸以及主人要求”，即“地基阔侧、高低、深浅，随人意加减则为之”。[②] 因此对开间、进深的柱距尺寸以及明间次间之间、脊步与檐步（或金步）之间各数据的关系设定并不完全一致，既有相同也有不同。表 9-3 介绍了十一位苗族工匠（其中一位为在苗区进行营造活动的侗族工匠）的常用做法与经验尺寸。[③]

表 9-3　东部、中部方言区苗族工匠大木构架常用做法与尺寸

方言区	序号	工匠名	常用构架规格	常用明间尺寸	常用次间尺寸	常用进深柱距	常用挂行距离
东部方言区	1	吴岩金	五柱九瓜	1 丈 3 尺	1 丈 3 尺	6 尺 6 寸、8 尺 8 寸	2 尺 2 寸
	2	石自权	五柱六瓜、八瓜	1 丈 2 尺或 1 丈 1 尺	比明间少 1 尺	根据挂行来定。出挑 1.5 米	6 瓜为 2 尺，8 瓜为 1 尺 8 寸
	3	龙胜高	五柱七瓜	1 丈 3 尺	1 丈 2 尺	根据挂行来定。出挑一个挂行	最小 1 尺 8 寸、最大 2 尺 4 寸，可用 2 尺 1 寸

① 参见：乔迅翔. 黔东南苗居穿斗架技艺[J]. 建筑史，2014(2)：37.

② 引自《新编鲁班营造正式》“正七架三间格”，其中“加减”二字为后人补之，参见：午荣，章严.《鲁班经》全集[M]. 江牧，冯律稳，解静，汇集，整理，点校. 北京：人民出版社，2018：52.

③ 因今日工匠已经多采用公制单位，故以 1 丈＝10/3 米，1 尺＝1/3 米计算，下文不再赘述。

续表

方言区	序号	工匠名	常用构架规格	常用明间尺寸	常用次间尺寸	常用进深柱距	常用挂行距离
中部方言区	4	杨光荣	五柱八瓜	最小1丈2尺,一般1丈3尺	次间一般减少2尺,最少减少1尺	脊步:4尺; 中金步:4尺; 檐步:3尺(做直廊); 出挑4尺	以柱距均分
	5	李正伦	五柱四瓜	1丈	同明间	均为5尺,出挑2尺至2尺5寸	以柱距均分
	6	吴通品	五柱四瓜	1丈1尺	1丈,偏要为8尺至9尺	均为5尺	以柱距均分
	7	龙通海	五柱四瓜(一瓜落地)	要看地基具体情况	最大少1尺、2尺,最小少1寸、2寸	也要根据地基来决定	
	8	潘应州	五柱六瓜(一瓜落地)	1丈3尺	1丈3尺,偏要3米	均为6尺	以柱距均分
	9	王家洪	五柱四瓜	9尺到1丈1尺	少1尺	一般6尺,该村一般为1.5米至1.6米。出挑1.1米、1.2米、1.5米,如挑太长,上加一瓜。	一般最多三尺,此区域为按柱距均分。
	10	李茂兴	五柱四瓜	1丈2尺	少1尺	全6尺	以柱距均分
	11	陆治仁	七柱十八瓜(新做法)			2尺5寸	以柱距均分

9.2.1 各开间、步架进深尺度相等的情况

各开间与各步架尺寸分别相等的情况在东部方言区苗居调研时并不少见,而且主要集中在苗族居住特征保留较多的区域。比如在湘西州花垣县板凳村建屋的工匠吴岩金,近几年在该区域所建的木构民居,三开间多为1丈3尺,每步架进深6尺6寸;而较久历史的建筑如麻栗场镇老寨村石泽兴宅,开间均为1丈零5寸,进深5尺1寸。通过现场测绘进行验证,发现历史过百年的所谓"老房子"的开间、步架尺度基本相等,且尺度更小,尤其以腊尔山南麓及北麓的凤凰县、花垣县苗寨为代表,部分过百年建筑开间尺寸仅在1丈左右,甚至有的少于9尺,进深柱距在4尺8寸至5尺1寸之间。

中部方言区的情况则与此不同,在访谈过的木匠师傅中,明确表示保持明、次间尺度相同的案例并不多,仅控拜苗寨掌墨师傅李正伦在本村建造的房屋会用到1丈的开

间尺寸，台拱镇展福村潘应州则说会根据主人需求和基地宽度来调节，表示开间距离相等也是可以接受的。对于各进深步架距离，各地区的做法基本上也都保持相等，其原因也比较容易理解，因为穿斗构架的房屋基本上各檩之间距离保持相等(除部分地区建筑的挑檐檩与檐檩间距突变外)，因此在大量三柱两瓜、四瓜、六瓜，五柱四瓜、八瓜，七柱六瓜等柱间瓜数相同的构架中，进深柱距相等的情况更为常见。

9.2.2　各开间不等、步架进深尺度相等的情况

对于年代较近或处于与汉族、土家族混同程度较高的区域，东部方言区的苗居已经十分普遍地将明间与次间尺度保持一定的差值，且一般为 1 尺。中部方言区则基本都会保持差值，一般也为 1 尺，部分地区普遍维持 2 尺差值，最少为 1 尺。而在某些区域，明间比次间只多 1 寸、2 寸，仅作形式上的差值(台江县施洞镇旧州村龙通海)，以上做法明显都是为了遵循《新编鲁班营造正式》中关于面阔分配的要求，如：

段深五尺六寸，面阔一丈一尺一寸，次间一丈令(零)一寸，此法则相称也。(三架屋连三架)

每段四尺六寸，中间一丈三尺六寸，次阔一丈二尺一寸。地基阔狭则在人加减，此皆压白即言也。(五架房子格)

中间用阔一丈四尺三寸，次阔一丈三尺六寸。段四尺[①]八寸，地基阔侧(狭)、高低、深浅，随人意加减则为之。(正七架三间格)

对于明间的开间尺寸，一般都在 9 尺到 1 丈 3 尺范围之内，仅有一例约 1 丈 4 尺(三棵树镇乌利苗寨王高金宅)，此宅为村中留存的最老房屋，约二百年历史，严格来讲，此屋受限于地形，为保持三开间模式(左间事实上可以理解为偏要)，将左间卧室部分通过支柱“吊在”村内过道上方，开间约 6 尺；右间也仅 7 尺至 7 尺 5 寸，与明间开间尺寸相差甚远，总体可以理解为对保持三开间和明间尺度的执着而做的现场调适(图 9-1)。

张十庆有关宋代建筑的尺度构成，曾引述《营造法式・总释・定平条》中有关真尺用途及使用方法：“凡定柱础取平，须更用真尺较之，其真尺长一丈八尺”。真尺是用来校准相邻两柱础之间的水平，故而可知其间广最大值为 18 尺。[②] 可见真尺尺长与开间尺寸最大值有密切关系。据此，朱宁宁认为《鲁班营造正式》中“定盘真尺”长 14 尺至 15 尺，因此其成书的南方地区，穿斗式屋架开间最大值因在 14 尺至 15 尺之间[③]。本书认同此观点，在苗族地区通常新建房屋或与汉族、土家族、侗族接触频繁的、经济生活较发达的区域，明

---

① 此处原文辨认不清，朱宁宁考证推测为“4 尺”，包括后面“加减”二字的增补。参见：朱宁宁.《新编鲁班营造正式》注释与研究[D]. 南京：东南大学，2007：34.

② 张十庆. 中日古代建筑大木技术的源流与变迁[M]. 天津：天津大学出版社，2004：85.

③ 朱宁宁.《新编鲁班营造正式》注释与研究[D]. 南京：东南大学，2007：77.

间往往是1丈3尺、1丈2尺并取整，次间少1尺。而所谓传统“苗疆”腹地之旧屋或十分受限于地形，明间往往仅丈余，次间尺寸则较为随意。明间尺寸大小也往往与房屋高度成正比。

9.2.3 进深柱距尺度不等的情况

对于东、中部两个方言区而言，每栋房屋的步长（或挂行，即相邻瓜柱间距，部分工匠也称其为步水、步尺）一般均相等，而且大小挑手出挑的距离也通常会等于一个挂行，因此若进深方向的柱距不等，往往存在以下几种情况。

(1) 中柱不落地

部分历史悠久（二百年左右）的传统苗居，火塘单边或中堂两侧中柱均不落地（《新编鲁般营造正式》中称为“偷柱”），此时柱距之差为挂行倍数。

(2) 瓜柱与立柱逻辑改变

为了室内空间使用方便，更改瓜柱与立柱的排列逻辑，即部分瓜柱落地成柱。比如“下一瓜”落地成“夹柱”的情形在东部方言区外围的松桃、麻阳以及整个中部方言区十分常见。或为了设置内门、避开立柱，室内部分瓜柱落地、相邻立柱升起落腰成为长瓜柱，这种方式并不常见，调研之中发现的仅属个例。

此种方式导致地盘柱距分布不均匀，体现了功能需求在房屋安排中的思考，说明了穿斗构架的灵活性。

(3) 柱间瓜柱数量不一

调研时还常发现五柱及以上的房屋有时会出现“规律性”的柱距不一的情况。

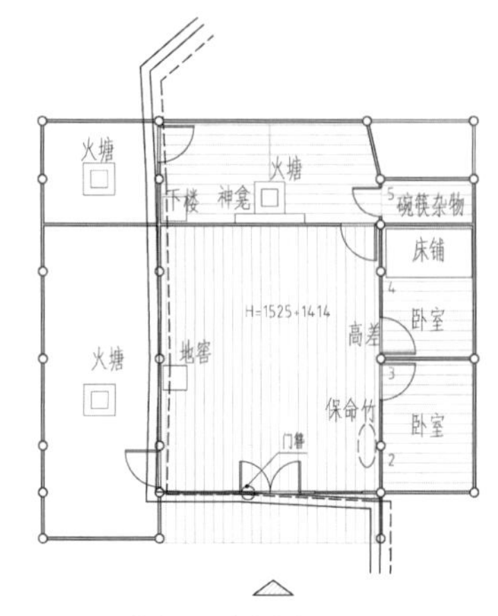

(a) 乌利王高金宅生活层平面

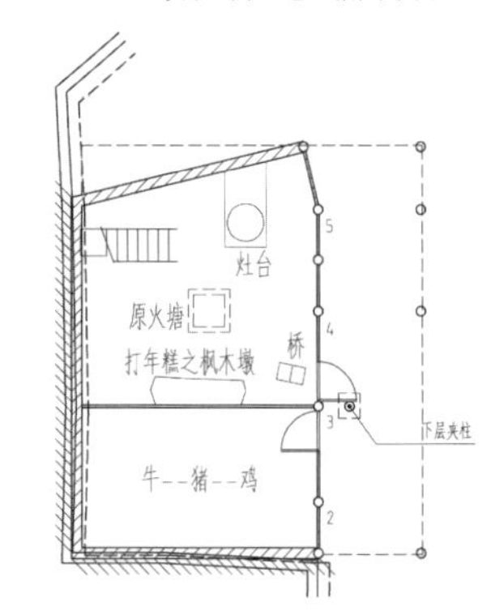

(b) 乌利王高金宅下层平面

(c) 乌利王高金宅沿街实景

图9-1 乌利王高金宅左间偏要架空

一种是类似“五柱六瓜”这样通进深之半为奇数瓜(6/2=3)的房屋，一般脊步为二瓜，檐步为一瓜，这种情况下靠近中柱的脊步长，靠近檐柱的檐步短，且相差一个挂行，这种做法主要受限于场地进深尺寸能做“五柱六瓜”，与生活功能需求无关，所以对于室内功能划分并无特别影响。

另一种情况恰恰相反，即脊步瓜数少、檐步瓜数多，呈现内小外大的柱距类型。这种情况笔者在黔东南苗疆外围南哨乡、朗洞镇、德化乡、广西融水洞头乡等苗族、侗族混居边界或混居区多有发现，可能是受到不同民族建造方式的影响。

从功能角度分析，这种瓜柱的分配方式会带来室内空间的三个显著变化：一是房屋生活层面的前廊由其他地区的“窄廊”变成了“宽廊”；二是如果纵向划分房间数量较多，势必会有南北无法开窗的“暗房间”，因此如此设置会使得正屋前后拥有采光条件的房间进深明显增大；三是三层阁楼的中柱附近高度增高，增加了顶层空间利用的可行性。

(4) 增设前后拖步、走廊

这种情况在各方言区苗居中相当常见，因地势影响和生活需求，苗族工匠会在主体构架完成之后，于前后适当处增设披挂，从构造来看，可视作在穿斗框架主体的檐柱上用插枋再加柱的方式向外延伸，而披挂的长度、挂行或挑檐方式都比较随机，以实际地形大小为考量，并无定式，因此单从平面看柱距，很可能发现最外两个柱距尺寸异常。所以在分析苗居穿斗构架特征时，应当分清主体构架与披挂部分才不至于混淆，更准确地把握房屋建造逻辑(图 9-2)。

(5) 整体构架中的檐步变小

除了上述增设披挂、走廊的方式，当然也有主体为“七柱六瓜”“九柱八瓜”等多柱房屋，在工匠设计阶段就已经考虑了进深差异。比如黔东南凯里市舟溪镇情郎苗寨的杨光荣师傅在处理七柱房屋时，会将脊步、中金步都缩小到 4 尺，将檐步定为 3 尺做走廊，这样半进深总和为 1 丈 1 尺，与该区域通常的五柱四瓜屋的半进深 1 丈至 1 丈 2 尺也基本接近，但室内布置会更符合主人需求。

(a) 从江岜沙苗寨吴两水宅走廊实景

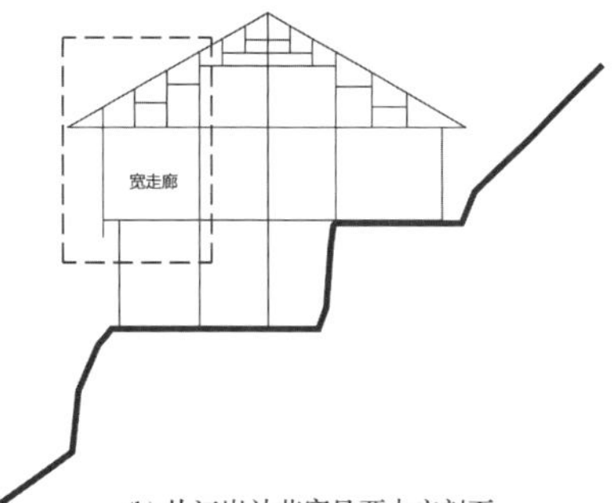

(b) 从江岜沙苗寨吴两水宅剖面

(c) 三穗寨头村潘金梅宅走廊实景

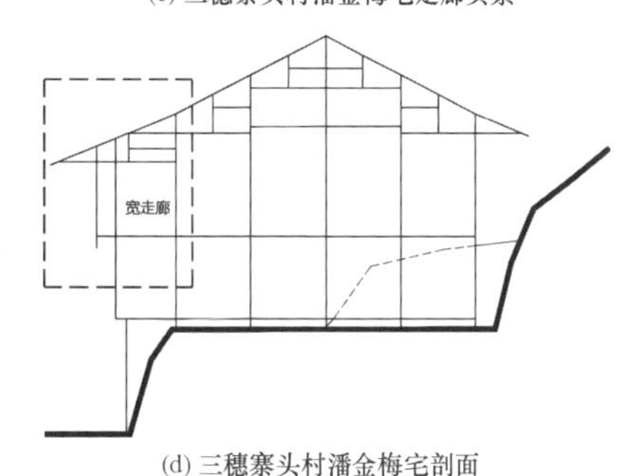

(d) 三穗寨头村潘金梅宅剖面

图 9-2　黔东南苗居中的宽走廊

9.3 侧样设计

工匠的建造环节中,除了需要首先了解场地大小和地形限制条件、主人喜好与要求之外,最为关键的技术核心就是侧样设计,这是重要的匠作特征。其中重中之重的两个因素:一是挂行的设定,二是高度与水分的选择与设计。通过调查,挂行之于建造的意义在两个方言区工匠体系中差别迥异,对于水分的设定及出水(即折水)设计,同中有异。对其进行梳理,有助于从本质理解不同区域苗居的建造逻辑和生成模式。

9.3.1 挂行的意义

所谓挂行,指瓜柱与瓜柱之间,或瓜柱与立柱之间的水平距离,事实上也可以理解为檩距(除挑檐檩),是包括苗族在内的武陵地区工匠术语之一,也被许多工匠称为"步尺""步水"。由于武陵地区穿斗构架一般会使单栋房子内的挂行距离保持一致,因而挂行无异于构成穿斗建筑的基本"细胞"单元。如同"丈杆"是解码苗族工匠建造技艺的"钥匙",进深柱距(涉及中柱与二柱、二柱与三柱是否均分,何者为大等问题)是室内功能与尺度的反映。与地相接关系(涉及干栏还是半干栏、通柱还是吊脚、接柱建竖还是竖柱建竖)是建筑融于场地的身份标签与生活形态的锁定,并一起体现建筑空间模式的发展演进关系。

屋顶坡度均匀、水分(即屋顶坡度、工匠术语)容易处理是事关苗居建筑建造的设计前提,同时苗族工匠对扩展进深尺寸有着各自考量,挂行对这两点起到了十分重要的作用。但区域差异,使得"挂行"的意义有所不同。

湘西保靖县葫芦镇黄金寨的石自权一般在设计之初,并不首先精确确定进深方向的总尺寸,做"几柱几瓜"的房子,也需要得到主人授意。他一般将"构架规格"与"挂行尺码"对应,比如村内数量较多的"五柱六瓜"房屋,其挂行为 2 尺,如果要做"五柱八瓜",则通常挂行为 1 尺 8 寸。然后结合坡度水分、房屋总高(均由主人决定)将挂行尺寸作为基本单位进行综合推算,从而得出通进深尺寸,再放到实际现场进行调整,对高度、水分、挂行等因素都要同步进行协调处理。概括来讲,对于此区域的建筑侧样,只需让主人定下几柱几瓜的构架模式、总高、水分,就完全可以通过挂行推算出柱距、通进深等水平距离,以及穿枋间距、各柱高度等纵向尺寸。

松桃苗王城上寨的工匠龙胜高对挂行也十分重视,除了做一根与中柱同高的丈杆以确定每根柱子的纵向榫位之外,还会准备一根 1 尺 8 寸或 2 尺 1 寸或 2 尺 4 寸长的小丈杆(当地称作"步尺杆")。因为他做的房子一般都是这三种挂行,只要确定了中柱高度、水分大小,通过计算得出合适的挂行,就可以用一根小丈杆确定所有瓜柱和立柱的水平位置，这可以说是一种“模数化”的体现。

另外在该区域，通过抬檐使房屋坡面形成折水也与挂行有一定关系。龙胜高说：“一般此处檐部抬高 5 厘米左右，如水分太大太陡，就用 8 厘米，一般都是经验。檩子太密，就抬少点，如挂行 1 尺 8 寸的话就为 3 厘米到 5 厘米，宽一点，比如 2 尺 4 寸挂行就可以高点，到 8 厘米，这时如果还用 3 厘米就过小没有意义了，都是个比例关系。”

与此十分不同的是，黔东南苗族工匠一致地选择了先定通进深长度，再分配到每个扇架内柱距，并在符合经验值的前提下进行调整，最后再将柱距均分、放上瓜柱。因此该区域苗居柱距较为规律，因瓜柱主要基于柱距进行调整，所以挂行并不具有特殊的建造意义。这也正是两个方言区造屋的显著差异之一。

9.3.2 高度与水分设计（算水）

对高度与水分的设计，事实上已经决定了苗族房屋的大体轮廓和尺度。在各方言区的小区域间，苗族房屋从低矮平房逐渐升高扩展成一层半（阁楼）、二层半（阁楼）、三层半（半干栏生活层以下及阁楼），高度产生了明显变化，在进深得以同时扩展的同时，出水的方式也产生了显著差异，正如工匠们所说：“每个师傅都有自己的做法。”

本书将访谈的工匠常用房屋高度、水分坡度经验值及出水方法进行分类梳理，如表 9-4 所示。[①]

表 9-4 东、中部方言区工匠出水方式经验示例

方言区	序号	工匠名	常用房屋顶高 括号内单位为尺	常用屋顶水分坡度	常用出水方式简述	出水类型
东部方言区	1	吴岩金	2 丈 2 尺 8 寸	四分五	脊檩至檐檩均平直，挑檐檩上升 1 寸	直坡抬檐
	2	石自权	1 丈 9 尺 8 寸、2 丈零 8 寸、2 丈 1 尺 6 寸。若两层为 2 丈 6 尺	五分水或四分五，由屋主选择	脊檩至檐檩均平直，挑檐檩上升 1 寸，在檐口稍微折一点就行。若为两挑，则小挑手抬 3～5 厘米，大挑再抬高 8～10 厘米	直坡抬檐
	3	龙胜高	1 丈 8 尺 8 寸、2 丈 1 尺 8 寸	四分五、五分、五分五、曾有六分，但太陡已很少	（挑）檐部一般抬高五厘米左右，水分太陡则为八厘米。挂行较小则为 3～5 厘米，较大则为 8 厘米，如果还用 1 寸就过小了。水分的处理和水平距离的关系是比例问题	直坡抬檐

① 表中房屋高度及屋顶水分为工匠常用经验值，并不代表其全部实例，出水类型为本书命名。

续表

方言区	序号	工匠名	常用房屋顶高 括号内单位为尺	常用屋顶水分坡度	常用出水方式简述	出水类型
中部方言区	4	杨光荣	最低2丈3尺、2丈4尺，如果为三层，则每层都需主人定：一层：至少7尺，在2.5～2.9米之间。二层：比一层多。三层：比一层少	如果是1丈2尺的半进深，脊步最少为七分以上，可为七分、七分五，中金步为六分五、檐部六分，挑檐五分五	每步架水分从脊步开始往下依此减少，与清式举架从下往上的顺序相反。步架长度除檐步少一尺，其余相等	反向“清式举架法”
	5	李正伦	一般为8米、9米、10米	中柱比二柱高3尺，二柱比外柱高3尺，然后将其连线即为水分。用主人家定立的进深与高度反推定水分。故而村内屋顶坡度不一	中柱升5厘米、二柱降10厘米、檐柱降10厘米，挑枋升浮动在5～10厘米左右	升降综合法
	6	吴通品	8--10米	四分二、四分五、五分为主	直屋顶无举折	无举折
	7	龙通海	一般房屋高度为一层：1丈6尺8寸、1丈8尺8寸、2丈零4寸。两层：2丈4尺。三层：2丈6尺			
	8	潘应州	8米	中柱比二柱高3尺，二柱比外柱高3尺，然后将其连线即为水分。六分水太陡了，盖瓦容易掉下来	抬高檐柱3寸	单次升柱法
	9	王家洪		一般挂行距离要看水步，水步主人定，五分水就可以、一般五分四，台江（周边）基本上都是五分四。太陡了瓦就掉下来，五分四为标准	每个师傅的举架做法不一样，但一般都是中间二柱下降	单次降柱法
	10	李茂兴	2丈2尺8寸或2丈3尺8寸	五分水	二柱降3寸至5寸。中间折一次	单次降柱法
	11	陆治仁	一层：7尺5寸。二层：6尺5寸。三层（至三穿下）：7尺5寸。共计2丈1尺5寸（至三穿下）	每步架水分不相同。从脊步开始逐渐减缓。所形成的水分别为：脊步：六分四；中金步：六分；檐步：五分六；小飞檐：五分二；大飞檐：四分八。可见是均匀递减	工匠设计画法：从脊线顺中柱下1尺6寸画水平线交于三柱、与脊步2尺5寸之比为脊步水分；再下1尺5寸画水平线交于二柱；再下1尺4寸画水平线交于檐柱；再下1尺3寸画水平线交于大挑手最外瓜柱；再下1尺2寸为大挑手；再下1尺2寸为小挑手。 笔者解析：若以脊步水分为标准，将其延伸交于各柱，发现从二柱、檐柱、檐部最外瓜柱分别抬升了1寸、3寸、6寸	投影递减法，操作：将坡线与立柱交点在中柱上的水平投影进行均匀折减

对高度和水分进行分类,表明东部、中部两个方言区房屋侧样设计有一定的相同点。一是房屋高度多在数字的末尾压上吉祥数字,比如数字经常为"6,8,9"。同时东部方言区苗居多为一层半(阁楼),据笔者调查,中部方言区较早期建筑也多为此种类型,对清水江沿岸现存的此类房屋进行测绘,结合工匠常用高度,均与东部苗区类似。可见苗族对高度的选择仍能保持一致性。二是屋顶水分区间较为接近,均在五分水左右,并常作为更复杂的计算基础。但明显东部方言区水分较之中部更为平缓一些,且种类与变化也不及中部丰富。三是水分绘制的顺序,都是自上而下。意味着先定顶高,通过水分坡线与柱距进深长度建立关系。

不同之处则十分明显,主要体现在对屋顶水面找水的方式上,下文分述之。

1. 直坡抬檐法

此种方式主要流行在湘西土家族和苗族地区(包括渝东酉阳和秀山、鄂西、贵州松桃和湖南麻阳等地区),主要针对一层(或带阁楼)的三间房屋。据实地调查和前人研究,此区域住宅坡顶并无复杂举折,尤其是进深方向不太长且较为低矮的民居,基本上均为直顶。如杨慎初在《湖南传统建筑》里谈到土家族民居木构架做法,常用木构架形式和分水为"三柱四瓜"——5.6分水、"五柱四瓜"——五分六水、"五柱八瓜"——五分八水(引自永顺县列夕乡老木匠董祖文做法)。且列举的三柱四瓜构架,并无折水而是直坡。[①]

相邻的苗族民居与此类似,除水分接近外,屋顶也多为直坡。如果进深较大,一般在五柱四瓜以上就需要在檐部通过抬升挑手的方式折水。若屋顶水分较缓,挑檐檩上升1寸。若较陡需用大小两个挑手时,则分别上升一定数值(比如小挑手抬高3~5厘米,大挑再抬高8~10厘米),这都为工匠经验所定,并无一定的规范。直坡抬檐法在东部方言区使用普遍,中部仅同类房屋沿用此法(此类房屋在中部方言区往往历史较久),因此成为地域建造特征和历史见证(图9-3)。

另外,根据笔者对酉水上、中、下游数十个村寨和工匠的调查,酉水流域大木架屋顶尚有一种当地称为"抬檐冲脊"[②]的折水方式,即算好直面水线后,脊檩升高4~12厘米(酉水地区多数匠师取值8厘米,也称为"冲八分脊"),抬高挑檐檩1.5~2寸;如果为双挑檐,则小挑升高1~2寸或保持不变,大挑升高3寸。而至酉水下游地区,匠师的作法更为复杂化,"冲脊"情况虽变少,但依次将檐檩、小挑檩、大挑檩分别抬升1.5寸、2寸、3寸以取得柔和曲线。至酉水以南的苗族区域,工匠也有"冲脊"者,但已不常做,数据

① 杨慎初.湖南传统建筑[M].长沙:湖南教育出版社,1993:294.

② 酉水流域传统建筑木构架屋顶这一折水方式,也记录于陈果的研究论文,参见:陈果.酉水流域传统建筑木构架体系特征及源流探析[J].南方建筑,2014(1):60.

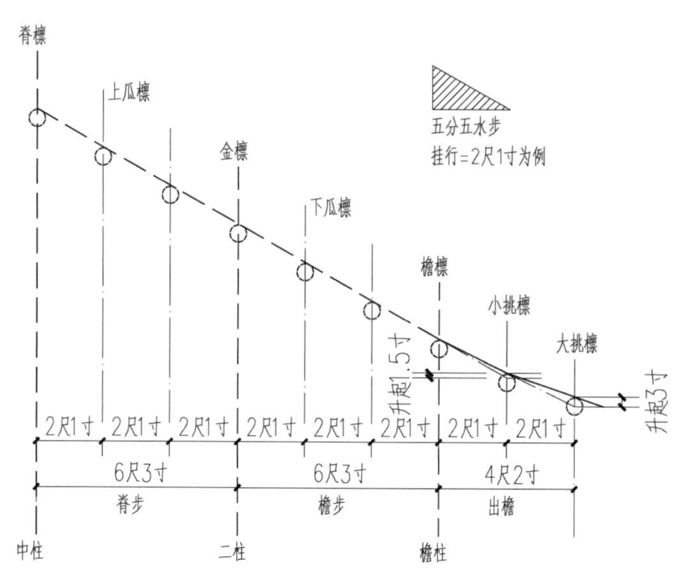

图 9-3　直坡抬檐法(松桃苗王城上寨工匠龙胜高做法为例)

上也逐渐“自由化”,可见这种“冲八分脊”的做法中心应在沿酉水偏上、中游区域。

直坡抬檐法具有跨越民族界限、地域一致性的特点,同时在湘黔交界的土家族、苗族区域因流域和地理差异而产生渐进性区别,有待进一步深入研究。

2. 单次升柱、降柱法

在黔东南地区,部分工匠选择通过调节某根立柱的升高或降低来得到一次折水。比如台江县方召乡细登村王家洪(转述)和剑河县观么乡巫包村李茂兴都使用二柱降低的方式改变直坡,是为单次降柱法(图 9-4)。而台拱镇展福村潘应州则将檐柱升高 3 寸,与李先逵《干栏式苗居》里提及的出水方式两种之一完全相同①,是为单次升柱法(图 9-5),事实上与直坡抬檐法比较接近。据笔者推断,单次升柱、降柱法的前提应是屋顶水分不能太陡,进深尺寸不能很大的情况,否则会影响屋顶的柔曲度及排水效果。

3. 升降综合法

雷山县西江镇控拜村李正伦用到了一种较为复杂的升降综合法(图 9-6),将中柱、二柱、檐柱、挑手等每个竖向受力构件都进行首尾升、中间降的处理,至于升降幅度,与场地进深尺度以及高度相协调。比如脊步、檐步五尺、挑檐二尺、总高 22 尺 2 寸的构架,中柱升 5 厘米,二柱降 10 厘米,檐柱也降 10 厘米,挑枋又升起 5～10 厘米左右,可达到坡度显得更为柔曲的效果。

---

① 李先逵.干栏式苗居建筑[M],北京:中国建筑工业出版社,2005:75.

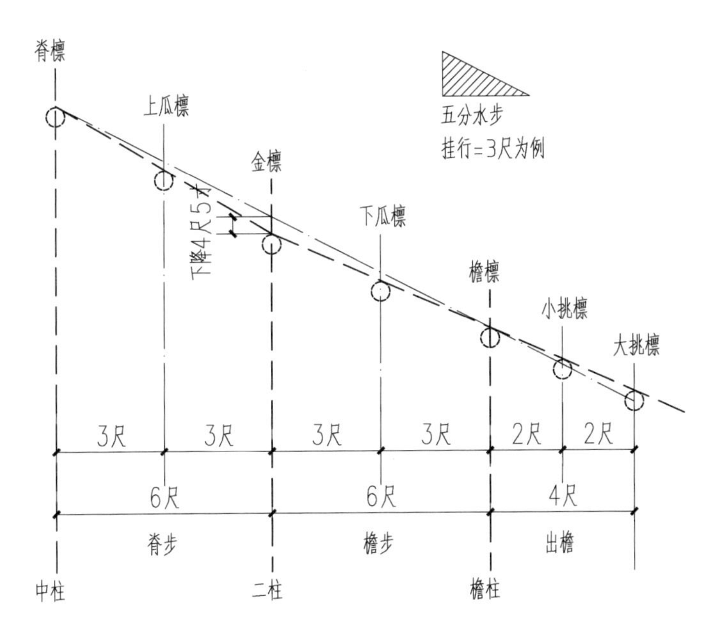

图 9-4　单次降柱法(剑河县观么乡巫包村工匠李茂兴做法为例)

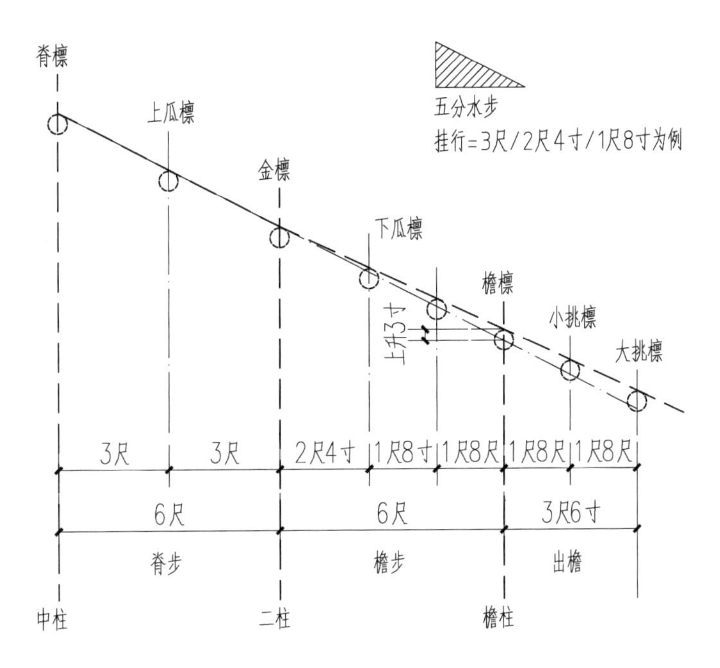

图 9-5　单次升柱法(台江县台拱镇展福村工匠潘应州做法)

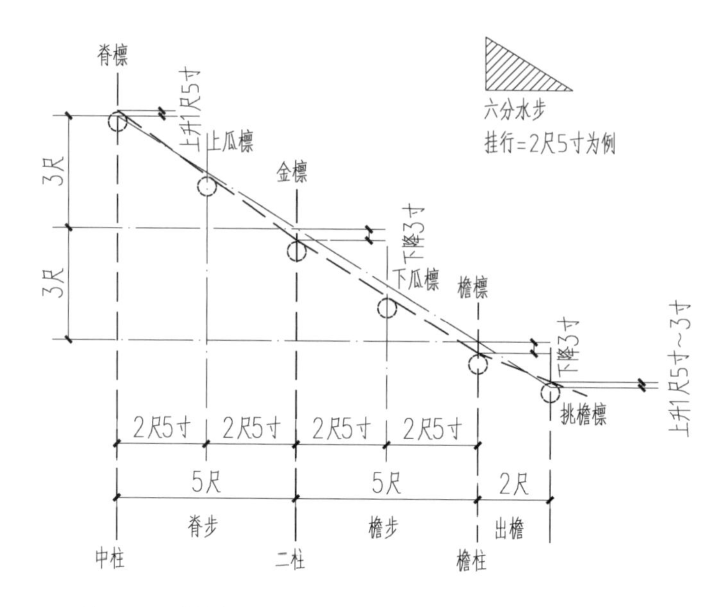

图 9-6 升降综合法(雷山县西江镇控拜村工匠李正伦做法为例)

此种方式比较接近乔迅翔记录的朗德工匠陈玉森的"固定数值举折法"①,虽不如陈法数字规则,但多了几分因地制宜、随现场情况调整的自由。

4. 反向清式举架法

从乔迅翔对朗德、季刀苗寨的三位匠师记录的出水方法来看,似乎都是从檐部往脊步从下往上算水,但笔者的调研与此相反,所有工匠计算水分和绘制侧样,都是先定中柱高度,再自上往下、自脊步往檐部画水分线。这一差异,事实上在《新编鲁般营造正式》的"推匠人起工格式"里已有反映:"……晚学工匠,则先将栋柱(即中柱)用工,则不按鲁般之法。后步柱先起手者,则先后,方且有前。先就低而后高,自下而上。"那么,是否在工匠之中确实存在所谓"鲁般之法"和"晚学"的两法呢?有待进一步研究。

黔东南凯里市舟溪镇情郎苗寨的杨光荣师傅即从"晚学"之法,如果是步深:脊步、中金步 4 尺、檐步 3 尺、挑檐 4 尺的情况,会使脊步水分最少为七分以上(七分或七分五);中金步为六分五、檐部六分,挑檐五分五,即各步架层层水分均匀减少。很明显是"清式举架法"的遗存和继承,只是计算、累积坡度的方向与之相反。故而本书将其称作"反向清式举架法"(图 9-7)。

5. 投影递减法(类宋式举折)

活跃在丹寨县的掌墨师傅陆治仁在长青、扬武、排调一带建造的房屋是一种特殊构

---

① 乔迅翔.黔东南苗居穿斗架技艺[J].建筑史,2014(2):39-41.

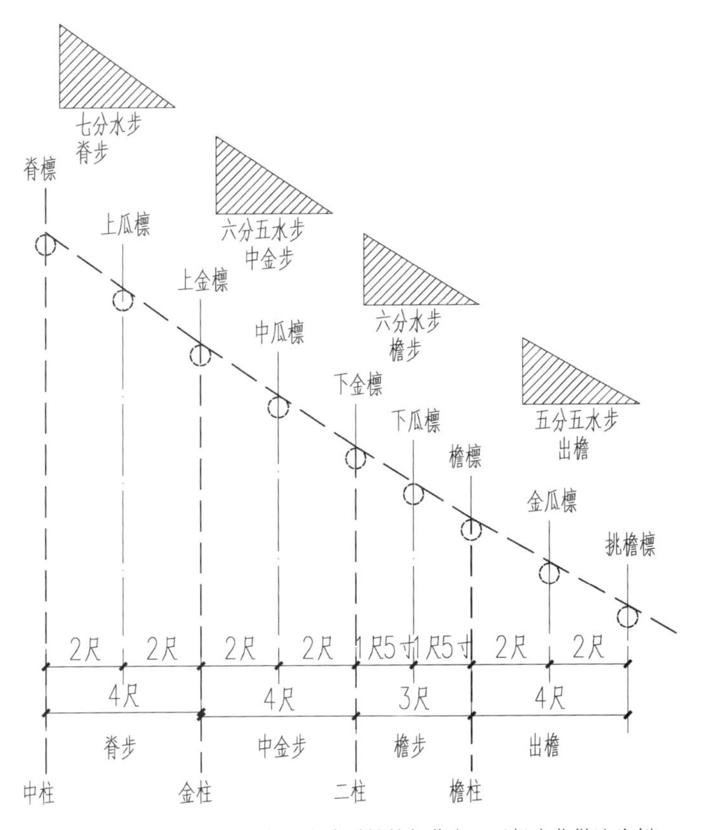

图 9-7　反向清式举架法(凯里市舟溪镇情郎苗寨工匠杨光荣做法为例)

架,在立柱不增加的同时减少瓜柱柱径和穿枋、承瓜枋用材截面尺度,目的是大幅增加瓜柱数量,增加承受厚铺瓦片重量的能力。他向笔者介绍了当地一种十分"规整"的出水方式(图 9-8)。

从脊线顺中柱下 1 尺 6 寸画水平线交于三柱,下 1 尺 5 寸画水平线交于二柱,下 1 尺 4 寸画水平线交于檐柱,再下 1 尺 3 寸画水平线交于大挑手最外瓜柱,然后将各交点连接,即为坡面。下 1 尺 2 寸为大挑手,再下 1 尺 2 寸为小挑手。

从侧样结果出发反向换算每个步架的水分,分别为:脊步六分四、中金步六分、檐步五分六、小飞檐五分二、大飞檐四分八,可见是均匀递减。这就有点类似反向的清式举架。如果将脊檩与挑檐檩用直线连接,则为通用的出水坡度五分六。若以此线为基准,将三柱、大挑手瓜柱折减 2 分;二柱、檐柱折减 1 寸,从这个角度看又像宋式举折遗风。

古法遗风也许是工匠早期思考的出发点,但实际上工匠陆治仁的实际操作则变换成从易于操作的目的入手,将坡线与立柱交点在中柱上的水平投影进行均匀折减,故可

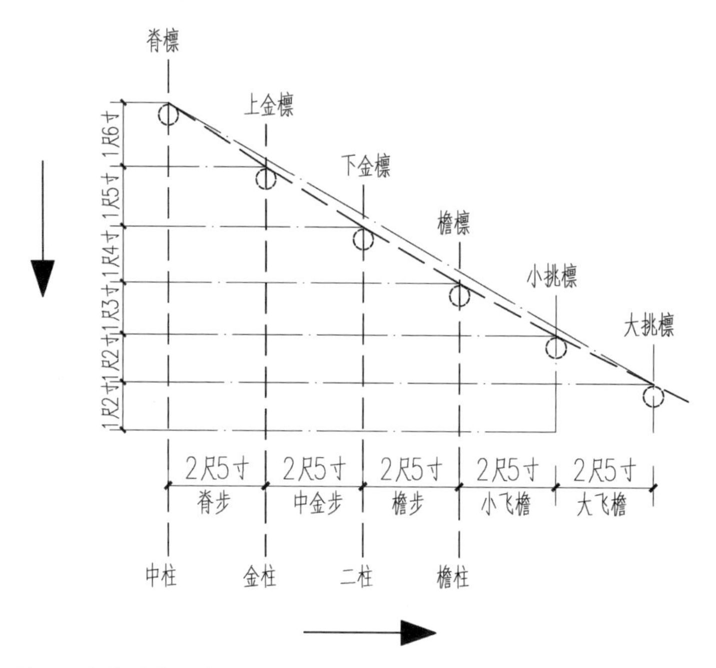

图 9-8 投影递减法(类宋式举折)(丹寨县扬武镇老冬村工匠陆治仁做法为例)

称为"投影递减法",这一方法在水分的处理上更具理性和平顺性。另外,雷山县朗德下寨大木匠余胜武则通过自制木板将所算好的水分进行记录,以利于坡度的掌握和施工,是实质操作的一种简便方法(图 9-9)。

图 9-9 雷山县朗德下寨工匠余胜武自制水分木板

9.4 丈杆的使用

丈杆是木构建筑大木制作和安装时使用的一种重要创造,可以说是工匠解码建筑的私家钥匙。在古代的使用已见于柳宗元《梓人传》中"左持引、右执杖"的营造场景描写[①]。另外,在日本大阪府天野山金刚寺多宝塔解体修理时,于屋架上发现带有铺作层竖向构成尺度刻度的丈杆(1605 年前之遗物)[②],应该属于铺作施工用到的分丈杆,也可说明使用丈杆的历史与匠作范围。

① 乔迅翔.杖杆法与篙尺法[J].古建园林技术,2012(3):30-32.

② 张十庆.中日古代建筑大木技术的源流与变迁[M].天津:天津大学出版社,2004:119.

关于我国丈杆的研究，北方主要是马炳坚的《中国古建筑木作营造技术》[①]和井庆升的《清式大木作操作工艺》，都将丈杆分为总丈杆和分丈杆两种。其中总丈杆为面阔进深和柱高总尺，分丈杆为各部大小构件的分尺，并以总丈杆的尺寸为基础排成[②]。对于南方丈杆，以张玉瑜的《福建传统大木匠师技艺研究》为代表，着墨于福建地区工匠篙尺(即丈杆)技艺的研究。福建篙尺较之北方差异明显，虽仅有高度信息，但将各排扇尺度尽可归于单根丈杆[③]。其表现手法又极为丰富，不同工匠间亦不能互通。

“丈竿”“杖杆”“丈杆”“篙尺”几词均多有学者用及，乔迅翔曾在《杖杆法与篙尺法》一文中进行过词汇辨析并选用“杖杆”二字[④]。而对于苗族匠作，一是强调其功能，取其丈量画线之意，二是苗族丈杆或用竹、或用木，材质不一但均为杆件，因此本书用“丈杆”二字较为妥帖。

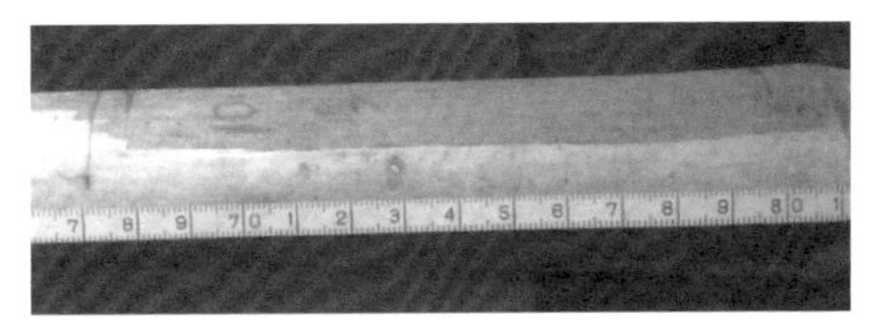

(a) A杆：单面记线完整竹竿（重午苗寨四面倒水）

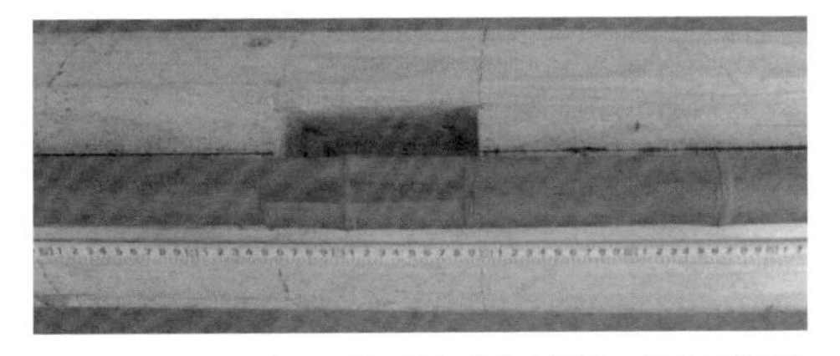

(b) B杆：单面记线半面竹竿（情郎苗寨主屋带一边偏耍数据）

(c) C杆：单面记线完整木条（控拜村寨主屋）

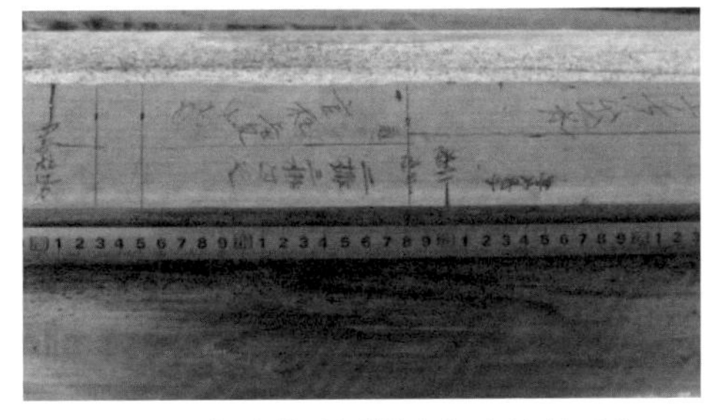

(d) D杆：单面记线两根拼接木条（巫包村工匠）

图 9-10　采集的四根丈杆

9.4.1　大木作总丈杆

笔者在苗区调研时采集到二十根左右的大木屋架总丈竿，现取四根为例（图9-10），分别为：湘西吉首市矮寨镇中黄村重午苗寨龙秀姐自宅丈杆（简称 A 杆）；黔东南凯里市舟溪镇情郎苗寨杨光荣制作丈杆（简称 B 杆）；黔东南雷山县控拜村李正伦制作丈杆（简称 C 杆）；黔东南剑河县观么乡巫包村李茂兴制作丈杆（简称 D 杆）。此四杆情况较之前人学者记录的北方丈杆，差别甚巨，与福建篙尺相比，虽本质功能相仿，但表现

① 马炳坚. 中国古建筑木作营造技术[M]. 北京：科学出版社，1991：143-145.

② 井庆升. 清式大木作操作工艺[M]. 北京：文物出版社，1985：9.

③ 张玉瑜. 福建传统大木匠师技艺研究[M]. 南京：东南大学出版社，2010：58-65. 张玉瑜，朱光亚. 福建大木作篙尺技艺抢救性研究[J]. 古建园林技术，2005(3)：3-7.

④ 乔迅翔. 杖杆法与篙尺法[J]. 古建园林技术，2012(3)：30.

形式也十分不同，与土家族、侗族匠作习惯比较类似，可作为地区性特征之一。主要表现为：

(1) 丈杆材料易取、制作加工简单

A、B两杆均用天然生长较平直的竹子，前者为完整竹竿，后者切削一半，正如苗族古歌记载的那样："若是爹娘盖新房，请个木匠到家来，急忙跑到竹园去，选棵直的砍下来，得把长尺才造屋……长尺住在水龙家……得来长尺建新房。"[①]

A杆较宽、B杆较窄，但完全不影响使用。C杆为宽4.5厘米，厚2.5厘米，处理过的一根完整木条。D杆为宽6厘米，厚3.5厘米的两根木条，要分段使用。

(2) 对纵向信息的全面表达

经过苗族工匠算水、设计侧样过后，得到所有横向构件的穿插方式与纵向位置，然后将其"扁平压缩"投影在一根长条杆件上，在施工的时候再将其拉伸放样，这就是丈杆的全部意义。此四杆完全记录了大木构架中的所有纵向尺寸，以中柱为主也同时直接或间接定立了每根柱身上的榫位。事实上，从最上瓜柱穿枋至屋架长穿的位置信息都标注在丈杆上，在C杆、D杆上甚至标注了上、下承瓜枋外出头、挑枋内出头、腰枋及长穿出头高度，可谓信息非常完善。当然，其前提应该是横向尺度(包括面阔和进深两个方向)在工匠的总体设定中较为简单明了，将柱子的开榫眼后穿枋条组成扇架，然后将其放置到设定的位置，再用横向杆件(一般工匠称为"纤枋、欠枋、间枋")进行联系。

(3) 表达方式的"简单"系统性

不像福建匠师在丈杆上的表达符号类型那样复杂，苗族工匠的丈杆标记符号大都简单明了，依据房屋的复杂程度决定。比如A、B两杆都只在丈杆上画下横向墨线标示位置与尺度，旁边再附上汉字说明。而C杆、D杆对不同类型的构件还采用了不同的表达方式。比如C杆对纤枋、楼枕、斗枋等起到"斗"的作用之构件，一般用若干横线表明枋条及其出头高度，中间一根竖线表明其为纵向构件的属性。对上瓜穿、承瓜枋、下瓜穿、挑枋等出水部分(组成屋盖的部分)，起到"穿"的作用之横向构件，则多用数条横线外加斜线，且该斜线的两个端点构成的竖向范围正是构件的主体高度。对于三穿、二穿这样构成扇架的长穿、上方纵向有纤枋对穿，但并不"相碰"，即无需缩小榫头，也用到上述表达方式。而对于半腰枋、腰枋、一穿这样的长穿，因为纵向有在同样高度的构件与之对穿，需要通过榫头同时缩小来实现，则仅在丈杆上用横向墨线表示以作区分(图9-11、图9-12)。

用一根丈杆就能处理整个大木屋架的制作安装，是苗族穿斗构架的特征体现，说明其构件相对位置关系、大小等都十分明晰，足以通过丈杆的不同标示进行整体把握，方

---

① 吴一文，今旦. 苗族史诗通解[M]. 贵阳：贵州人民出版社，2014：254-255.

便对各构件进行全面校核，这有利于木构架制作安装的精确性和快捷性。从另一个角度讲，丈杆凝结了苗族工匠的营造思路和知识系统，间接成为每一个工匠团队的核心。并被抽象化成为房屋的密码而被保存下来作为居所的“定海神针”。

在东部方言区调查发现，土家族和苗族家庭在立屋之后基本都会将建房时的丈杆放在阁楼正檩之下的前脊步或后脊步，并对应工匠的师承关系，如在前脊步，表示工匠的手艺是向外人学的，而在后脊步，则表示工匠的手艺是家传的。在苗族民族特征保存较好的区域，丈杆的位置十分特殊：在前二金柱柱顶放置，并与檩条绑在一起。总体看来，随着时间推移，丈杆容易遗失或损坏，今日想找到老丈杆的概率并不是很大。

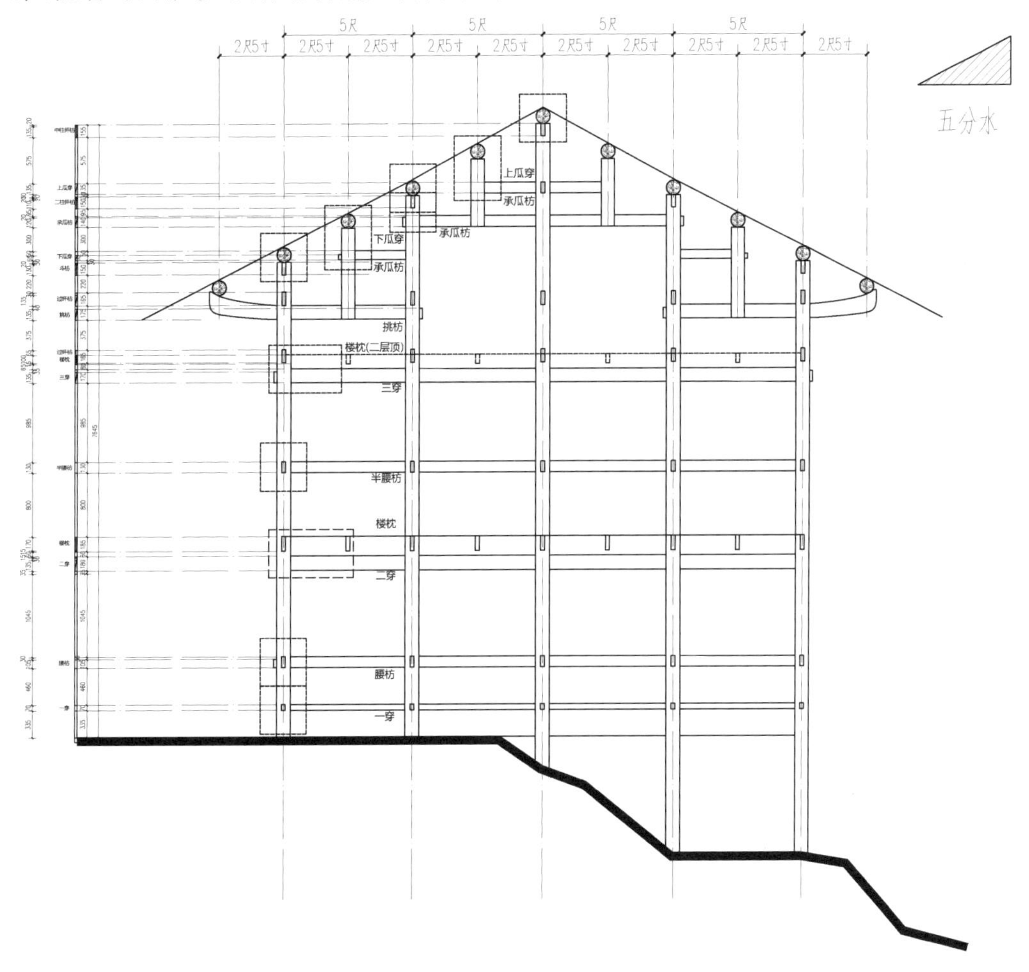

图 9-11　雷山县西江镇控拜村工匠李正伦丈杆(C 杆)与主屋

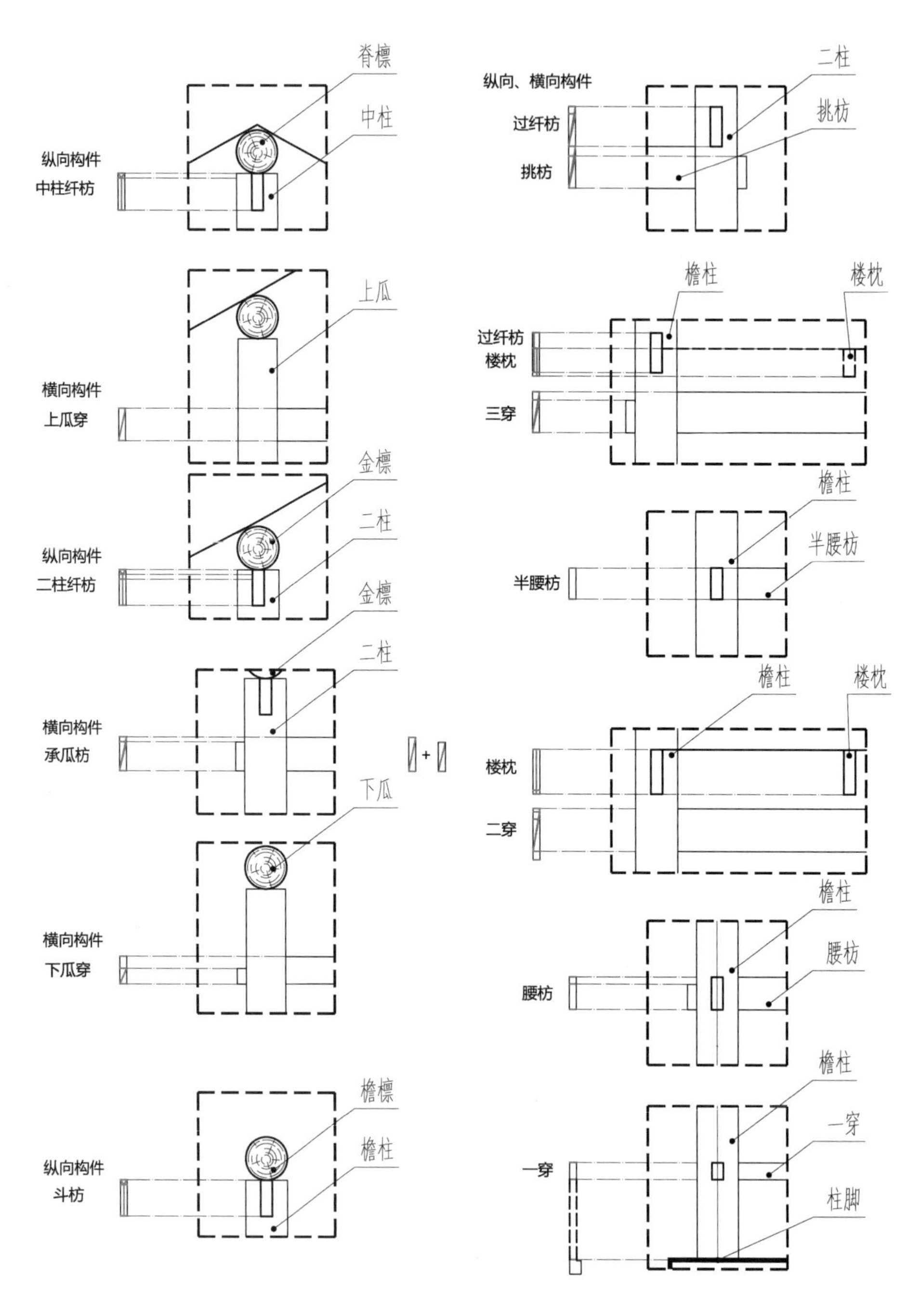

图 9-12　C 杆标示方法分解与主屋节点对应关系

9.4.2 分丈杆与签棒

关于苗居营造过程中使用到的分丈杆，前文提及的松桃苗王城上寨工匠龙胜高为方便施工，明确扇架内柱距与瓜柱距，会用到1尺8寸、2尺1寸或2尺4寸长的木棒作为挂行的空间量取，这是一种具有单一数值、重复利用的分丈杆，即步尺杆。

另一种分丈杆，也名“签棒”，在土家族、苗族、侗族工匠间普遍使用。其主要是通过截取已经制作好的立柱卯口的各方向数据（包括定位线及长、宽、深的尺寸），并通过画线、画点、特殊符号结合简写文字的方式在大致1厘米×1厘米截面、40～50厘米长的木棍上按条理记下，再拿到准备做穿枋或纤枋的木料前进行放样、制作相应榫头，即乔迅翔记录侗族所用“竹签”“先讨后交”的方法[①]。整个过程还需配合另一种称作“烫尺”或称“抱柱尺”的工具，协助截取尺寸及放样。剑河县观么乡巫包村工匠李茂兴在这个过程中十分熟练有条不紊地穿梭在柱子的各个榫位间，并用此签棒的四个面标明了单根柱子的所有榫眼信息，可以说，该签棒在某种意义上就是节点大样详图（图9-13、图 9-14）。

图 9-13　分丈杆——签棒

往往在柱身卯口制作完成后，在需要用的时候当场制作签棒。李茂兴制作一根签棒，从砍劈木料到切削、刨平处理，整个过程仅用了两三分钟。通常一根签棒对应一个卯口，在其青面（正面）量画中线及两侧开口位置线，并标示卯口名称；在白面（背面）量画开口长度，侧面量画开口宽度。若为半榫或半通榫，卯口深度记录在正面下部[②]。李茂兴的方法与之基本相同，但他的签棒做得很长，因此他用一面讨两个卯口数据，这样用一根签棒就能记录下整一根柱子的卯口信息，并且是一次性做完整根柱子卯口的所有“讨签”之后再去穿枋处一一“交签”，这就要求工匠必须从整体上清晰地把握总体构架、了解各构件之间的关系，知晓所有细节之间的逻辑联系。

图 9-14　签棒上工匠标示

① 乔迅翔. 侗居穿斗架关键技艺原理[J]. 古建园林技术，2014(4)：23.

② 李茂兴对签棒的处理与乔迅翔记录的工匠使用方法基本一致，但“讨签”“交签”的说法，参见：乔迅翔. 侗居穿斗架关键技艺原理[J]. 古建园林技术，2014(4)：23.

图 9-15　西江苗寨掌墨师傅用签棒讨签

虽然李茂兴是在苗族地区做工的侗族工匠，其建造方法及书写习惯与侗族地区较为接近，但苗族其他地区对于签棒的使用是一致的，如张欣在《苗族吊脚楼传统营造技艺》一书里记录西江的掌墨师傅也用一根较短的签棒在扇架上记录榫口尺寸（讨）①，说明了丈杆之法在苗侗民族建造中的一致性（图 9-15）。

李茂兴的工地有许多签棒，并有逻辑地被分成若干类别，分别绑扎成若干捆。每制作完成一个榫头，就用符号在签棒上标示出来，以免与未被使用的相混淆，即每一根木构件，都会有一捆签棒。而这一做法，却被重庆酉阳县酉水河镇后溪村的苗族工匠吴家宽认为是较为麻烦的老方法，吴家宽会准备一根截面较大的木棒，当讨完、交完一个签之后，迅速用推刨刨掉墨迹，然后再进行下一个"讨交"。

9.5 大木架其他做法

除了前述构架组成尺度与模式、分水设计（算水）、丈杆使用等环节在苗区工匠中普遍通行外，尚有一些与古制相传承的特殊做法。

本书立足实地调查，结合文献，对"落腰""侧脚""向心"在苗族两个方言区的做法进行比对。

9.5.1 落腰

黔东南苗族工匠将屋脊两端升起，中部下沉之势称为"落腰"。事实上就是类似《营造法式》中所言之"生起"，区别在于抬梁式建筑之升起在于檐口曲线变化，而穿斗构架升起是令两个山面整榀扇架高度高于中间二缝为手段。② 在东部方言区苗区东北部将此种做法称为"升山垮斗"，顾名思义即山面构架升起的同时，扇架间的斗枋向明间倾斜。

落腰形成横向与纵向两个方向的双曲面，增加了房屋轻盈之感，其具体操作如李先

① 张欣.苗族吊脚楼传统营造技艺[M].合肥：安徽科学技术出版社，2013：105.

② 宋式抬梁以角柱升起，平柱至角柱逐渐增高从而形成檐口曲线，清式则无角柱升起，仅檐口到近角才起翘。潘谷西，何建中.《营造法式》解读.[M].南京：东南大学出版社，2005：68.

逵所记:“中间二缝构架较两山低七分到一寸。檐口做法亦与此相应,略呈起翘状。”[①]乔迅翔所记朗德做法为“中间两榀屋架同高,相邻屋架分别依次逐一高出2寸”(图9-16)。其差异仅在尺寸上,做法基本一致。《营造法式》提到三间殿堂角柱较之平柱升起为2寸,与此民间做法尺寸接近。乔迅翔还记载了一种等同于“升山垮斗”的做法,不光山面扇架变高,“纵向构件的各层过间枋、楼枕也同法一端提升2寸”,这种做法虽有利于构架稳定感的提升,但明显增加了施工的复杂性,影响室内舒适感。[②] 但是在笔者的实地调查中,武陵地区常出现的只是柱头升起的“升山”,有每柱都等距升起和中柱向檐柱方向依次不等距升起的若干模式,其余扇架内横向构件均不做改变。

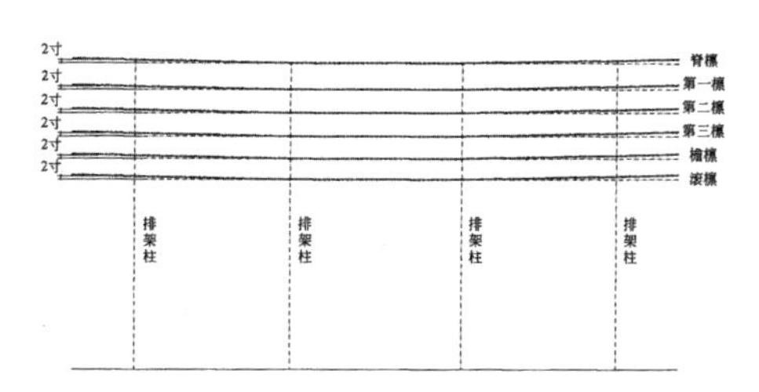

图9-16 朗德地区苗寨落腰做法示意

一般而言,湘西地区多个民族的掌墨师傅采取明间扇架向外侧扇架逐渐依次升高3寸的方式,也有些工匠师傅保持次间屋架高度不变,仅升高山面屋架3~6寸[③]。这一情况,在陈果的调查记录里也有提及。

9.5.2 侧脚与向心

此处侧脚指檐柱向内、或檐柱柱脚向外倾斜。乔迅翔在其文中记载了朗德工匠陈正夫对于侧脚“以斜为中”“以中为正”的做法(图9-17),与《营造法式·卷五》大木作制度二,“凡下侧脚墨,于柱十字墨心里再下直墨,然后截柱脚、柱首,各令平正”的记载一致。但同时大多数黔东南苗族工匠对侧脚的处理并没有那样“严谨”,而是通过木料“弯材”作为檐柱,权当侧脚,若是柱直,反倒不做。或者借因柱头收分以取侧脚的视觉效果。

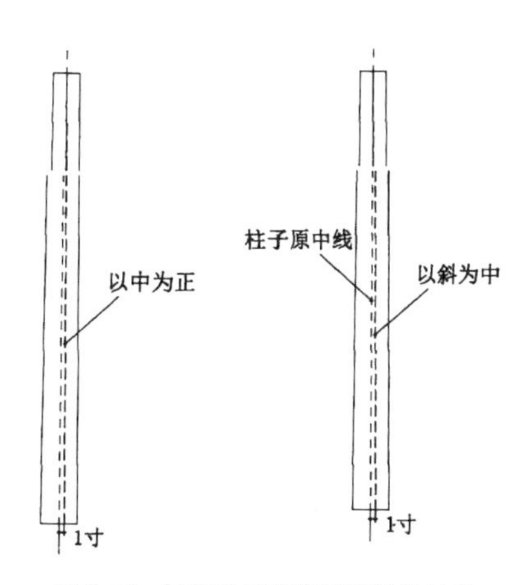

图9-17 朗德地区苗寨侧脚做法示意

向心则指两山扇架整体向中心倾斜的做法,陈正夫的做法是通过纵向构件如过间枋、

① 李先逵.干栏式苗居建筑[M].北京:中国建筑工业出版社,2005:75.

② 乔迅翔.黔东南苗居穿斗架技艺[J].建筑史,2014(2):40-41.

③ 为五或七开间的情况,若为常见的三开间,仅升高山面即可。

檩条长度作出调整：下楼枕缩短半寸，上楼枕缩短 1 寸。[①] 其余多数工匠不做或用“弯材”协调解决。

对于湘西传统民居的侧脚与向心，杨慎初在《湖南传统民居》中提到民间称为“四面八抓”[②]，但记载为土家族做法。根据笔者调查，这流行于武陵偏北部地区土家、苗族的“四面八爹”，可见并不与民族性相关。具体做法也是通过水平构件尺寸的变化形成：“每榀屋架之间的‘地脚枋’（笔者注：应为‘脚枋’）比屋架中部的‘腰枋’前后各长出四分，总共八分。”[③]根据笔者调查，一般“移出”数值为 2 厘米至 1 寸均有，工匠师傅的回答是根据具体情况而定，作为角柱，其柱脚需向两个方向偏移。

---

① 乔迅翔. 黔东南苗居穿斗架技艺[J]. 建筑史，2014(2)：42.

② 杨慎初. 湖南传统建筑[M]，长沙：湖南教育出版社，1993：266. 杨慎初. 湖南传统建筑[M]. 长沙：湖南教育出版社，1993：266.

③ 陈果. 酉水流域传统建筑木构架体系特征及源流探析[J]. 南方建筑，2014(1)：59.

第10章 结 语

民族住居空间，除了以自然地理形式和人为建构环境为其基本要素之外，还累积了人的各种活动，并层叠了不断的建构结果，从而被附加了各种文化意义，由此衍生出基于文化意义的各类空间和节点。譬如，体现社会关系的仪式空间，体现经济类型的粮储饮食空间，以及体现民族特征的符号节点等，它们之间的相互关系既有并置的情况，也存在相互重叠的可能性。人的活动在塑造这些空间类型和节点的同时，也在使相关空间或主体间的关系“阶序化”(hierarchize)①，厘清民族住居空间的源与流，并对其进行长时段追溯，可以探究作为相对观念的民族住居原型及其历史衍化途径，而这正是本书得以完成的立论基础。

苗族住居特征随历史演进、支系迁徙等原因产生程度不一的改变，有的依存耕作模式革新而渐进演变，有的适应迁徙地域新条件而逐渐调适形成新的“风土特征”，更有的因为战争及“改土归流”引发激烈的文化植入形成“特征嫁接”。但正是这些看似混杂的特征要素，才形成今天广大苗区丰富多样、民族特色浓厚的乡村景观。因此本书首先基于建筑本体特征的实证梳理、分类研究，进而把握其分布规律和衍化机制。同时也提出“住居原型”概念，以此为线索，发现那些真正具民族识别性的特征要素，这是为了抛开混杂的建筑现象而逼近某种历史真实，从而探知民族本源。

本书以文献中的历史图景再现、建筑特征及住居原型认知、营造风习与匠艺解析作为三个主要研究目标和任务，将田野调查与历史文献研究相结合，运用建筑学为主的多学科方法展开论述，从而回应开篇提出的三大核心问题，并希望最终建立以“住居原型”为核心、特征要素层理分布的苗族传统建筑谱系。

10.1 文献体系的整理与解读：民族建筑学本体研究外的尝试

本书将汉文人笔记及官方文献、《百苗图》图谱、苗族民间文学三部分研究内容组成“文献研究篇”，试图以之构成“他者-自叙”的文献体系，围绕苗民历史生境状况进行梳

① 黄应贵.空间、力与社会[M].台北：中央研究院民族学研究所，2002：15.

理，以文献学、图像民族志学、民俗学等多学科方法，从古今对比、地理分布、族际关系等多维度剖析苗族建筑文化的多样性、梳理苗民生活源流与脉络。

首先以中央政权对苗疆的施政策略为背景，以唐宋时期羁縻溪峒制度和雍正年间“改土归流”作为两个节点，对各时期汉人职官文献中涉及到的早期居住类型、睡卧习俗、结构类型等信息进行梳理，探析干栏式苗居与苗族鼓楼的形制源流。其次，全面挖掘《百苗图》这一具历史价值，并持续传抄百余年的系列民族志图谱对苗族建筑文化研究之意义。通过本研究可以窥见“中土”视角下的清代苗民(包括其他少数民族)生活场景，经过古今印证也可解读建筑特征的历史流变及成因。而对苗族古歌这样延续千年、口口传唱的庞大民间文学库，以“苗人”的第一视角挖掘其丰富的建筑及生活场景信息，形成专题性研究。

总之，建立兼具广度与深度的文献系统库，是为在历史的混沌中打通窥视的孔径，尝试在其间重构苗族住居的历史图景，为后续研究打下基础。

10.2　建筑特征与住居原型：苗族传统民居特征的整体解读

基于对东、中、西部三个方言苗区的长期田野调查，本书试图将一直割裂开的各区域苗族民居特征进行整体解读，从各方面找寻其成为完整且独立特征谱系的必要条件及可能性。

以“聚落类型—建筑类型—习俗要素节点”三个层次展开论述，运用分类、对比及类型学方法探索聚落及建筑类型与特征，包括基于生活模式递进的演化进程、基于时空二维的分布规律、基于建造经验的尺度演变等多个方面。尝试构拟由“生活原型”为核心的“建筑原型空间”，识别形态多样性中民族特征在建筑实体上的投射，最终以此为“中心”整理出完整的苗族建筑特征谱系。

首先，明确东、中部方言区苗寨聚落类型及其在地理空间上的分布规律，分析经济类型与生活模式、自然地理条件等对其可能的影响机制。其次，立足调查成果，对各地苗居穿斗构架术语进行统一解析，对平面地盘、构架类型等进行分类研究，解读尺度的地区分布及规律、建筑特征的民族属性及关系等，从而揭示苗民生活空间模式可能的分化与演进途径。最后，通过梳理构件样式与围护材料类别，确定了一定的分布情况及源流关系。

通过本部分的研究，明确了各区域建筑特征同时存在连贯性、相通性和差异性，并可以之构成苗族建筑特征谱系的三个层次。

(1) 连贯性，即多种建筑要素在跨越方言区的地理空间上存在特征连贯性。如一楼一底的三间平座屋作为典型类型，在三个方言区地势较平坦处均有散布，甚至中部方言区的山地干栏式苗居也仍以此作为基本空间，附加次要空间则形成丰富多样的建筑风貌。因此可以认为，区域间的建筑形态差异并非像是看起来那样深度割裂。又如穿斗构架的基本类型、间架尺度以及挂行用尺等组成建筑谱系的核心要素，在地理空间分布上存在较为明显的规律性和连续性，以及作为典型构件代表的挑手，其曲度也因地理分布呈现“自北向南、逐渐平缓”的规律变化。

（2）相通性，本书尝试整理出留存在各苗族区域的“共同信仰”，虽随支系分布而产生空间上的表现差异，但仍能以此为线索，去构拟一个以“民族生活原型”为中心的“住居原型空间”。如火塘、中柱等要素以及崇枫、崇竹等信仰形成一套完整祭祖体系，用来表达祖灵崇拜与现世生活空间的关系。而崇东、崇枫、椎牛吃猪等诸多仪式的空间利用，则可有助于我们解码楚文化因子在今天西南少数民族地区的散播。可见残存的早期苗民生活方式及其在空间上的投射在各地仍具相通性。

（3）差异性，原初信仰契合于苗居建筑空间，因环境变迁而产生相互调校，随时代演进而出现特征的区域割裂，这正是今日苗族建筑文化多样性的直接来源。比如火塘位置因室内功能细化而与中柱分离、祭祖神性则发生了让渡，与之对应的正是耕居生活模式演进使得“间”的概念被强化，也使得基本空间类型及其构架尺度为之调整。

周边民族文化的影响使苗巫种类更为多样化和差异化，如保命竹在中部方言区以“祖灵共生微缩模型”的身份立在中柱旁，而东、西部方言区可能仅在某些室外大型活动才出现“花树”崇拜；虽然中柱与牛角的同构关系仍有存续，纸巫、苞茅草、吃新告祖、巢居概念等均是同源，但各方言区对其在建筑空间中的表达形式存在显著异化：较极端者如作为公共的祭祖场地，东部方言区芦笙场在近百余年间走向消失，而中、西部苗区的椎牛、斗牛场所在选址、仪式流程和复杂程度上有着较大差别。

另一个方面则由耕作类型和地理条件决定，比如储粮、晒粮等作为生活功能空间代表，基于不同生活条件而产生演化。

10.3　苗族传统建筑营造风习及匠作技艺

从以往史实发现而论，苗族主要聚居区域如武陵山、雷公山等地可认定为相对稳定的历史地理单元。自古就为多民族聚集之地（包括汉族、土家族、苗族、瑶族、侗族等民族），其中不乏精于大木营造的匠人群体。匠人们常常携艺“游耕”，该区域乡土营造也常常可以做到自洽自足。但在民族交际背景下，单个民族匠艺显著受到周边民族匠作技术的影响，同时本民族筑屋活动中作为“巫”的部分正在消退。

因此本书以苗居营造中的两条线索展开研究，一是关注营造仪式蕴含的文化意义，试图解析杂糅其间、相互遮蔽的苗巫与汉法，梳理出多源头文化中的苗族原生信仰。二是结合各地工匠工法技艺实录与前人研究，从技术层面解读各地匠作差异及其地域适配性。仪式风习与匠作技艺都应作为地域特征之一部分,是基于实存环境作为构筑行为的经验累积。

10.4 苗族传统建筑谱系的建构设想及意义

通过本课题的研究,可以构建具备民族识别性的苗族传统建筑谱系。总体来说,是以"建筑原型空间"为中心,以结构本体、建筑空间、聚落类型特征等外部基质要素以不同层理构建而成的动态体系。

而这种层理性与地域性差别,使各区域的建筑特征与附着其上的文化因素获取不同表达,并通过地理阻隔、支系分化、历史变迁等"中介"产生了某种"延异"。由此所产生特征的差异化表达可以作为谱系细化成若干级别和区域划分的依据:即通过不同标准(如聚落结寨类型、建筑平面及原型空间、交通组织模式、大木穿斗构架基本类型、接地方式、中柱火塘位置等)划分为不同属性的若干层级,并一一对应地理区域。然而考虑苗族的实际情况,最重要的应该首先考察其"住居原型"所在的区域中心,而不是建筑本体样式所代表的边界范围。从这个意义上讲,苗族支系及语言分布所代表的信仰风习分区就尤为重要了,从本书中篇的分析来看,该分区确实与"住居原型"及其衍化范围存在一定的契合关系,但也不排除特殊因素的影响作用。

从本书的匠作实录来看,苗族传统匠作因历史原因有其特殊性,不像邻近的土家族或侗族那样匠作发达,从而具较强的向外辐射力,而是在各自方言区内形成若干区域中心,虽与汉族、土家族、侗族匠作保持长期互动,但苗乡的大量营造,事实上靠本地范围内的次中心就可自给自足,具有极强的随机性。因此不以匠作匠系作为划分的根本标准也正是苗族建筑特征谱系的特殊性之一。

总的来说,本书有关建筑谱系的建立和匠作调查研究对今天乡村更新实践及学术研究应有积极意义。首先,建筑谱系是动态多维的,是以若干基质有机展开的中介系统,它同时连接了自然地景生态、苗乡农林生产以及持续演进的乡村生活,而承载民族特征的住居原型为其核心。建构并适应性地传承好谱系,事实上是为了乡土资源的现代整合与民族生活空间的有序再生。其次,基于传统匠作技艺调查并对其进行整体梳理、保存,促其有序升级,则是低技术视野下苗乡建筑本体得以延续的关键,更是苗族建筑谱系能够得以适应性传承的技术动因。对当今乡村振兴背景下的苗寨保护与更新工作,提升乡村住居适宜性,回应当今中国农村应当走向何方这一问题,可谓颇具意义。

"历史民族学者"白鸟芳郎坚持把传统史学研究方法(运用文献)与民族学的主要研究方法(实地调研)相结合,对包括苗瑶在内的多个华南少数民族进行深入研究,形成了"生动的历史人类学"。本书的研究也正是向前辈们致敬!

附　录

附录A　湘西苗族古歌中记载的苗民迁徙历程分析表

章节	迁徙地篇名	涉及到的具体地名或相关信息	迁徙历程及今日区域
1	从水边出	从那烂岩烂滩上来,从那乱石乱堆上来。从那系船码头上来,从那桃筏岸口来。从那黄水浑水上来,从那绿水浊水上来。从那八十二湾上来,从那七十一滩上来(参见《七十一兄,八十二弟》)	祖地在黄河流域、长江流域,战乱开始,苗民迁徙
2	半水半陆	十二祖:文黎、够尤、九黎、九尤、仡熊、仡容、仡猫、仡狗、大芈、大蛮、九熊、九夷。从那水边上来,往那河边上走。一起来到者吾,一同来到者西	苗族十二支祖共同迁徙到江淮、荆州
3	高坡陡岭	顺那水溪而上,沿那河流而上。一同来到得从腊哈,一起来临得闹腊兄	生活在“左洞庭、右彭蠡”的环境里,然后江淮流域的三苗开始分离。“占楚”“占朴”应该就是长江中下游的三苗地名,属于故楚地。“花坪草场”即是常德长沙附近
4	大坪大地	一起来到占楚,一同来临占朴。旱地宽冲宽坝,水域宽河宽塘	
5	花坪草场	从那吾滚吾嚷上来,从那吾篓吾袍上来。从那峒吾峒当上来,从那峒蕉峒晚上来。过溪过河上来,过川过谷上来。大家一同来到梅最,大众一同来到梅见。才留一半来居,分出一半来住。一些留在梅最,一半留在梅见	
6	龙堂凤地	分开分在梅最,离别离在梅见。分开过了樱花园,分别过了樱花岭。从那常德长沙上来,从那澧州澧见上来。从那花溪花滩上来,从那花坡花岭上来。从龙头抢宝的地方上来,从龙凤戏珠的地方上来。沿那长长的河流上来,从那高高的大岭上来。过了大片林山树海,过了大河沙滩沙坪。一同来到告绒,一起来到吧潮。来到冬绒,便立冬绒。来到吧潮,便住吧潮。鼓会结在告绒,鼓社建在吧潮	从常德、长沙往西南武陵山脉迁徙
7	泸溪河坝	来到泸溪峒马不肯举蹄,走到泸溪岘驴不肯迈步。船也划不动,筏也撑不走。苗民苗胞也都累了,苗父苗子也都疲劳。这才歇脚泸溪峒,这才停步泸溪岘	停留在泸溪溪谷处
8	吕洞大山	沿着峒溪,理着峒河。出自泸溪,起从辰溪。上来河溪,来到潭溪。沿河上到乾州,沿江上到吉首。来到寨阳,走到坪郎。走过坪滩,来到矮寨。来到瑞闪,结了一次鼓社在那瑞闪。走到达者,建了一次鼓会在那达者。结了鼓社便分两股,建了鼓会便分两路。一股上沿德夯小河,一路上走大河大兴。上坡也到,下冲也过。来到转求,走到转怕。来到转求好那大坡大岭,走到转怕好那大山大坡。大山好坐,大岭安全。来到转求就住转求,来到转怕便居转怕	沿着峒河,从泸溪、辰溪出发,到吉首、寨阳、坪郎、矮寨。再一路往花垣、保靖县吕洞大山处定居集结

附录B　苗族民间文学框架及内容整理表

主要区域	著作名称	编者	章节	分篇
中部方言区（黔东南地区为主）	《苗族古歌》	田兵	1.《开天辟地》	《开天辟地》《运金运银》《打柱撑天》《铸日造月》
			2.《枫木歌》	《枫香树种》《犁东耙西》《载枫香树》《砍枫香树》《妹榜妹留》《十二个蛋》
			3.《洪水滔天》	《洪水滔天》《兄妹结婚》
			4.《跋山涉水歌》	单篇
	《苗族史诗》	马学良、今旦	1.《金银歌》	《序歌》《制天造地》《运金运银》《铸日造月》《射日射月》
			2.《古枫歌》	《种子之屋》《寻找树种》《犁耙大地》《撒播种子》《砍伐古枫》
			3.《蝴蝶歌》	《蝶母诞生》《十二个蛋》《弟兄分居》《打杀蜈蚣》《需找木鼓》《追寻牯牛》《寻找祭服》《打猎祭祖》
			4.《洪水滔天》	单篇
			5.《溯河西迁》	单篇
	《苗族古歌》	燕宝	1.《创造宇宙》	《开天辟地》《运金运银》《打柱撑天》《铸日造月》《射日射月》《呼日唤月》
			2.《枫木生人》	《枫香树种》《犁东耙西》《载枫香树》《砍枫香树》《妹榜妹留》《十二个蛋》
			3.《浩劫复生》	《洪水滔天》《兄妹结婚》《打杀蜈蚣》
			4.《沿河西迁》	单篇
	《苗族史诗通解》	吴一文、今旦	1.《序歌》	
			2.《金银歌》	《制天造地》《运金运银》《铸日造月》《射日射月》
			3.《古枫歌》	《种子之屋》《寻找树种》《犁耙大地》《播种植枫》《砍伐古枫》
			4.《蝴蝶歌》	《蝶母诞生》《十二个蛋》《弟兄分居》《打杀蜈蚣》《需找木鼓》《追寻牯牛》《寻找祭服》《打猎祭祖》
			5.《洪水滔天》	单篇
			6.《溯河西迁》	单篇

续表

主要区域	著作名称	编者	章节	分篇
中部方言区（黔东南地区为主）	《中部民间文学作品选》	苗青	1.《开天辟地篇》	《开天辟地》《运银打柱》《铸日造月》《铸造日月》《运金运银》《央娶妹作妻》《兄妹成婚》
			2.《战争迁徙篇》	《溯河西迁》《张秀眉反歌》《柳天成起义》
			3.《风俗习惯篇》	《祝福酒歌》《助兴酒歌》《敬酒歌》《客套歌》《相访歌》《赞酒席歌》《赞客歌》《赞老人歌》《赞主人歌》《姊妹歌》《贺新年歌》《出嫁歌》《认亲歌》《刻棒歌》《婚姻自由歌》《铜鼓歌》《唢呐歌》《祭鼓辞》《祭神辞》《焚巾歌》《古榔辞》《理岩理辞》《翁叟波案》《希雄公案》
			4.《爱情故事篇》	《情歌》(40首)、《娘婀瑟》《阿蓉之歌》《娜耶悔婚》《里相宜和娃仙掌》《霹雳剑》《阿秀王》
东部方言区（湘西地区为主）	《民国时期湘西苗族调查实录》	石启贵	《椎牛卷》(上、中、下册)	《吃猪》《祭雷神》《敬谷神》《祭日月神》《巡察酒》《祭家祖》《剪纸》《迎舅酒》《迎宾饭》《总叙椎牛》《祈福》《讲述椎牛古根》《栽秧播粟》《赎谷魂》《清扫屋》《小庭院敬酒》《套牛扯纸》《发梭镖椎牛》《倒牛》《交牛头》《合死牛》《归还桌凳》《敬牛肝饭》
			《椎猪卷》	《敬雷神》《敬拦门酒》《接驾饭》《敬早酒》《敬家先》《讲述椎猪根源》《敬谷神》《门外交牲》《敬夜酒》《上熟》《取福水进屋》《交死猪》《交猪头》
			《接龙卷》	《堂中接龙辞》《水边接龙辞》《安龙辞》
			《祭日月神卷》	《祭日月神》《祭家先》《敬奉先人》《替新亡招魂》《祭五谷神》《生孩祭谷神》《洗猫儿》《洗屋》《愿标许愿》《水牛许愿》《赎魂》《驱疱鬼》《退作怪的古树》《誓血》
			《祭祀神辞汉译卷》	《椎牛》(23堂)、《椎猪》(13篇)、《接龙》(3篇)、《祭日月神》(14篇)
			《还傩愿卷》	《还傩愿》(31节)、《还五通愿》(4节)、《祭天王》(3节)
			《文学卷》	《椎牛欢迎后辈拦门歌》《椎猪欢迎后辈拦门歌》《椎牛椎猪打鼓歌》《总叙椎牛开场歌》《接亲歌》《谢副客歌》《谢媒人歌》《谢娘家歌》《谢婆家歌》《客饭歌》《老年人无子慨命苦情歌》《杂古歌》《谜语歌》《童谣》《情歌》《佛堂对歌》(出礼)
			《习俗卷》	《杨家吃牛神辞》《报粽报新神辞》《上刀梯》《小儿度花神辞》《通呈保佑通用神辞》《民间看病书》《苗医苗药》《苗族武术》《乡民求雨各法》《婚嫁习俗》《丧葬习俗》
	《湘西苗族理词》	石如金		《婚姻纠纷理词》《血誓词》《喝血酒词》《赎五谷魂词》《赎人魂词》《遗嘱词》《接龙词》
	《湘西苗族古老歌话》	张子伟	《古老话精段》	《天地形成》(5节)、《苗族祖先》(3节)、《宇宙洪荒》(2节)、《逐鹿之战》(6节)、《历次迁徙》(8节)、《鼓社鼓会》(5节)、《姓氏定居》(12节)、《婚姻嫁娶》(5节)、《丧葬论理》(5节)、《修建贺喜》(4节)、《论火把》(7节)、《纠纷理词》(4节)、《榔规寨款》(6节)、《童谣故事》(3节)、《祭龙》(4节)、《其他》(6节)
			《古老歌精段》	《祭祖歌》(3节)、《祭天歌》(8节)、《祭地歌》(9节)、《祭火歌》(6节)《祭植物歌》(5节)、《祈福保安歌》(8节)、《诤讼歌》(3节)、《丧祭歌》(4节)

续表

主要区域	著作名称	编者	章节	分篇
东部方言区（湘西地区为主）	《东部民间文学作品选》	苗青	《开天立地篇》	《盘古开天、晴皓立地》《鸡源歌》《奶傩杩傩》
			《生产劳动篇》	《物种的来源》《赎五谷魂》
			《战争迁徙篇》	《涉水爬山》《乾嘉苗民造反歌》《歌唱石柳邓》《歌唱吴八月》《还念石三保》
			《风俗习惯篇》	《婚俗礼辞》《送亲接亲礼辞》《贺建新房礼辞礼歌》《祭祖辞》《椎牛祭辞》
			《爱情、故事篇》	《情歌》(5篇)、《叙事长歌》(1篇)、《叙事长歌》(1篇)、《神话传说故事》(3篇)
西部方言区（《亚鲁王》在麻山地区传颂）	《西部民间文学选》	苗青	《开天辟地篇》	《创造万物天地》《天地争霸》《铸造撑天支地柱》《努利毕玛丽碧》《测天量地》《公鸡唤日月》《太阳姑娘月亮小伙》《洪水滔天》《主世老》
			《战争迁徙篇》	《则嘎老》《直米利地战火起》《格耶爷老、格蚩爷老》《格武爷老、格诺爷老》《嘎骚卯碧》《格资爷老、格米爷老、爷觉毕考》《格米爷老时代》《铁柱悲歌》《龙心歌》《爷觉黎刀》《格自则力刀》《苗家来到骚诺地》《苗家迁人环州》《背井离乡到环洲》《怀念失去的地方》《怀念失去的古物》《悼念格蚩爷老》《“阿仪鏖”歌》
			《风俗篇》	《开亲辞》《送亲辞》《敬酒辞》《敬酒歌》《祝寿辞》《口弦辞·渡笃纳伊莫》《芦笙祝辞》《起舞笙辞》《敬酒笙辞》《鸡鸣笙辞》《晨笙辞》《开亲笙辞》《祭祀辞》《许酒辞》《招灵辞》《招魂辞》《送魂辞》《指路辞》《献笙祭奠辞》《“阿作”歌》
			《爱情故事篇》	《踩月亮》《恋歌》《迷恋歌》《逃婚歌》《召亚妙娶雷公妻》《召腊娶了龙王女》《列加歌》《尼婆巴布和尼爷巴布》《卯蚩玛翠》《聪明的嚷》《聪明的榜姑》
	《西部民间文学选》(1)	苗青	《开天辟地篇》	《开天辟地》《偶佛补天》《阳寅阳岈射日月》《洪水滔天》《莱珑讴玛制人烟》
			《战争迁徙篇》	《战争与迁徙》《苦难岁月》《平定天下的人》《古博阳娄》《苗族迁徙到四川》《苗族迁徙到云南》《啃咙宝哚》
			《风俗习惯篇》	《祝酒歌》《说亲辞》《婚理辞》《立房辞》《开路经》《指路经》《悼姑妈辞》《祭亲交接礼辞》《立坛芦笙辞》《寨老芦笙辞》《扫堂芦笙辞》《早午晚饭芦笙辞》《天亮天黑芦笙辞》《闲坛芦笙辞》《接魂芦笙辞》《笙与鼓》《鸡卦歌》《踩山歌》《踩花山》
			《生产劳动篇》	《打猎歌》《诺勾筑城砌街》《月月歌》《犁铧歌》《丝绸歌》
			《爱情故事篇》	《芦笙恋歌》《木叶恋歌》《洞箫恋歌》《口弦恋歌》(1—4)、《踏月歌》《情歌对唱》《情歌》《勒昂和娥桑》《蛇郎与秃女》《迦和龙女》《扎雏与蒙知彩娥凑》

续表

主要区域	著作名称	编者	章节	分篇
西部方言区（《亚鲁王》在麻山地区传颂）	《亚鲁王》	中国民间文艺家协会	《远古英雄争霸》	《郎嘿》《亚鲁王生源》《赛鲁王支族》《赛菲王支族》《赛阳王支族》《赛霸王支族》《亚鹊王支族》《王子降世》《意外得宝》《龙心之战》《龙心神战》《英雄女儿之战》《发现盐井》《盐井之战》《血染大江》《迁徙越过宽广平地》《迁徙进入了山区》《哈榕泽莱之战》《哈榕泽邦之战》《迁徙越过平地》《迁徙进入了高山区》《侵占荷布朵王国》
			《重建王国大业》	《落地生根、重建王国》《造太阳造月亮》《探索疆域》
			《王子分布治理疆域》	单篇
			《王子迁徙分布疆域》	《迪德棱》《欧德聂》《耶东和耶莱》

附录C 苗语建筑类重点词汇汇总表(节选)[1]

词汇类别	词汇汉意	东部方言区	中部方言区	西部方言区	备注
建筑类名词	房屋	bloud	qangb(房间,房屋);diaf(口语不用,可能为古汉语“宅”的关系词)	vangx zhed(家园,房屋)	
	大门	ghuib zhux	diux(名词为“门”,量词为“首”)	naf drongx	
	小门	ghuib cheid		mid drongx	
	门闩	ghob lianx zhux	ghab lix diux	langl drongx;nzhat drongx	
	门轴	bux ghaid zhux			
	家里,屋里	jib bloud; jib zongx; nhangs bloud	diux qangb	zhed(家,家庭,家里人)	
	家,住所及家业	ghaob giad ghaob niel; giad wub; qeut jongt	diux zaid(是门与房屋组成的合成词)	yif(家,家庭)	
	外面,屋外	banx deis;bad deis	gux	ndrout	
	对门,对岸	dib doul ub(对河,对岸)	hvangb bil	dif(对面,那边)	
	窝	ghaob longd	vil	langd	
	灶	ghaob zaob	ghab sot	khaod zok	“zo”为词根的同源词,但与汉语“灶”可能有一定关系
	瓦	was	ngil	vual	东部、西部方言汉化
	村,寨	gheul(依山形村寨);jab(傍水型村寨);rangl,dongs,banx(平地型聚落,即欀、垌、排,经常出现在苗寨地名中)	vangl	raol	“diangb vangl”组合后指到寨里其他人家去闲谈聊天,即串门
	火塘	khud jib deul(夯公那间)	jib dul(口语:ghab jib dul)	khaod job	

① 本表所列苗语词汇均来源于已出版的苗语词典或各出版物,应代表了各方言区相对正式的用语。但需要说明的是,苗语的分化因地域和支系差异而变得非常复杂,本表所列苗语词汇无法涵盖所有的实际情况。

续表

词汇类别	词汇汉意	东部方言区	中部方言区	西部方言区	备注
建筑类名词	三脚架	ghaob gangx(三条腿；ghaob zheat gangx)	fux liux	sangb jof	“sangb jof”是汉语借音
	炕架，一般置于火炕或灶之上	blab gies	yex zeb(绵竹做的烘炕) yex nax(与“ghangb yex”同，是吊在火炕上面的竹或木炕架，以放置谷物或其他需要保暖防潮之物。蚕纸也常置其上，故有此说)		
	厨房	ghob zob	ghab sot	qangd uat naox	
	柁架(排架，立贴，扇架)	mleax(一排)；ghaob mleax bloud	sas;ib～zaid(一扇房柱)	nzais;ib nzais(一排)	
	间	leb(直译：个，房间)	qongd(房屋的“间”，量词)	qangd(房间，间)	
	堂屋，中堂	blenx; mongx blenx; ndangx wul; nzhongb blenx nzhongb xit	qongd dangx; qongd diongb;jab dangx	dangs; houd blangs; houd dangs; qangd blangs	词根“dangs”“qongd”应该是汉语借词
	火塘间(祖先所在的那一间)	hangd ghot(音：夯公，也有叫“hangd ghaot”的)		ndos jos(火塘边)	
	中门	mil zhux(直译：大门)	diux diongb	naf drongx(大门)	
	柱子	ghaob nioux(直译：柱树)	dongs	njex	“dongs”可能是“栋”的关系词
	前檐柱	nioux doux	dongt nix bax(又叫“亮柱”，指房子最外边的柱子)	njex ghouk(边柱)	
	前二柱	nioux ned	dongt nix zab(房子中柱和亮柱之间的柱子)		
	中柱	nioux dongt; Minlnioux(母柱)	dongt	njex drod	中部方言区可指“犁柱”
	屋盖	ghob ntet bloud			
	屋脊	ghob gibe bloud(直译：屋的角)；ghaob dongt was	diub zaid	drob zhed	
	屋基	daix bloud(直译：屋的地方)；ghaob dex bloud(屋基，屋场)	ghab daix zaid	ghuat vangx ghuat zhed; ghuat zhed loul(老屋基)	

图片来源

图 1-1　周红. 湖南沅水流域古镇形态及建筑特征研究[D]. 武汉:武汉理工大学,2001:20.

图 1-6　段汝霖,谢华. 楚南苗志・湘西土司辑略[M]. 伍新福,点校. 长沙:岳麓书社,2008:35.

图 1-7　严如熤. 苗防备览・图版[M]//湖湘文库编辑出版委员会. 严如熤集(二). 朱树人,校订. 长沙:岳麓书社,2013:388-389.

图 2-1　http://www.gz-travel.net/taijianglvyou/manyoutaijiang/2017-10-26/24177.html.

图 3-1　杨庭硕,潘盛之. 百苗图抄本汇编[M]. 贵阳:贵州人民出版社,2004:614.

图 3-2　苗蛮图说. 5 册. 82 图. 日本:帝国图书馆藏.

图 3-3　http://www.360doc.com/content/18/0629/19/1003261_766435547.shtml.

图 3-4　杨庭硕,潘盛之. 百苗图抄本汇编[M]. 贵阳:贵州人民出版社,2004:50-51.

图 3-5　同上:138.

图 3-6　同上:568.

图 3-7　同上:572.

图 3-8　苗蛮图说. 41 帧. 美国:哈佛燕京图书馆藏.

图 3-9　杨庭硕,潘盛之. 百苗图抄本汇编[M]. 贵阳:贵州人民出版社,2004:410.

图 3-10　同上:414-415.

图 3-11　同上:111.

图 3-12　黔省诸苗全图. 上下册. 日本:早稻田大学藏.

图 3-13　杨庭硕,潘盛之. 百苗图抄本汇编[M]. 贵阳:贵州人民出版社,2004:84.

图 3-14　同上:564.

图 3-15　苗蛮图册. 美国:美国国会图书馆藏.

图 3-16　苗蛮图说. 41 帧. 美国:哈佛燕京图书馆藏.

图 3-17　杨庭硕,潘盛之. 百苗图抄本汇编[M]. 贵阳:贵州人民出版社,2004:81.

图 3-18　苗蛮图说. 日本:早稻田大学文学部藏.

图 3-19　苗蛮图说. 5 册. 82 图. 日本:帝国图书馆藏.

图 3-20　蛮苗图说. 日本:早稻田大学文学部藏.

图 3-21　杨庭硕,潘盛之. 百苗图抄本汇编[M]. 贵阳:贵州人民出版社,2004:136.

图 3-22　苗蛮图说. 5 册. 82 图. 日本:帝国图书馆藏..

图 3-23　杨庭硕,潘盛之. 百苗图抄本汇编[M]. 贵阳:贵州人民出版社,2004:396-397.

图 3-25　http://travel.yunnan.cn/html/2015-07/20/content_3829298.htm.

图 3-26　杨庭硕,潘盛之.百苗图抄本汇编[M].贵阳:贵州人民出版社,2004:128.

图 3-27　费孝通,等.贵州苗族调查资料[M].贵阳:贵州大学出版社,2009:191.

图 3-29　苗蛮图说.5 册.82 图. 日本:帝国图书馆藏.

图 3-30　周易知,魏淼,摄.

图 3-31　苗蛮图说.41 帧.美国:哈佛燕京图书馆藏.

图 3-34　蛮苗图说.日本:早稻田大学文学部藏.

图 3-35　(a)苗蛮图说.5 册.82 图.日本:帝国图书馆藏.

(b)杨庭硕,潘盛之.百苗图抄本汇编[M].贵阳:贵州人民出版社,2004:111.

(c)同上:286-287.

图 3-36　(a)杨庭硕,潘盛之.百苗图抄本汇编[M].贵阳:贵州人民出版社,2004:134-135.

(b)同上:138.

(c)同上:284.

(d)同上:128.

图 4-1　杨鸿勋.建筑考古学论文集[M].北京:文物出版社,1987:16.

图 4-2　同上:18.

图 5-1　笔者据采样分类绘制.

图 5-6　谷歌地图.

图 5-7　同上.

图 5-8　同上.

图 5-9　同上.

图 5-12　同上.

图 5-13　同上.

图 5-14　同上.

图 5-17　同上.

图 5-18　https://www.sohu.com/a/242202180_763227.

图 5-19　谷歌地图.

图 5-20　同上.

图 5-21　同上.

图 5-22　同上.

图 5-23　同上.

图 5-24　同上.

图 5-25　同上.

图 5-29　https://dy.163.com/article/DQQ4SDKQ05500BYN.html? referFrom=.

图 5-37　笔者据实地调查采样分类绘制.

图 6-5　東寺(教王護国寺)宝物館,編.東寺の建造物:古建築からのメッセージ[M].京都:東寺(教王護国寺)宝物館,2010:128.

图 6-19　笔者据实地调查整理绘制.

图 6-42　浙江省文物考古研究所. 河姆渡新时期时代遗址考古发掘报告[M]. 北京:文物出版社,2003:20.

图 6-43　郭德维. 楚都纪南古城复原研究[M]. 北京:文物出版社,1999:124.

图 6-44　贵州省文物考古研究所. 赫章可乐二〇〇〇年发掘报告[M]. 北京:文物出版社,2008.

图 7-1　杨鸿勋. 建筑考古学论文集[M]. 北京:文物出版社,1987:16.

图 7-11　方向明. 反山、瑶山墓地:年代学研究[J]. 东南文化 1999(6):43.

图 7-12　同上:41.

图 7-13　同上:37.

图 7-14　(a)http://tf. sctv. com/szxw/201105/t20110509_682904_1. shtml.
(b)http://xh. 5156edu. com/hzyb/a16742b22477c89134d. html.

图 7-15　曾布川宽. 三星堆祭祀坑铜神坛的图像学考察[J]. 东洋史研究,2010,69(3):379.

图 7-17　https://cul. qq. com/a/20131122/013569. htm.

图 7-19　杨庭硕,潘盛之. 百苗图抄本汇编[M]. 贵阳:贵州人民出版社,2004:58.

图 7-20　李哲,柳肃,何韶瑶. 湘西苗族民居平面形式的演变及原因研究[J]. 建筑学报,2010(1):78.

图 7-24　徐文武. 楚国宗教概论[M]. 武汉:武汉出版社,2002:196.

图 8-3　陈梦家. 战国楚帛书考[J]. 考古学报,1982(2):139.

图 8-2　善本古籍. 长沙子弹库出土的帛书:神秘与波[EB/OL]. (2018-07-17). http://www. sohu. com/a/241757815_562249.

图 8-4　陈梦家参考王国维《观堂集林 · 卷三 · 明堂庙寝通考》之明堂图作。参见:陈梦家. 战国楚帛书考[J]. 考古学报,1982(2):141.

图 8-5　笔者根据《湘西苗族实地调查报告》记录绘制.

图 8-8　吴通品徒弟拍摄.

图 9-15　张欣. 苗族吊脚楼传统营造技艺[M]. 合肥:安徽科学技术出版社,2013. :105.

图 9-16　乔迅翔. 黔东南苗居穿斗架技艺[J]. 建筑史,2014(2):41.

图 9-17　同上:42.

表格来源

表 1-1　笔者根据王辅世《苗语简志》整理绘制.

表 1-2　笔者根据历史文献整理绘制.

表 3-1　杨庭硕.《百苗图》对(乾隆)《贵州通志·苗蛮志》的批判与匡正(上)[J].吉首大学学报(社会科学版),2006(7):84.

表 3-3　笔者根据杨庭硕、潘盛之《百苗图抄本汇编》、刘锋《百苗图疏证》以及王辅世《苗语简志》等资料整理.

表 5-1　笔者调研采访收集、苗汉电子小词典 3.0(软件制作:吴荣华)、三苗网等.

表 7-1　笔者根据实地调研及测绘整理.

表 8-1　笔者根据张正明《楚文化志》、吴心源《苗族古历》推演。参见:张正明.楚文化志[M].武汉:湖北人民出版社,1988:293-302.吴心源.苗族古历[M].北京:民族出版社,2007:1-5.

表 8-2　笔者根据《湘西苗族实地调查报告》、苗族古歌系列文献整理.

表 9-1　笔者苗区调查工匠信息统计表　作者根据实地调研整理.

表 9-2　笔者根据实地调研工匠访谈整理.

表 9-3　笔者根据实地调研工匠访谈整理.

表 9-4　笔者根据实地调研工匠访谈整理.

参考文献

[1] 吴文藻.现代社区实地研究的意义和功用[C]//吴文藻.吴文藻人类学社会学研究文集.北京:民族出版社,1990:145-146.

[2] 常青.传统的延承与转化是必要与可能的吗?——建筑理论与历史(一)课程的建构与思考[J].建筑学报,2015(11):5-14.

[3] 张良皋.干栏——平摆着的中国建筑史[J].重庆建筑大学学报(社科版),2000,1(4):1-3.

[4] 何镜堂.建筑创作与建筑师素养[J].建筑学报,2002(9):16-18.

[5] 拉普卜特.宅形与文化[M].常青,徐菁,李颖春,等,译.北京:中国建筑工业出版社,2007.

[6] 吴荣臻,吴曙光.苗族通史[M].北京:民族出版社,2007.

[7] 严如熤.苗防备览[M].王有立,主编.台北:华文书局股份有限公司,1968-1969:383.

[8] 湘西土家族苗族自治州概况编写组.湘西土家族苗族自治州概况[M].北京:民族出版社,2007.

[9] 翦伯赞.中国史纲[M].北京:商务印书馆,2010.

[10] 沈瓒.五溪蛮图志[M].李涌,重编.陈心传,补编.伍新福,校点.长沙:岳麓书社,2012.

[11] 黔东南苗族侗族自治州概况编写组.黔东南苗族侗族自治州概况[M].北京:民族出版社,2008.

[12] 田雯.黔书[M].北京:中华书局,1985.

[13] 石浩,张京恩.清水江流域贵州省境内暴雨洪水特性浅析[J].河南水利与南水北调,2012(11):27-28.

[14] 凌纯声,芮逸夫.湘西苗族调查报告[M].北京:民族出版社,2003.

[15] 李先逵.干栏式苗居建筑[M].北京:中国建筑工业出版社,2005.

[16] 吕思勉.中国民族史[M].北京:东方出版社,1996.

[17] 上海人民出版社.章太炎全集·太炎文录初编[M].上海:上海人民出版社,2014.

[18] 朱希祖.驳中国先有苗种后有汉种说[M]//朱希祖,周文玖.朱希祖文存.上海:上海古籍出版社,2006.

[19] 石朝江.中国苗学[M].贵阳:贵州大学出版社,2009.

[20] 熊晓辉.《九歌》应该是苗族古代民歌[J].中央民族大学学报(哲学社会科学版),2010,37(1):102-107.

[21] 范文澜.中国通史简编[M].北京:商务印书馆,2010.

[22] 李建国,蒋南华.苗楚文化研究[M].贵阳:贵州人民出版社,1996.

[23] 石宗仁.荆楚与支那[M].北京:民族出版社,2008.

[24] 吴一文,今旦.苗族史诗通解[M].贵阳:贵州人民出版社,2014.
[25] 安丽哲.符号·性别·遗产:苗族服饰的艺术人类学研究[M].北京:知识产权出版社,2010.
[26] 彭浩.楚人的纺织与服饰[M].武汉:湖北教育出版社,1996.
[27] 张子伟,石寿贵.湘西苗族古老歌话[M].长沙:湖南师范大学出版社,2012.
[28] 陈桥驿.中国古代的方言地理学——《方言》与《水经注》在方言地理学上的成就[J].中国历史地理论丛,1988(1):45-62.
[29] 雷虹霁.秦汉历史地理与文化分区研究——以《史记》《汉书》《方言》为中心[M].北京:中央民族大学,2007.
[30] 李锦平,李天翼.苗语方言比较研究[M].成都:西南交通大学出版社,2012.
[31] 李炳泽.从苗族词汇看苗族古代文化[J].贵州民族研究(季刊),1987,31(3):45-48.
[32] 王辅世,毛宗武.苗瑶语古音构拟[M].北京:中国社会科学出版社,1995.
[33] 王辅世.苗语简志[M].北京:民族出版社,1985.
[34] 李云兵.苗语方言划分遗留问题研究[M].北京:中央民族大学出版社,2000.
[35] 王辅世.苗语方言划分问题[J].民族语文,1983(5):1-22.
[36] 马国君.清代至民国云贵高原的人类活动与生态环境变迁[M].贵阳:贵州大学出版社,2012.
[37] 李廷贵,张山,周光大.苗族历史与文化[M].北京:中央民族大学出版社,1996.
[38] 国家民委《民族问题五种丛书》编委会.中国民族问题资料·档案集成:第5辑[M].北京:中央民族大学出版社,2005:263.
[39] 苗族简史编写组.苗族简史[M].贵阳:贵州民族出版社,1985.
[40] 范成大.桂海虞衡志·志蛮[M]//范成大笔记六种.北京:中华书局,2002.
[41] 王士性.广志绎:卷五[M].北京:中华书局,1997.
[42] 董鸿勋.宣统永绥厅志[M]//中国地方志集成·湖南府县志辑:第73册.南京:江苏古籍出版社,2002.
[43] 潘曙,杨盛芳.凤凰厅志[M]//故宫博物院.故宫珍本丛刊:第146册.海口:海南出版社,2001.
[44] 陈瑜,周恭寿,熊维飞,等.民国麻江县志[M].拓泽忠,修//黄加服,段志洪.中国地方志集成·贵州府县志辑:第17-18册.成都:巴蜀书社,2006.
[45] 周范,刘再向,等.乾隆平远州志[M].李云龙,修// 黄加服,段志洪.中国地方志集成·贵州府县志辑:第48-49册.成都:巴蜀书社,2006.
[46] 鸟居龙藏.苗族调查报告[M].贵阳:贵州大学出版社,2009.
[47] 吴泽霖,陈国钧.贵州苗夷社会研究[M].北京:民族出版社,2004.
[48] 杨汉先.黔西苗族调查报告[C]//杨万选,杨汉先,凌纯声,等.贵州苗族考.贵阳:贵州大学出版社,2009.
[49] 梁聚五.苗族发展史[M].贵阳:贵州大学出版社,2009.
[50] 费孝通,等.贵州苗族调查资料[M].贵阳:贵州大学出版社,2009.
[51] 石启贵.湘西苗族实地调查报告[M].长沙:湖南人民出版社,2002.
[52] 闻一多.伏羲考[M].上海:上海古籍出版社,2009.
[53] 杨昌鸟国.苗族服饰——符号与象征[M].贵阳:贵州人民出版社,1997.

[54] 文毅,等.贵州苗族芦笙文化研究[M].北京:民族出版社,2015.

[55] 杨昌鸟国.苗族舞蹈与巫文化[M].贵阳:贵州民族出版社,1990.

[56] 罗义群.中国苗族巫术透视[M].北京:中央民族学院出版社,1993.

[57] 罗义群.苗族丧葬文化论[M].北京:华龄出版社,2006.

[58] 申茂平.走进最后的鸟图腾部落——贵州丹寨县非物质文化遗产探寻[M].贵阳:贵州人民出版社,2006.

[59] 罗连祥.台江苗族礼仪文化及其变迁研究[M].北京:九州出版社,2014.

[60] 罗连祥.贵州苗族礼仪文化研究[M].北京:中国书籍出版社,2014.

[61] 周相卿.黔东南台江县阳芳寨苗族文化调查与研究[M].北京:民族出版社,2012.

[62] 韦茂繁,秦红增.苗族文化的变迁图像——广西融水雨卜村调查研究[M].北京:民族出版社,2007.

[63] 龙云清.山地的文明:黔湘渝交界地区苗族社区研究[M].贵阳:贵州民族出版社,2009.

[64] 张少华.方旖苗俗[M].北京:中国文联出版社,2010.

[65] 吴一文,覃东平.苗族古歌与苗族历史文化研究[M].贵阳:贵州民族出版社,2000.

[66] 石宗仁.楚祭与苗祭——射牛与椎牛[J].民族论坛,1997(04):55-60.

[67] 张正明.楚文化史[M].上海:上海人民出版社,1987.

[68] 石宗仁.楚祭与苗祭——剜羊祭祀[J].吉首大学学报(社会科学版),1997(3):101-103.

[69] 张正明.楚文化志[M].武汉:湖北人民出版社,1988.

[70] 王光镐.楚文化源流新证[M].武汉:武汉大学出版,1988.

[71] 皮道坚.楚艺术史[M].武汉:湖北教育出版社,1995.

[72] 郭德维.楚都纪南古城复原研究[M].北京:文物出版社,1999.

[73] 高介华.楚国的城市与建筑[M].武汉:湖北教育出版社,1996.

[74] 张良皋.论楚宫在中国建筑史上的地位[J].华中建筑,1984(1):67-75.

[75] 王崇礼.楚国土木工程研究[M].武汉:湖北科学技术出版社,1995.

[76] 李零.长沙子弹库战国楚帛书研究[M].北京:中华书局,1985.

[77] 刘彬徽.楚系青铜器[M].武汉:湖北教育出版社,1995.

[78] 徐文武.楚国宗教概论[M].武汉:武汉出版社,2002.

[79] 杨志强,赵旭东,曹端波.重返"古苗疆走廊"——西南地区、民族研究与文化产业发展新视阈[J].中国边疆史地研究,2012,22(2):1-14.

[80] 杨志强."国家化"视野下的中国西南地域与民族社会——以"古苗疆走廊"为中心[J].广西民族大学学报(哲学社会科学版),2014,36(3):2-9.

[81] 曹端波.明代"苗疆走廊"的形成与贵州建省[J].广西民族大学学报(哲学社会科学版),2014,36(3):14-21.

[82] 张应强.通道与走廊:"湖南苗疆"的开发与人群互动[J].广西民族大学学报(哲学社会科学版),2014,36(3):30-35.

[83] 石如金.苗族房屋住宅的习俗简述[M]//吉首市人民政府民族事务委员会,湖南省社会科学院历史研究所.苗族文化论丛.长沙:湖南大学出版社,1989.

[84] 麻勇斌. 贵州苗族建筑文化活体解析[M]. 贵阳:贵州人民出版社,2005.
[85] 麻勇斌. 苗族建筑艺术简论[J]. 湖北民族学院学报(社会科学版),1997(1):44-46.
[86] 李先逵. 苗族民居建筑文化特质刍议[J]. 贵州民居研究,1992(3):59-67.
[87] 彭礼福. 苗族吊脚楼建筑初探——苗族民居建筑探析之二[J]. 贵州民居研究,1992(2):163-166.
[88] 何泌章. 从枫树图腾看苗族建筑中的生命伦理思想[J]. 自然辨证法研究,2008,24(12):91-96.
[89] 何泌章. 从建筑看苗族美化自然的环境伦理思想[J]. 今日南国,2010(4):215-216.
[90] 何泌章,夏代云. 从万物有灵看苗族建筑中的环境伦理思想[J]. 吉首大学学报(社会科学版),2010,31(3):22-26.
[91] 李哲,柳肃,何韶瑶. 湘西苗族民居平面形式的演变及原因研究[J]. 建筑学报,2010(1):76-79.
[92] 唐堅,土田充義,晴永知之. 中国鳳凰県苗族民家の祭る場の変遷過程について:中国湖南省少数民族民家の空間構成に関する研究 その1[J]. 日本建築学会計画系論文集 ,2001:281-286
[93] 唐堅,土田充義,中国鳳凰県苗族民家における二階の成立過程について:中国湖南省少数民族の民家における空間構成に関する研究 その2[J]. 日本建築学会計画系論文集,2002,67(554):317-322
[94] 唐堅,揚村固,土田充義,中国鳳凰県苗族民家における主屋前方柱間と軒出の変化について:中国湖南省少数民族の民家における空間構成に関する研究 その3[J]. 日本建築学会計画系論文集,2003:161-165
[95] 王晖. 民居在野:西南少数民族民居堂室格局研究[M]. 上海:同济大学出版社,2002.
[96] 汤诗旷. 苗族住居文化中的楚风因子初探[J]. 建筑遗产,2018(3):22-30.
[97] 吴正光. 凤凰勾良的苗文化[M]. 贵阳:贵州人民出版社,2008.
[98] 吴正光. 郎德上寨的民居建筑[J]. 古建园林技术,2008(1):51-52.
[99] 吴正光. 郎德上寨古建集粹[J]. 古建园林技术,2006(4):38-42.
[100] 吴正光. 典型传统村落也是一种博物馆——以郎德上寨为例[J]. 中国文物科学研究,2016(1):15-19.
[101] 唐竖. 中国南方湘西土家族、苗族民居正房内部空间秩序比较研究[D]. 长沙:湖南大学,1999.
[102] 戴菲. 湖南侗族、苗族民居比较研究[D]. 长沙:湖南大学,1999.
[103] 杜金林. 贵州苗族侗族村寨建筑的主要传承元素[J]. 城建档案,2012(11):17-19.
[104] 王贵生. 黔东南苗族、侗族“干栏”式民居建筑差异溯源[J]. 贵州民居研究,2009(3):78-81.
[105] 张欣. 苗族吊脚楼传统营造技艺[M]. 合肥:安徽科学技术出版社,2013.
[106] 乔迅翔. 黔东南苗居穿斗架技艺[J]. 建筑史,2014(2):35-48.
[107] 乔迅翔. 侗居穿斗架关键技艺原理[J]. 古建园林技术,2014(4):19-24.
[108] 乔迅翔. 杖杆法与篙尺法[J]. 古建园林技术,2012(3):30-32.
[109] 陈波,黄勇,余压芳. 贵州黔东南苗族吊脚楼营造技术与习俗[J]. 贵州科学,2011,29(5):57-60.
[110] 杨慎初. 湖南传统建筑[M]. 长沙:湖南教育出版社,1993.

[111] 罗德启,李玉祥.老房子:贵州民居[M].南京:江苏美术出版社,2000.
[112] 广西民族传统建筑实录编委会.广西民族传统建筑实录[M].南宁:广西科学技术出版社,1991.
[113] 罗德启,谭晓东,董明,等.千年家园:贵州民居[M].北京:中国建筑工业出版社,2009.
[114] 柳肃.千年家园:湘西民居[M].北京:中国建筑工业出版社,2008.
[115] 牛建农.千年家园:广西民居[M].北京:中国建筑工业出版社,2008.
[116] 李晓峰,谭刚毅.两湖民居[M].北京:中国建筑工业出版社,2009.
[117] 罗德启.中国民居建筑丛书:贵州民居[M].北京:中国建筑工业出版社,2008.
[118] 雷翔.中国民居建筑丛书:广西民居[M].北京:中国建筑工业出版社,2009.
[119] 魏挹澧.湘西风土民居[M].武汉:华中科技大学出版社,2010.
[120] 戴志坚,杨宇振.中国西南地域建筑文化[M],武汉:湖北教育出版社,2003.
[121] 浅川滋男.住まいの民族建築学:江南漢族と華南少数民族の住居論[M].日本:建築資料研究社,1994.
[122] 贵州省地方志编纂委员会.贵州省志・建筑志[M].贵阳:贵州人民出版社,1999.
[123] 湘西土家族苗族自治州地方志编纂委员会.湘西土家族苗族自治州志・建筑志[M].长沙:湖南出版社,1996.
[124] 贵州省剑河县五河苗族村志编纂委员会.五河苗族村志[M].贵州:黔东南日报社印刷厂承印,2007.
[125] 罗汉田.庇荫:中国少数民族住居文化[M].北京:北京出版社,2000.
[126] 罗汉田.中柱:彼岸世界的通道[J].民族艺术研究,2000(1):115-125.
[127] 斯特劳斯.种族与历史・历史与文化[M].于秀英,译.北京:中国人民大学出版社,2006.
[128] 胡惠琴.日本的住居学研究[J].建筑学报,1995(7):55-60.
[129] 斯特劳斯.结构主义人类学[M].张祖建,译.北京:中国人民大学出版社,2006.
[130] 钟敬文.民俗学概论[M].北京:高等教育出版社,2010.
[131] 费孝通.谈谈民俗学[C]//张紫晨.民俗学讲演集.北京:民族出版社,1990:145-146.
[132] 博尔尼.民俗学手册[M].程德祺,等,译.上海:上海文艺出版社,1995.
[133] 古迪.偷窃历史[M].张正萍,译.杭州:浙江大学出版社,2009.
[134] 道金斯.自私的基因[M].卢允中,等,译.北京:中信出版社,2012.
[135] 高丙中.民族志・民俗志的书写及其理论和方法[J].民间文化论坛,2007(1):23-26.
[136] 科大卫.皇帝和祖宗:华南的国家与宗族[M].卜冰坚,译.南京:江苏人民出版社,2009.
[137] 劳格文,科大卫.中国乡村与墟镇神圣空间的建构[M].北京:社会科学文献出版社,2014.
[138] 舒尔兹,常青.论建筑的象征主义[J].时代建筑,1992(3):51-55.
[139] 常青.人类习俗与当代建筑思潮[J].同济大学学报,1993,21(3):399-404.
[140] 拉普卜特.文化特征与建筑设计[M].常青,张昕,张鹏,译.北京:中国建筑工业出版社,2004.
[141] 谭刚毅.两宋时期的中国民居与居住形态[M].南京:东南大学出版社,2008.
[142] 朱辅.溪蛮丛笑[M]//徐丽华.中国少数民族古籍集成:第83册.成都:四川民族出版社,2002.

[143] 符太浩.溪蛮丛笑研究[M].贵阳:贵州民族出版社,2003.
[144] 贝青乔.苗妓诗[M]//张廷华.中国香艳全书:第二卷.董乃斌,点校.北京:团结出版社,2005.
[145] 郭子章.黔记[M]//北京图书馆古籍出版编辑组.北京图书馆古籍珍本丛刊:第43册.北京:书目文献出版社,2000.
[146] 郭子章.《黔记·诸夷》考释[M].杨曾辉,麻春霞,编.贵阳:贵州人民出版社,2013.
[147] 鄂尔泰,等.贵州通志[M]// 国家图书馆特色资源(方志丛书),1868.
[148] 黄应培,等.凤凰厅志[M]//中国地方志集成·湖南府县志辑:第72册.南京:江苏古籍出版社,2002.
[149] 段汝霖,谢华.楚南苗志·湘西土司辑略[M].伍新福,点校.长沙:岳麓书社,2008.
[150] 湖湘文库编辑出版委员会.湖南民情风俗报告书·湖南商事习惯报告书[M]//劳伯林,校.长沙:湖南教育出版社,2010.
[151] 佚名.苗疆屯防实录[M].伍新福,校点.长沙:岳麓书社,2012.
[152] 冉晸.民国兴仁县志[M]//黄加服,段志洪.中国地方志集成·贵州府县志辑:第31册.成都:巴蜀书社,2006.
[153] 葛兆光.从图像看传统中国之"外"与"内"[N].文汇报,2015-11-13(23-25).
[154] 李宗昉.黔记:卷三[M].北京:中华书局,1985:30.
[155] 胡进."百苗图"源流考略——以《黔苗图说》为范本[J].民族研究,2005(4):74-80.
[156] 李宗放.《黔苗图说》及异本的初步研究[J].西南民族学院学报(哲学社会科学版),1995(4):31-36.
[157] 杜薇.百苗图汇考[M].贵阳:贵州民族出版社,2002.
[158] 李汉林.百苗图校译[M].贵阳:贵州民族出版社,2001.
[159] 刘锋.百苗图疏证[M].北京:民族出版社,2004.
[160] 刘馨秋,冯卫英,顾雯,等.茶书《煎茶诀》的考订[J].茶叶科学,2008,28(1):72-76.
[161] 杨庭硕.《百苗图》对(乾隆)《贵州通志·苗蛮志》的批判与匡正(上)[J],吉首大学学报(社会科学版),2006(7):83-88.
[162] 台北故宫博物院.《宫中档乾隆朝奏折》[M].台北:国立故宫博物院,1982.
[163] 傅恒,等.皇清职贡图[M].沈阳:辽沈书社,1991.
[164] 巫鸿.陈规再造:清宫十二钗与《红楼梦》[M]//巫鸿.时空中的美术.北京:生活·读书·新知三联书店,2009.
[165] 何罗娜.《百苗图》:近代中国早期民族志[J].汤芸,译,彭文斌,校.民族学刊,2010(1):105-119.
[166] 雷德侯.万物:中国艺术中的模件化和规模化生产[M].张总,等,译.党晟,校.北京:生活·读书·新知三联书店,2005:220-247.
[167] 杨庭硕.《百苗图》贵州现存抄本述评[J].贵州民族研究,2001(12):79-85.
[168] 杨庭硕,潘盛之.《百苗图》抄本汇编[M].贵阳:贵州人民出版社,2004.
[169] 李汉林.九种《百苗图》版本概说[J].吉首大学学报(社会科学版),2001(2):12-15.
[170] 摩尔根.古代社会[M].北京:商务印书馆,1971.

[171] 吴泽霖. 贵阳苗族的跳花场[M]//吴泽霖，陈国钧. 贵州苗夷社会研究. 北京：民族出版社，2004.
[172] 中国歌谣集成全国编辑委员会. 中国歌谣集成·广西卷[M]. 北京：中国社会科学出版社，1992.
[173] 叶舒宪，选编. 结构主义神话学选编. 西安：陕西师范大学出版社，2011.
[174] 马学良，今旦. 苗族史诗[M]. 北京：中国民间文艺出版社，1983.
[175] 福柯. 知识考古学[M]. 北京：三联书店，1998.
[176] 田兵，刚仁，苏晓星，等. 苗族文学史[M]. 贵阳：贵州人民出版社，1981.
[177] 袁珂. 中国古代神话[M]. 北京：华夏出版社，2006.
[178] 龙伯亚. 贵州少数民族·苗族[M]. 贵阳：贵州民族出版社，1991.
[179] 诸祖耿. 战国策集注汇考[M]. 南京：江苏古籍出版社，1985：1143.
[180] 今旦. 苗族《理词》选译[J]. 贵州民族研究，1982(4)：204-207.
[181] 杨鸿勋. 建筑考古学论文集[M]. 北京：文物出版社，1987.
[182] 严汝娴，宋兆麟. 论纳西族的母系"衣杜"[J]. 民族研究，1981(3)：17-25.
[183] 陈启新. 也谈纳西族的母系"衣杜"和易洛魁人的"奥华契拉"[J]. 民族研究，1982(1)：72-80.
[184] 金其铭. 农村聚落地理[M]. 北京：科学出版社，1988.
[185] 龙和铭. 苗语地名浅析[M]//吉首市人民政府民族事务委员会，湖南省社会科学院历史研究所. 苗族文化论丛. 长沙：湖南大学出版社，1989.
[186] 谭必友. 清代湘西苗疆多民族社区的近代重构[M]. 北京：民族出版社，2007.
[187] 孙大章. 民居建筑的插梁架浅论[J]. 小城镇建设，2001(9)：26-29.
[188] 朱光亚. 中国古代建筑区划与谱系研究初探[C]//陆元鼎，潘安. 中国传统民居营造与技术. 广州：华南理工大学出版社，2002.
[189] 钟祥浩，刘淑珍. 中国山地分类研究[J]. 山地学报，2014，32(2)：129-140.
[190] 刘致平. 中国居住建筑简史[M]. 北京：中国建筑工业出版社，1990.
[191] 石拓. 中国南方干栏及其变迁研究[D]. 广州：华南理工大学，2013.
[192] 李锦平. 苗族语言与文化[M]. 贵阳：贵州民族出版社，2002.
[193] 苗族简史编写组. 苗族简史[M]. 北京：民族出版社，2008.
[194] 浙江省文物考古研究所. 河姆渡：新石器时代遗址考古发掘报告[M]. 北京：文物出版社，2003.
[195] 黄兰翔. 台湾建筑史之研究[M]. 台北：南天书局，2013.
[196] 杨昌鸣. 东南亚与中国西南少数民族建筑文化探析[M]. 天津：天津大学出版社，2004.
[197] 佐佐木高明. 照叶树林文化之路[M]. 昆明：云南大学出版社，1998.
[198] 张良皋. 关于云梦陶楼的几点讨论[J]. 新建筑，1983(1)：81-82.
[199] 张良皋. 匠学七说[M]. 北京：中国建筑工业出版社，2002.
[200] 燕宝. 苗族古歌[M]. 贵阳：贵州民族出版社，1993.
[201] 方向明. 反山、瑶山墓地：年代学研究[J]. 东南文化，1999(6)：36-44.
[202] 何浩. 颛顼传说中的史实与神话[J]. 历史研究，1992(3)：69-84.

[203] 王聘珍. 大戴礼记解诂[M]. 北京:中华书局,1983.
[204] 四川省文物考古研究所. 三星堆祭祀坑[M]. 北京:文物出版社,1999.
[205] 胡昌钰,孙亚樵. 对三星堆祭祀坑出土的铜“兽首冠人像”等器物的研究[J]. 史前研究,2006(10):401.
[206] 王书敏. 良渚文化三叉形玉器[J]. 四川文物,2005(2):39-43.
[207] 萧子显. 南齐书[M]. 北京:中华书局,2016.
[208] 班固. 汉书[M]. 北京:中华书局,2016.
[209] 郭东风. 彝族建筑文化探源[M]. 昆明:云南人民出版社,1996.
[210] 张光直. 考古学专题六讲[M]. 北京:文物出版社,1986.
[211] 石启贵. 民国时期湘西苗族调查实录[M]. 北京:民族出版社,2009:76-83.
[212] 杨正伟. 苗族古歌的传承研究[J]. 贵州民族研究,1990(1):28-35.
[213] 王平. 苗族竹文化探析[J]. 湖北民族学院学报(社会科学版),1997(1):47-50.
[214] 李哲. 湘西少数民族传统木构民居现代适应性研究[D]. 长沙:湖南大学,2011:36-37.
[215] 徐晓光. 芭茅草与草标——苗族口承习惯法中的文化符号[J]. 贵州民族研究,2008(3):41-45.
[216] 杨光全. 试论苗族芭茅文化与精神文明建设[C]//中国近现代史史料学学会,政协怒江州委员会. 少数民族史及史料研究(三)——中国近现代史史料学学会学术会议论文集. 德宏州:德宏民族出版社,1998:71-86.
[217] 何红一. 中国南方民间剪纸与民间文化[J]. 民间文化论坛,2004(3):53-58.
[218] 邵陆. 住屋与仪式——中国传统居俗的建筑人类学分析[D]. 上海:同济大学,2004.
[219] 范文澜,蔡美彪. 中国通史:第1册[M]. 北京:人民出版社,1994:197.
[220] 左尚鸿. 荆楚剪纸艺术与巫道风俗传承[J]. 湖北社会科学,2006(12):191-192.
[221] 周星. 境界与象征:桥和民俗[M]. 上海:上海文艺出版社,1998.
[222] 谭璐,麻春霞. 试析黔东南苗族敬桥节节日文化[J]. 民族论坛,2012(11):60-63.
[223] 曾士才. 日本学者关于苗族及中国西南民族的研究概况[J]. 张晓,记录整理. 南风,1996(6):39-43.
[224] 伊利亚德. 神圣与世俗[M]. 王建光,译. 北京:华夏出版社,2002.
[225] 岑仲勉. 两周文史论丛[M]. 北京:商务印书馆,1958.
[226] 王小盾. 从朝鲜半岛上梁文看敦煌儿郎伟[M]//南京大学古典文献研究所. 古典文献研究(第十一辑). 南京:凤凰出版社,2008.
[227] 石宗仁. 楚文化特质新探[J]. 中南民族学院学报(哲学社会科学版),1996(1):40-44.
[228] 张光直. 中国东南海岸的“富裕的食物采集文化”[J]. 上海博物馆集刊,1987:143-149.
[229] 谢肇淛. 滇略・卷四[M]//永瑢,纪昀,等. 文渊阁四库全书. 上海:上海古籍出版社,2003.
[230] 中国各民族宗教与神话大词典编审委员会. 中国各民族宗教与神话大词典[M]. 北京:学苑出版社,1990.
[231] 陈梦家. 战国楚帛书考[J]. 考古学报,1982(2):137-158.
[232] 蔡达峰. 历史上的风水术[M]. 上海:上海科技教育出版社,1994.

[233] 吴心源.苗族古历[M].北京:民族出版社,2007.
[234] 石家乔.苗族"巴岱"初探[J].考古学报,1988(6):35-39.
[235] 王先谦.荀子集解[M].北京:中华书局,1988:169.
[236] 泰勒.原始文化[M].连树生,译.上海:上海文艺出版社,1992.
[237] 李世武.中国工匠建房巫术源流考论[D].昆明:云南大学,2010.
[238] 宋镇豪.中国上古时代的建筑营造仪式[J].中原文物,1990(3):94-99.
[239] 毛公宁.中国少数民族风俗志[M].北京:民族出版社,2006.
[240] 朱宁宁.《新编鲁班营造正式》注释与研究[D].南京:东南大学,2007.
[241] 张十庆.中日古代建筑大木技术的源流与变迁[M].天津:天津大学出版社,2004.
[242] 陈果.酉水流域传统建筑木构架体系特征及源流探析[J].南方建筑,2014(1):57-61.
[243] 马炳坚.中国古建筑木作营造技术[M].北京:科学出版社,1991.
[244] 井庆升.清式大木作操作工艺[M].北京:文物出版社,1985.
[245] 张玉瑜.福建传统大木匠师技艺研究[M].南京:东南大学出版社,2010.
[246] 张玉瑜,朱光亚.福建大木作篙尺技艺抢救性研究[J].古建园林技术,2005(3):3-7.
[247] 乔迅翔.侗居穿斗架关键技艺原理[J].古建园林技术,2014(4):19-24.
[248] 潘谷西,何建中.《营造法式》解读.[M].南京:东南大学出版社,2005.
[249] 黄应贵.空间、力与社会[M].台北:中央研究院民族学研究所,2002.
[250] 午荣,章严.《鲁班经》全集[M].江牧,冯律稳,解静,汇集,整理,点校.北京:人民出版社,2018:52.

索　引

后 记

荒台古树寒，暗夜桂花香。梦半闻犬吠，萧索秋风凉。
自发九百里，羁危在异乡。纵能论经史，他朝为谁狂？

一首小诗，可谓苦心撰文时的内心写照。合上书稿，荆楚故地、千里苗疆的神秘与秀美也常在眼前浮现。独行山间、腰别“打狗棍”进村时的“豪迈”；深夜迟归、冬雾弥漫穿越雷公山颠的“紧张刺激”；暖阳洒落、在吕洞大山深处飙出的天籁苗歌；结寨境外、布满笑容，怕你餐饮无着邀至火塘边用饭饮酒的苗族乡亲。这些点滴汇聚融进人生意念，若侥幸成河，似可不知疲倦地翻越山丘，而我此时已是能听懂李宗盛的年纪。

跟随恩师常青院士研习课业时有九载，他生活上的谦和正直、学术上的严谨包容，一直给我极强的感召力，在前进的道路上始终如灯塔般指明方向。在遭逢研究挫折和生活困境时，恩师给我的不光是“授业传道解惑”，更多的是坚持下去的信心和温暖关怀，“师者为父”的新意义下，不光使我常怀感恩，也给我树立了人生榜样。

感谢张良皋、高介华两位老前辈对我这个后辈小子在楚地建筑与文化方面的指点，他们激扬浪漫的解说使我更相信“学术不老、学者不老”。惜哉张老师已逝去多年，但其"雅量高致、风趣童真"时常令我感念，也是我决意返母校效力的精神指引。高老师丰厚的学术积淀和多年倾囊相授，使我受益匪浅；每次分别之际他不顾年事已高、立于大门外挥手的身影，使我明白了应当怎样去做一名接续传统与未来的当代学者。

感谢湖北省秭归县文物局余波局长、荆州市博物馆王明钦馆长在我于楚遗址探访期间给予的大力支持！在苗族传统民居研究方面，建设部李先逵司长在我去京时针对苗史、苗族文化、干栏式苗居等给予了耐心指点。贵州省社科院历史所麻勇斌所长、湖南大学柳肃教授针对不同区域苗族建筑与文化作了精彩介绍与指导。北京大学孙华教授就苗族等少数民族可能残存的楚文化因子给予了宝贵启发。这都为我的后续深入研究开拓了视野也指明了可行性，在此表示衷心感谢！

在田野调查过程中我也得到了太多帮助，数十位工匠师傅及巴岱苗巫给予的耐心解答，剑河苗族学者潘年荣老人的亲切接待与赠书解惑，潘盛尧、杨明芝夫妇对我在黔东南地区调查的长期指引与留宿，花垣县农商行石鹏峰、高务苗寨龙金旺的仗义相助，以及在苗区不可悉数的留客饮酒，都使我真切体会到苗族同胞的善良质朴，这些田野收获的感动必将成为我一生财富！

我在论文写作阶段还得到了东南大学朱光亚、同济大学李浈及隐名评审过程中两位不知名老师等诸先生的批评指教，可谓受益匪浅。刘东洋、冯江、丁垚等老师也对我的学术思路与写作方法再思考给予了极具价值的批评建议。在博士论文答辩阶段，吴庆洲、王贵祥、陈薇、张十庆、李晓峰、李浈、钱宗灏、刘雨婷等诸位学界前辈给予了我十分宝贵的意见，对本书的编纂起到了关键指导作用。同济大学刘涤宇、张鹏、王红军、温静等老师，大英图书馆吴芳思女士（Frances Wood）、北京大学李光涵、重庆大学齐一聪、广西博物馆廖林灵等诸学友都在资料信息收集、研究视野补充方面提供了切实帮助。周易知魏森伉俪、巨凯夫、梁智尧、郭建伟、侯实、潘玥、蔡宣皓、董一平、陈曦、沈黎、华轲、付涌等诸位同门好友也均提供了许多帮助、倾注了真诚关心，在此一并感谢！

感谢华中科技大学建筑与城市规划学院对我的支持与培养。

感谢李保峰、李晓峰、谭刚毅、何依、郝少波、沈伊瓦、周钰、伍昌友等诸位老师对我一直以来倾注的关心和热忱帮助。

感谢国家自然科学基金委对本书出版的支持。

感谢同济大学出版社各位编辑老师的辛勤劳动！

我的爱妻万浩琳女士，为我能高质量完成论文及书稿，多年来给予了无微不至的关怀和体谅。而我的父母、岳父母也给予了全力支持，即便身体屡次抱恙仍竭力避免对我的写作产生干扰，可以说这也是一部饱含愧疚之情的著作。

本书特别要献给世界上最可爱的霓君小朋友，愿你茁壮成长，今后跟着“老父亲”继续踏遍祖国河山之阔，领略民族建筑之美。

因篇幅限制，有部分颇具讨论价值的内容不得不忍痛舍弃，但拙作如在今后能具有某些资料价值或给学界同仁以一丝启发，那就足以使我心生快慰，也是对我多年辛勤工作的肯定。

汤诗旷

2020 年 7 月 16 日于汉上